高职高专"十三五"规划教材

概率论与数理统计

主　编　王柽楠　周　渊

副主编　吴　旭

主　审　唐绍安

U0245628

北京航空航天大学出版社

内 容 简 介

本书根据高职院校理工科"概率论与数理统计"课程教学的基本要求,结合高职院校的教学实际情况编写而成。全书分为两部分,第1~5章为概率论部分,第6~8章为数理统计部分,主要内容包括:概率论的基本概念、随机变量及其概率分布、多维随机变量及概率分布、随机变量的数字特征、大数定律和中心极限定理、样本与样本统计分布、参数估计、假设检验。全书以立足实际、通俗易懂为编写的基本原则,同时兼顾系统性和实用性,可读性强。

本书在附录 A 中附有 2015—2017 年高等教育自学考试概率论与数理统计(二)试题真题及参考答案,供读者练习参考。

本书可作为高职院校的教材,也可作为成人高等教育和自学考试理工科学生的参考教材。

图书在版编目(CIP)数据

概率论与数理统计 / 王桠楠,周渊主编. -- 北京：北京航空航天大学出版社,2018.1

ISBN 978 - 7 - 5124 - 1649 - 9

Ⅰ.①概… Ⅱ.①王… ②周… Ⅲ.①概率论—高等职业教育—教材②数理统计—高等职业教育—教材 Ⅳ.①O21

中国版本图书馆 CIP 数据核字(2017)第 314437 号

概率论与数理统计

主　编　王桠楠　周　渊

副主编　吴　旭

主　审　唐绍安

责任编辑　王　实

*

北京航空航天大学出版社出版发行

北京市海淀区学院路 37 号(邮编 100191)　http://www.buaapress.com.cn

发行部电话:(010)82317024　传真:(010)82328026

读者信箱:goodtextbook@126.com　邮购电话:(010)82316936

北京富资园科技发展有限公司印装　各地书店经销

*

开本:787×1 092　1/16　印张:12　字数:307 千字

2018 年 1 月第 1 版　2023 年 2 月第 2 次印刷　印数:3 001~3 500 册

ISBN 978 - 7 - 5124 - 1649 - 9　定价:29.00 元

前　言

　　"概率论与数理统计"是理工科院校数学三大基础课程之一,是研究随机现象统计规律性的数学学科,对学生以后的发展有重要作用。本书主要是为适应高等职业教育发展的新要求,针对高职院校学生的特点,以立足实际、适应新情、通俗易懂为原则而编写的。全书分为两部分,即概率论和数理统计,主要内容包括概率论的基本概念、随机变量及其概率分布、多维随机变量及概率分布、随机变量的数字特征、大数定律和中心极限定理、样本与样本统计分布、参数估计、假设检验。

　　本书是由有一线教学经验的教师编写的,内容安排遵循了由易到难逐步加深的原则,反映了现在学生学习的新情况,注重理论与实践相结合。同时,其系统性、实用性和可读性强,既可作为高职院校的教材,也可作为成人高等教育和自学考试理工科学生的参考教材。

　　本书由王桠楠、周渊、吴旭、宋盈、丁昌昆编写;王桠楠老师负责统稿;唐绍安老师担任主审,他对本书提出了很多有价值的意见和建议;同时,本书在编写的过程中得到很多老师和出版社工作人员的帮助,在此一并表示感谢!

　　由于编写水平所限,加上时间仓促,书中难免会有不妥之处,恳请广大读者不吝赐教。

编　者

2017 年 9 月

目　　录

第1章 概率论的基本概念

1.1 概 述

1. 确定性现象与不确定性现象(随机现象)

在自然界与人类社会生活中,存在着两类截然不同的现象:一类是确定性现象。例如:早晨太阳必然从东方升起;在标准大气压下,纯水加热到 100 ℃ 必然沸腾;边长分别为 a,b 的矩形,其面积必为 ab 等。这类现象的特点是:在试验之前就能断定它有一个确定的结果,即在一定条件下,进行重复试验,其结果必然出现且唯一。另一类是不确定现象,即随机现象。例如:某地区的年降雨量;打靶射击时,弹着点离靶心的距离;投掷一枚均匀的硬币,可能出现"正面",也可能出现"反面"。这类现象事先不能作出准确的判断。其特点是可能的结果不止一个,即在相同条件下进行重复试验,试验的结果事先不能唯一确定。就一次试验而言,时而出现这个结果,时而出现那个结果,呈现出一种偶然性。

概率论就是研究随机现象的统计规律性的一门数学分支。

● 其研究对象为随机现象。

● 其研究内容为随机现象的统计规律性。

2. 随机现象的统计规律性

以前,由于随机现象事先无法判定将会出现哪种结果,人们就以为随机现象是不可捉摸的,但是后来人们通过大量的实践发现:在相同条件下,虽然个别试验结果在某次试验或观察中可以出现也可以不出现,但在大量试验中却呈现出某种规律性,这种规律性称为统计规律性。例如:在投掷一枚硬币时,既可能出现正面,也可能出现反面,预先作出准确的判断是不可能的,但是假如硬币均匀,直观上出现正面与出现反面的机会应该相等,即在大量的试验中出现正面的频率应接近 50%,这正如恩格斯所指出的:"在表面上是偶然性在起作用的地方,这种偶然性始终是受内部的、隐藏着的规律支配的,问题只是在于发现这些规律。"因此,人们买彩票经常不能中奖,总是抱怨运气不好,其最主要的原因就是没有进行大量的重复试验,从而也就不能发现其内部的、隐藏着的规律。

1.2 随机试验

下面举一些试验的例子:

E_1:抛一枚硬币,观察正面 H、反面 T 出现的情况。

E_2:将一枚硬币抛掷三次,观察正面 H、反面 T 出现的情况。

E_3:将一枚硬币抛掷三次,观察出现正面的次数。

E_4:掷一颗骰子,观察出现的点数。

E_5:电话总机在单位时间内接到的呼叫次数。

E_6:在一批灯泡中任意抽取一次,测试它的寿命。

E_7:记录某地一昼夜的最高温度和最低温度。

上面举出了七个试验的例子,它们有着共同的特点。例如,试验 E_1 有两种可能的结果,出现 H 或者出现 T,但在抛掷之前不能确定出现 H 还是出现 T,这个试验可以在相同的条件下重复进行。又如试验 E_6,我们知道灯泡的寿命(以小时计)$t \geqslant 0$,但在测试之前不能确定它的寿命有多长。这一试验也可以在相同的条件下重复进行。概括起来,这些试验都具有以下特点:

(1) 可以在相同的条件下重复进行;

(2) 每次试验的可能结果不止一个,并且能事先明确试验的所有可能结果;

(3) 进行一次试验之前不能确定哪一个结果会出现。

在概率中,将具有上述三个特点的试验称为随机试验。简而言之,就是对随机现象的一次观察或试验。通常用大写的字母"E"表示。本书中后面提到的试验都是指随机试验。

我们是通过研究随机试验来研究随机现象的。

1.3 样本空间和随机事件

1.3.1 样本空间

由随机试验 E 的所有可能结果组成的集合称为 E 的样本空间,记为 Ω。样本空间的元素,即 E 的每个结果,称为样本点。

下面写出 1.2 节中试验 $E_k(k=1,2,\cdots,7)$ 的样本空间 Ω_k:

Ω_1:$\{H,T\}$

Ω_2:$\{HHH,HHT,HTH,THH,HTT,THT,TTH,TTT\}$

Ω_3:$\{0,1,2,3\}$

Ω_4:$\{1,2,3,4,5,6\}$

Ω_5:$\{0,1,2,3,\cdots\}$

Ω_6:$\{t \mid t \geqslant 0\}$

Ω_7:$\{(x,y) \mid T_0 \leqslant x \leqslant y \leqslant T_1\}$,这里 x 表示最低温度,y 表示最高温度;设这一地区的温度不会小于 T_0 也不会大于 T_1。

注:① 样本空间是一个集合,它由样本点构成。其表示方法,可以用列举法,也可以用描述法。

② 在样本空间中,样本点可以是一维的,也可以是多维的;可以是有限个,也可以是无限个。

③ 在同一试验中,当试验的目的不同时,样本空间往往是不同的,但通常只有一个会提供最多的信息。例如,在 E_2 和 E_3 中同时将一枚硬币连抛三次,由于试验的目的不一样,其样本空间也不一样。

1.3.2 随机事件

我们称试验 E 的样本空间 Ω 的子集为 E 的随机事件,简称事件,用字母 A,B,C 等表示。

显然它是由部分样本点构成的。

如在试验 E_2 中,若关心出现一次正面的情况,满足这一条件的样本点组成 Ω_2 的一个子集 $A = \{HTT, THT, TTH\}$,那么 A 称为试验 E_2 的一个随机试验。

下面了解几个概念:

(1) 事件发生:在每次试验中,当且仅当这一子集中的一个样本点出现时,称这一事件发生。

(2) 基本事件:由一个样本点组成的单点集,称为基本事件。例如,试验 E_1 有两个基本事件 $\{H\}$ 和 $\{T\}$;E_2 有 8 个基本事件。

(3) 必然事件:样本空间 Ω 包含所有的样本点,它是 Ω 自身的子集,在每次试验中它总是发生的,称为必然事件。

(4) 不可能事件:空集 $\varnothing$ 不包含任何样本点,也作为样本空间的子集,且在每次试验中都不发生,称为不可能事件。

例如,在上述掷骰子的试验中,"点数小于 7"是必然事件,"点数大于 6"是不可能事件。

注:严格来讲,必然事件与不可能事件反映了确定性现象,可以说它们并不是随机事件,但为了研究问题方便,把它们作为特殊的随机事件。

由上述讨论可见,事件与集合之间建立了一定的对应关系,可用集合的一些术语、符号去描述事件之间的关系与运算。

1.3.3　事件间的关系

1. 事件的包含

当事件 A 发生时必然导致事件 B 发生,则称 A 包含于 B 或 B 包含 A,记为 $A \subset B$ 或 $B \supset A$,即 $A \subset B \Leftrightarrow \{$若 $\omega \in A$,则 $\omega \in B\}$,用韦恩(Venn)图(也叫文氏图)表示,如图 1.1 所示。反之,$B \supset A \Leftrightarrow$若 B 不发生,则必然 A 也不会发生。

图 1.1

显然,对任意事件 A 有:

(1) $A \subset A$;

(2) $\varnothing \subset A \subset \Omega$;

(3) 若 $A \subset B$,$B \subset C$,则 $A \subset C$。

2. 事件的相等

若事件 A 的发生能导致 B 的发生,且 B 的发生也能导致 A 的发生,则称 A 与 B 相等,记为 $A = B$,即 A 与 B 有相同的样本点。

显然有 $A = B \Leftrightarrow A \subset B$ 且 $B \subset A$。

3. 事件的互斥(互不相容)

图 1.2

若事件 A 与 B 不能同时发生,则称 A 与 B 互斥,记为 $AB = \varnothing$,如图 1.2 所示。

显然有:

(1) 基本事件是互斥的;

(2) $\varnothing$ 与任意事件互斥。

1.3.4 事件的运算

事件的运算包括和、差、积、逆运算。

1. 事件的和(并)

两个事件 A、B 中至少有一个发生的事件,称为事件 A 与事件 B 的并(或和),记为 $A \cup B$(或 $A+B$),即 $A \cup B = \{\omega / \omega \in A \text{ 或 } \omega \in B\}$,如图 1.3 所示。

图 1.3

显然有:

(1) $A \cup A = A$;

(2) $A \subset A \cup B, B \subset A \cup B$;

(3) 若 $A \subset B$,则 $A \cup B = B$。

特别地,$A \cup \Omega = \Omega, A \cup \varnothing = A$。

2. 事件的积(交)

图 1.4

两个事件 A 与 B 同时发生的事件,称为事件 A 与事件 B 的积(或交),记为 $A \cap B$(或 AB),即 $A \cap B = \{\omega \mid \omega \in A \text{ 且 } \omega \in B\}$,如图 1.4 所示。

显然有:

(1) $A \cap B \subset A, A \cap B \subset B$;

(2) 若 $A \subset B$,则 $A \cap B = A$,特别地 $A \Omega = A$;

(3) 若 A 与 B 互斥,则 $AB = \varnothing$,特别地 $A \varnothing = \varnothing$。

注:事件之间的和、积运算可以推广到有限个和,可列无穷多个事件的情形。

$$\bigcup_{k=1}^{n} A_k = A_1 \cup A_2 \cup \cdots \cup A_n = \{\omega / \omega \in A_1 \text{ 或 } \omega \in A_2 \text{ 或 } \cdots \text{ 或 } \omega \in A_n\}$$

$$\bigcup_{k=1}^{\infty} A_k = A_1 \cup A_2 \cup \cdots \cup A_n \cup \cdots = \{\omega / \omega \in A_1 \text{ 或 } \omega \in A_2 \text{ 或 } \cdots \text{ 或 } \omega \in A_n \cdots\}$$

$$\bigcap_{k=1}^{n} A_k = A_1 \cap A_2 \cap \cdots \cap A_n = \{\omega / \omega \in A_1 \text{ 且 } \omega \in A_2 \text{ 且 } \cdots \text{ 且 } \omega \in A_n\}$$

$$\bigcap_{k=1}^{\infty} A_k = A_1 \cap A_2 \cap \cdots \cap A_n \cap \cdots = \{\omega / \omega \in A_1 \text{ 且 } \omega \in A_2 \text{ 且 } \cdots \text{ 且 } \omega \in A_n \cdots\}$$

3. 事件的差

事件 A 发生而事件 B 不发生的事件,称为事件 A 与事件 B 的差,记为 $A-B$,即 $A-B \Leftrightarrow \{\omega \in A \text{ 而 } \omega \notin B\}$,如图 1.5 所示。

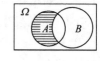

图 1.5

显然有:

(1) 不要求 $A \supset B$,才有 $A-B$,若 $A \subset B$,则 $A-B = \varnothing$;

(2) 若 A 与 B 互斥,则 $A-B = A, B-A = B$;

(3) $A-B = A-AB$(证明:利用 $A-B \subset A-AB$ 且 $A-AB \subset A-B$);

(4) $A-(B-C) \neq A-B+C$(左边为 A 的子事件,而右边不是)。

4. 事件的逆(对立事件)

若事件 A 与事件 B 满足 $A \cup B = \Omega$ 且 $AB = \varnothing$,则称 B 为 A 的逆,记为 $B = \overline{A}$,即 $\overline{A} = \{\omega / \omega \notin A, \omega \in \Omega\}$,如图 1.6 所示。

显然有:

(1) $A \bigcup \overline{A} = \Omega, A \bigcap \overline{A} = \varnothing$；

(2) $A - B = A\overline{B}$（证明：$A - B = A - AB = A(\Omega - B) = A\overline{B}$）。

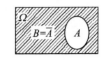

图 1.6

注：互逆事件与互斥事件的区别是，互逆必定互斥，互斥不一定互逆；互逆只在样本空间仅有两个事件时存在，互斥可在样本空间有多个事件时存在。

例如，在抛硬币的试验中，设 $A = \{$出现正面 $H\}$，$B = \{$出现反面 $T\}$，则 A 与 B 互斥且 A 与 B 互为对立事件；而在掷骰子的试验中，设 $A = \{$出现 1 点$\}$，$B = \{$出现 2 点$\}$，则 A 与 B 互斥，但 A 与 B 不是对立事件。

1.3.5　事件的运算法则

由前述可知，事件之间的关系与集合之间的关系建立了一定的对应法则，因而事件之间的运算法则与布尔代数中集合的运算法则相同。事件的运算法则如下：

(1) 交换律：$A \bigcup B = B \bigcup A, AB = BA$。

(2) 结合律：$A \bigcup (B \bigcup C) = (A \bigcup B) \bigcup C, A(BC) = (AB)C$。

(3) 分配律：$A \bigcap (B \bigcup C) = (AB) \bigcup (AC), A \bigcup (BC) = (A \bigcup B)(A \bigcup C)$。

(4) 德莫根（对偶）定律：

① $\overline{\bigcup_{i=1}^{n} A_i} = \bigcap_{i=1}^{n} \overline{A_i}$（和的逆 = 逆的积）；

② $\overline{\bigcap_{i=1}^{n} A_i} = \bigcup_{i=1}^{n} \overline{A_i}$（积的逆 = 逆的和）。

【例 1-1】 设 A, B, C 为任意三个事件，试用 A, B, C 的运算关系表示下列各事件：

(1) 三个事件中至少一个发生；

(2) 没有一个事件发生；

(3) 恰有一个事件发生；

(4) 至多有两个事件发生（考虑其对立事件）；

(5) 至少有两个事件发生。

解　(1) $A \bigcup B \bigcup C$；

(2) $\overline{A}\,\overline{B}\,\overline{C} = \overline{A \bigcup B \bigcup C}$；

(3) $A\overline{B}\,\overline{C} \bigcup \overline{A}B\overline{C} \bigcup \overline{A}\,\overline{B}C$；

(4) $(AB\overline{C} \bigcup A\overline{B}C \bigcup \overline{A}BC) \bigcup (\overline{A}\,\overline{B}C \bigcup \overline{A}B\overline{C} \bigcup A\overline{B}\,\overline{C}) \bigcup (\overline{A}\,\overline{B}\,\overline{C}) = \overline{ABC} = \overline{A} \bigcup \overline{B} \bigcup \overline{C}$；

(5) $AB\overline{C} \bigcup A\overline{B}C \bigcup \overline{A}BC \bigcup ABC = AB \bigcup BC \bigcup CA$。

习　题

1. 设 A, B, C 为三个事件，试用 A, B, C 的运算关系式表示下列事件：

(1) A 发生，B, C 都不发生；

(2) A 与 B 发生，C 不发生；

(3) A, B, C 都发生；

(4) A, B, C 至少有一个发生；

(5) A, B, C 都不发生；

(6) A, B, C 不都发生；

(7) A, B, C 至多有两个发生；

(8) A,B,C 至少有两个发生.

2. 指出下列各等式命题是否成立,并说明理由:

(1) $A \bigcup B = (A\overline{B}) \bigcup B$;　　　　(2) $\overline{AB} = A \bigcup B$;

(3) $\overline{A \bigcup B} \bigcap C = \overline{AB}\,\overline{C}$;　　　　(4) $(AB)(A\overline{B}) = \varnothing$;

(5) 如果 $A \subset B$,则 $A = AB$;

(6) 如果 $AB = \varnothing$,且 $C \subset A$,则 $BC = \varnothing$;

(7) 如果 $A \subset B$,那么 $\overline{B} \subset \overline{A}$;

(8) 如果 $B \subset A$,那么 $A \bigcup B = A$.

3. 化简下列事件:

(1) $(\overline{A} \bigcup \overline{B})(\overline{A} \bigcup B)$;

(2) $A\overline{B} \bigcup \overline{A}B \bigcup \overline{A}\,\overline{B}$.

1.4　频率与概率

随机事件,在一次试验中可能发生也可能不发生,具有偶然性。但是,人们从实践中认识到,在相同的条件下进行大量的重复试验,试验的结果具有某种内在的规律性,即随机事件发生的可能性大小是可以比较的,是可以用数字来表述的。例如,在投掷一枚均匀的骰子的试验中,事件 A "掷出偶数点",事件 B "掷出 2 点",显然事件 A 比事件 B 发生的可能性要大。

对于一个随机试验,不仅要知道它可能出现哪些结果,更重要的是研究出现各种结果的可能性的大小,从而揭示其内在的规律性。为此,首先引入频率,它描述了事件发生的频繁程度,进而引出表征事件在一次试验中发生的可能性大小的数——概率。

1.4.1　频　率

定义 1.1　在相同的条件下,进行了 n 次试验,在这 n 次试验中,事件 A 发生的次数 n_A 称为事件 A 发生的频数,比值 $\dfrac{n_A}{n}$ 为事件 A 发生的频率,记为 $f_n(A)$。

1. 频率具有以下性质

(1) 非负性:对任意 A,有 $1 \geqslant f_n(A) \geqslant 0$。

(2) 规范性:$f_n(S) = 1$。

(3) 可加性:若 A_1,A_2,$\cdots$,A_k 是两两不相容的事件,则

$$f_n(A_1 \bigcup A_2 \bigcup \cdots \bigcup A_k) = f_n(A_1) + f_n(A_2) + \cdots + f_n(A_k)$$

2. 频率的稳定性

在大量的重复试验中,频率常常稳定于某个常数,称为频率的稳定性。

通过大量的实践还可以看到,随机事件 A 发生的可能性越大,其频率 $f_n(A)$ 也越大。由于事件 A 发生的可能性大小与其频率大小有密切的关系,且频率又有稳定性,故可通过频率来定义概率。

1.4.2　概　率

定义 1.2　设 E 是随机试验,Ω 是它的样本空间。对于 E 的每一事件 A 赋予一个实数,记为 $P(A)$,称为事件 A 的概率。如果集合函数 $P(\cdot)$ 满足下列条件:(1) 非负性:对任意 A,

$P(A) \geq 0$；(2) 规范性：$P(S)=1$；(3) 可列可加性（完全可加性）：设 $A_1, A_2, \cdots$，是两两互不相容的事件，即对于 $i \neq j$，$A_i A_j = \varnothing (i, j = 1, 2, \cdots)$，则有 $P\left(\bigcup\limits_{i=1}^{\infty} A_i\right) = \sum\limits_{i=1}^{\infty} P(A_i)$。

概率具有以下性质：

(1) $P(\varnothing) = 0$

(2) 若 $A_1, A_2, \cdots, A_n$ 两两互不相容，即 $A_i A_j = \varnothing (i \neq j)$，则有

$$P\left(\bigcup_{i=1}^{n} A_i\right) = \sum_{i=1}^{n} P(A_i)$$

证明　因为 $\bigcup\limits_{i=1}^{n} A_i = \bigcup\limits_{i=1}^{n} A_i \cup \varnothing \cup \varnothing \cup \cdots$，有

$$P\left(\bigcup_{i=1}^{n} A_i\right) = P\left(\bigcup_{i=1}^{n} A_i \cup \varnothing \cup \cdots\right) = P(A_1) + \cdots + P(A_n) + P(\varnothing) + \cdots = \sum_{i=1}^{n} P(A_i)$$

(3) 对任意事件 A，有 $P(\overline{A}) = 1 - P(A)$

证明　因为 $A \cup \overline{A} = \Omega$，$A\overline{A} = \varnothing$，所以

$$P(A) + P(\overline{A}) = P(A \cup \overline{A}) = P(\Omega) = 1$$

(4) $P(A - B) = P(A) - P(AB)$

特别，若 $B \subset A$，则 $P(A - B) = P(A) - P(B)$。

证明　因为 $A = (A - B) \cup AB$ 且 $(A - B) \cap AB = \varnothing$，所以

$$P(A) = P[(A - B) \cup AB] = P(A - B) + P(AB)$$

即证。

推论（单调性）　若 $B \subset A$，则 $P(B) \leq P(A)$。

证明　$P(A) - P(B) = P(A - B) \geq 0$。

(5) 加法公式

对任意的事件 A、B 有

$$P(A \cup B) = P(A) + P(B) - P(AB)$$

特别，若 A 与 B 互斥，则有

$$P(A \cup B) = P(A) + P(B)$$

证明　因为 $A \cup B = A \cup (B - AB)$ 且 $A \cap (B - AB) = \varnothing$，所以

$$P(A \cup B) = P(A) + P(B - AB) = P(A) + P(B) - P(AB)（因为 AB \subset B）$$

【例 1-2】从数字 $1, 2, \cdots, 9$ 中有放回地取出 n 个数字，求取出这些数字的乘积能被 10 整除的概率。

解　令 $A = \{$取出的数字中含 5$\}$，$B = \{$取出的数字中含偶数$\}$，则

$$P(AB) = 1 - P(\overline{AB}) = 1 - P(\overline{A} \cup \overline{B})$$

$$= 1 - P(\overline{A}) - P(\overline{B}) + P(\overline{A}\,\overline{B}) = 1 - \frac{3^n}{9^n} - \frac{5^n}{9^n} + \frac{4^n}{9^n}$$

习　题

1. 设事件 A 与事件 B 互不相容，$P(A) = 0.3$，$P(B) = 0.4$.

(1) 求 $P(A \cup B)$ 及 $P(AB)$.

(2) 设事件 A 与事件 B 为对立事件，求 $P(A \cup B)$ 及 $P(AB)$.

2. 设 $P(A) = 0.4$，$P(B) = 0.6$，$P(A \cup B) = 0.7$，求 $P(AB)$、$P(\overline{A}B)$ 及 $P(A\overline{B})$.

1.5 古典概型

古典概率产生的源泉是古典型随机试验。

1. 古典概型(等可能概型)

一个随机试验若满足:

(1) 样本空间中只有有限个样本点(有限性);

(2) 样本点的发生是等可能的(等可能性),

则称该随机试验为等可能概型。在概率论发展初期它曾是主要的研究对象,所以也称为古典概型。等可能概型的一些概念具有直观、容易理解的特点,有着广泛的应用。

2. 古典概率的计算公式

设古典型随机试验的样本空间 $\Omega = \{e_1, e_2, \cdots, e_n\}$,若事件 A 中含有 $k(k \leqslant n)$ 个样本点,则称 $\dfrac{k}{n}$ 为 A 发生的概率,记为

$$P(A) = \frac{k}{n} = \frac{A \text{ 包含的基本事件数}}{S \text{ 中基本事件的总数}}$$

3. 古典概率的性质

(1) 非负性:对任意 A,$P(A) \geqslant 0$。

(2) 规范性:$P(\Omega) = 1$。

(3) 可加性:若 A 和 B 互斥,则 $P(A \cup B) = P(A) + P(B)$。

(4) $P(\Omega) = 0$。

(5) $P(\overline{A}) = 1 - P(A)$。

【例1-3】从标号为 $1, 2, \cdots, 10$ 的 10 个同样大小的球中任取一个,求下列事件的概率:事件 A,"抽中 2 号",事件 B,"抽中奇数号",事件 C,"抽中的号数不小于 7"。

解 令 i 表示"抽中 i 号",$i = 1, 2, \cdots, 10$,则 $\Omega = \{1, 2, 3, \cdots, 10\}$,所以

$$P(A) = \frac{1}{10}, \quad P(B) = \frac{5}{10}, \quad P(C) = \frac{4}{10}$$

【例1-4】从 6 双不同的鞋子中任取 4 只,求:

(1) 其中恰有一双配对的概率;

(2) 至少有两只鞋子配成一双的概率。

解 (1) 先从 6 双中取出一双,两只全取;再从剩下的 5 双中任取两双,每双中取到一只,则题中所求(1)中含样本点数为 $C_6^1 C_2^2 C_5^2 C_2^1 C_2^1$,所以所求概率为

$$P = \frac{C_6^1 C_2^2 C_5^2 C_2^1 C_2^1}{C_{12}^4} = \frac{16}{33}$$

(2) 设 B 表示"至少有两只鞋子配成一双",则

$$P(B) = 1 - P(\overline{B}) = 1 - \frac{C_6^4 C_2^1 C_2^1 C_2^1 C_2^1}{C_{12}^4} = \frac{17}{33}$$

或

$$P(B) = \frac{C_6^1 C_5^2 C_2^1 C_2^1 + C_6^2}{C_{12}^4} = \frac{17}{33}$$

注： 不能把分母的事件数取为 $C_6^1 C_2^2 C_{10}^2$，从而出现重复事件。这是因为，若鞋子标有号码 $1,2,\cdots,6$，C_6^1 可能取中第 i 号鞋，C_{10}^2 可能取中第 j 号一双，则此时成为两双的配对为 (i,j)；但也存在配对 (j,i)，(i,j) 与 (j,i) 是一种，出现了重复事件，即多出了 C_6^2 个事件。

【例 1-5】 将 n 只球随机地放入 $N(N \geqslant n)$ 个盒子中，试求每个盒子至多有一只球的概率（设盒子的容量不限）。

解 设 $A = \{$每个盒子至多有一只球$\}$，则

$$P(A) = \frac{N(N-1)\cdots(N-n+1)}{N^n} = \frac{A_N^n}{N^n}$$

【例 1-6】 设有 N 件产品，其中有 D 件次品，现从中任取 n 件，问其中恰有 $k(k \leqslant D)$ 件次品的概率是多少？

解 设 $A = \{$其中恰有 k 件次品$\}$，则

$$P(A) = \frac{\begin{bmatrix} D \\ k \end{bmatrix} \begin{bmatrix} N-D \\ n-k \end{bmatrix}}{\begin{bmatrix} N \\ n \end{bmatrix}}$$

上式即所谓超几何分布的概率公式。

【例 1-7】 将 15 名新生随机地平均分配到三个班级中，这 15 名新生中有 3 名是优秀生，问：

(1) 每一个班级各分配到一名优秀生的概率是多少？

(2) 3 名优秀生分配在同一班级的概率是多少？

解 (1) 设 $A = \{$每一个班级各分配到一名优秀生$\}$，则

$$P(A) = \frac{3! \, C_{12}^4 C_8^4 C_4^4}{C_{15}^5 C_{10}^5 C_5^5} = \frac{\dfrac{3! \times 12!}{4! \, 4! \, 4!}}{\dfrac{15!}{5! \, 5! \, 5!}} = \frac{25}{91} = 0.274\,7$$

(2) 设 $B = \{$3 名优秀生分配在同一班级$\}$，则

$$P(B) = \frac{3 C_{12}^2 C_{10}^5 C_5^5}{C_{15}^5 C_{10}^5 C_5^5} = \frac{\dfrac{3 \times 12!}{2! \, 5! \, 5!}}{\dfrac{15!}{5! \, 5! \, 5!}} = \frac{6}{91} = 0.065\,9$$

【例 1-8】 某接待站在某一周曾接待过 12 次来访，已知所有这 12 次接待都是在周二和周四进行的，问：是否可以推断接待时间是有规定的？

反证法 假设接待站的接待时间是没有规定的。$A = \{$12 次接待都是在周二和周四进行的$\}$，则

$$P(A) = \frac{2^{12}}{7^{12}} = 0.000\,000\,3$$

人们在长期的实践中总结得到"概率很小的事件在一次试验中实际上是几乎不发生的"（称为**实际推断原理**）。现在概率很小（只有千万分之三）的事件在一次试验中竟然发生了，因此有理由怀疑假定的正确性，从而推断接待站不是每天都接待来访者，即认为其接待时间是有规定的。

习　题

1. 从 52 张扑克牌中任意取出 13 张,问有 5 张黑桃、3 张红心、3 张方块、2 张梅花的概率是多少?

2. 一个袋子中装有 10 个大小相同的球,其中 3 个黑球、7 个白球,求从袋子中任取一球,这个球是黑球的概率.

3. 从袋子中任取两球,刚好一个白球一个黑球的概率以及两个球全是黑球的概率.

4. 将标号为 1,2,3,4 的四个球随意地排成一行,求下列各事件的概率:

(1) 各球自左至右或自右至左恰好排成 1,2,3,4 的顺序;

(2) 第 1 号球排在最右边或最左边;

(3) 第 1 号球与第 2 号球相邻;

(4) 第 1 号球排在第 2 号球的右边(不一定相邻).

5. 将 3 个球随机放入 4 个杯子中,问:杯子中球的个数最多为 1,2,3 的概率各是多少?

6. 已知:$P(\overline{A})=0.5$,$P(A\overline{B})=0.2$,$P(B)=0.4$,求:

(1) $P(AB)$;　　　　　　(2) $P(A-B)$;

(3) $P(A\cup B)$;　　　　(4) $P(\overline{A}\overline{B})$.

7. 设 $AB=\varnothing$,$P(A)=0.6$,$P(A\cup B)=0.8$,求事件 B 的逆事件的概率.

8. 设 $P(A)=0.4$,$P(B)=0.3$,$P(A\cup B)=0.6$,求 $P(A-B)$.

9. 设 A,B 都出现的概率与 A,B 都不出现的概率相等,且 $P(A)=P$,求 $P(B)$.

1.6　条件概率

设 A,B 为任意两个事件,假设事件 B 已发生,前面我们已经研究了 $P(B)$,而在实际问题中往往需要我们去研究此时事件 A 发生的概率,为区别起见,把这种情况下的概率记为 $P(A|B)$,称为事件 B 已经发生条件下事件 A 发生的**条件概率**。

【例 1-9】考虑有两个孩子的家庭:$\Omega=\{(b,b),(b,g),(g,b),(g,g)\}$,

解　事件 A,"家中至少有一个男孩",则 $P(A)=\dfrac{3}{4}$;

　　　事件 B,"家中至少有一个女孩",则 $P(B)=\dfrac{3}{4}$。

而 $P(AB)=\dfrac{1}{2}$ 所以

$$P(A\mid B)=\frac{2}{3}=\frac{\dfrac{2}{4}}{\dfrac{3}{4}}=\frac{P(AB)}{P(B)}$$

1.6.1　条件概率的定义和性质

定义 1.3　设 A,B 是两个随机事件,且 $P(B)>0$,称 $P(A|B)=P(AB)/P(B)$ 为在事件 B 发生条件下事件 A 发生的条件概率。

注:①当 $P(B)=0$ 时,条件概率无意义(即条件不能是不可能事件)。

② $P(A\mid\Omega)=P(A\Omega)/P(\Omega)=P(A)$（即 $P(A)$ 是特殊的条件概率）。

条件概率亦是概率,具有概率的某些性质:

① $P(\varnothing\mid B)=0$;

② $P(\overline{A}\mid B)=1-P(A\mid B)$;

③ $P(A_1\bigcup A_2\mid B)=P(A_1\mid B)+P(A_2\mid B)-P(A_1A_2\mid B)$。

【例 1-10】设 10 件产品中有 3 件次品,现进行无放回地从中取出两件,求在第一次取到次品的条件下,第二次取到的也是次品的概率。

解　令 A_i 表示“第 i 次取到次品”,$i=1,2$,则要求的概率为

$$P(A_2\mid A_1)=P(A_1A_2)/P(A_1)=\left(\frac{3}{10}\right)\left(\frac{2}{9}\right)\bigg/\frac{3}{10}=\frac{2}{9}$$

1.6.2　乘法公式

由条件概率的定义,即

$$P(A\mid B)=P(AB)/P(B)\Rightarrow P(AB)=P(B)P(A\mid B)\quad(P(B)>0)$$
$$P(B\mid A)=P(AB)/P(A)\Rightarrow P(AB)=P(A)P(B\mid A)\quad(P(A)>0)$$

定理 1.1(乘法公式)　一般地,对任意 n 个事件 $A_1,\cdots,A_n$,若 $P(A_1\cdots A_n)>0$,则

$$P(A_1\cdots A_n)=P(A_1)P(A_2\mid A_1)P(A_3\mid A_1A_2)\cdots P(A_n\mid A_1\cdots A_{n-1})\quad(*)$$

证明　因为 $A_1A_2\cdots A_n\subset A_1\cdots A_{n-1}\subset\cdots\subset A_1A_2\subset A_1$,由 1.4.2 小节中概率的性质(4)的推论(单调性)有:

$$P(A_1)\geqslant P(A_1A_2)\geqslant\cdots\geqslant P(A_1A_2\cdots A_{n-1})>0$$

又由条件概率的定义有:

$$\text{式}(*)\text{右}=P(A_1)\cdot\frac{P(A_1A_2)}{P(A_1)}\cdot\frac{P(A_1A_2A_3)}{P(A_1A_2)}\cdot\cdots\cdot\frac{P(A_1A_2\cdots A_n)}{P(A_1A_2\cdots A_{n-1})}$$

$$=P(A_1A_2\cdots A_n)=\text{左}$$

【例 1-11】设袋子中有 r 只红球、t 只白球,从中任取一球,观察其颜色后放回,并加进同颜色的 a 个球,再取第二次,方法同上。如此进行下去,求:第一、二次取到红球,第三、四次取到白球的概率。

解　令 $B_i=\{$第 i 次取到白球$\}$,$R_j=\{$第 j 次取到红球$\}$,则

$$P(R_1,R_2,B_3,B_4)=P(R_1)\cdot P(R_2\mid R_1)\cdot P(B_3\mid R_1R_2)P(B_4\mid R_1R_2B_3)$$

$$=\frac{r}{t+r}\cdot\frac{r+a}{t+r+a}\cdot\frac{t}{t+r+2a}\cdot\frac{t+a}{t+r+3a}$$

注意:这个答案只与白球及红球出现的次数有关,而与出现的顺序无关,这个模型曾被 Polya 用来作为描述传染病的数学模型。这是很一般的摸球模型,特别的,取 $a=0$ 时,是有放回摸球,取 $a=-1$ 时,是不放回摸球。

【例 1-12】袋中有 a 只白球、b 只黑球,从中任意取一球,不放回也不看,再取第二次,求第二次取到白球的概率。

解　设 $B=\{$第二次取到白球$\}$,则要求 $P(B)$。

令 $A=\{$第一次取到白球$\}$,则 $\overline{A}=\{$第一次取到黑球$\}$。

因为 $A\bigcup\overline{A}=\Omega$,$B=B\bigcap\Omega=B\bigcap(A\bigcup\overline{A})=BA\bigcup B\overline{A}$ 且 $BA\bigcap B\overline{A}=\varnothing$,所以

$$P(B) = P(BA \bigcup B\overline{A}) = P(BA) + P(B\overline{A})$$
$$= P(A)P(B|A) + P(\overline{A})P(B|\overline{A})$$
$$= \frac{a}{a+b} \frac{a-1}{a+b-1} + \frac{b}{a+b} \frac{a}{a+b-1} = \frac{a}{a+b}$$

（依次类推，第 n 次摸到白球与第一次摸到白球的概率相等，这就是抓阄的科学性）

1.6.3 全概率公式和贝叶斯公式

定义 1.4 完备事件组：设 $A_1, A_2, \cdots, A_n$ 是 S 的一组事件，若 $\bigcup_{i=1}^{n} A_i = S$，且 $A_i A_j = \varnothing (i \neq j)$，则称 $A_1, A_2, \cdots, A_n$ 为 S 的一个完备事件组或一个分割（见图 1.7）。

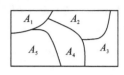

图 1.7

显然，任一事件 A 与 $\overline{A}$ 就是一个完备事件组。

定理 1.2（全概率公式） 设 $A_1, A_2, \cdots, A_n$ 是 S 的一个完备事件组，且 $P(A_i) > 0 (i = 1, 2, \cdots, n)$，则对任一事件 B 有 $P(B) = \sum_{i=1}^{n} P(A_i)P(B|A_i)$。

证明 由 $B = BS = B \bigcap \left(\bigcup_{i=1}^{n} A_i \right) = \bigcup_{i=1}^{n} A_i B$ 且

$$(A_i B) \bigcap (A_j B) = (A_i A_j) B = \varnothing, \quad i \neq j$$

则有限可加性及乘法公式有

$$P(B) = P\left(\bigcup_{i=1}^{n} A_i B \right) = \sum_{i=1}^{n} P(A_i B) = \sum_{i=1}^{n} P(A_i)P(B|A_i)$$

【例 1-13】 某工厂有三个车间生产同一产品，第一车间的次品率为 0.05，第二车间的次品率为 0.03，第三车间的次品率为 0.01，各车间的产品数量分别为 2 500 件、2 000 件、1 500 件。出厂时，三车间的产品完全混合，现从中任取一产品，求该产品是次品的概率。

解 设 $B = \{$取到次品$\}$，$A_i = \{$取到第 i 个车间的产品$\}$，$i = 1, 2, 3$，则有 $A_1 \bigcup A_2 \bigcup A_3 = S$，且 $A_1 \bigcap A_2 = \varnothing, A_1 \bigcap A_3 = \varnothing, A_2 \bigcap A_3 = \varnothing$，利用全概率公式得

$$P(B) = \sum_{i=1}^{3} P(A_i)P(B|A_i) = P(A_1)P(B|A_1) + P(A_2)P(B|A_2) + P(A_3)P(B|A_3)$$

$$= \frac{2\,500}{6\,000} \times 5\% + \frac{2\,000}{6\,000} \times 3\% + \frac{1\,500}{6\,000} \times 1\% = 3.3\%$$

定理 1.3 贝叶斯（Bayes）公式（逆全概率公式） 设 $A_1, A_2, \cdots, A_n$ 是 S 的一个完备事件组，且 $P(A_i) > 0 (i = 1, 2, \cdots, n)$。若对任一事件 $B, P(B) > 0$，则有：

$$P(A_j|B) = \frac{P(A_j)P(B|A_j)}{\sum_{i=1}^{n} P(A_i)P(B|A_i)}, \quad j = 1, 2, \cdots, n$$

证明 由条件概率公式

$$P(A_j|B) = \frac{P(A_j B)}{P(B)} = \frac{P(A_j)P(B|A_j)}{\sum_{i=1}^{n} P(A_i)P(B|A_i)}, \quad j = 1, 2, \cdots, n$$

【例 1-14】 某机器由 A, B, C 三类元件构成，其所占比例分别为 0.1, 0.4, 0.5，且其发生故障的概率分别为 0.7, 0.1, 0.2。现机器发生了故障，问应从哪个元件开始检查？

解 设 D"发生故障"，A"元件是 A 类"，B"元件是 B 类"，C"元件是 C 类"，则

$$P(D) = P(A)P(D \mid A) + P(B)P(D \mid B) + P(C)P(D \mid C)$$
$$= 0.1 \times 0.7 + 0.4 \times 0.1 + 0.5 \times 0.2 = 0.21$$

所以

$$P(A \mid D) = P(AD)/P(D) = 7/21, P(B \mid D) = 4/21, P(C \mid D) = 10/21$$

故应从 C 元件开始检查。

【例 1-15】 对以往数据的分析结果表明,当机器调整得良好时,产品的合格率为 90%,而当机器发生某一故障时,其合格率为 30%。每天早上机器开动时,机器调整良好的概率为 75%。试求:已知某日早上第一件产品是合格品时,机器调整得良好的概率是多少?

解　设 $A = \{$产品合格$\}$,$B = \{$机器调整得良好$\}$;已知 $P(A \mid B) = 0.9$,$P(A \mid \overline{B}) = 0.3$,$P(B) = 0.75$,$P(\overline{B}) = 0.25$,由贝叶斯公式

$$P(B \mid A) = \frac{P(A \mid B)P(B)}{P(A \mid B)P(B) + P(A \mid \overline{B})P(\overline{B})}$$
$$= \frac{0.9 \times 0.75}{0.9 \times 0.75 + 0.3 \times 0.25} = 0.9$$

这就是说,当生产出第一件产品是合格品时,此时机器调整良好的概率是 0.9,概率 0.75 是由以往的数据分析得到的,叫做**先验概率**。而在得到信息(即生产出的第一件产品是合格品)之后再重新加以修正的概率(即 0.9)叫做**后验概率**。有了后验概率,我们就能对机器的情况有进一步的了解。

【例 1-16】 医学上用某方法检验"非典"患者,临床表现为发热、干咳,已知人群中既发热又干咳的病人患"非典"的概率为 5%;仅发热的病人患"非典"的概率为 3%;仅干咳的病人患"非典"的概率为 1%;无上述现象而被确诊为"非典"患者的概率为 0.01%。现对某疫区 25 000 人进行检查,其中既发热又干咳的病人为 250 人,仅发热的病人为 500 人,仅干咳的病人为 1 000 人,试求:

(1) 该疫区中某人患"非典"的概率;

(2) 被确诊为"非典"患者是仅发热的病人的概率。

解　(1)由题意设 $A = \{$既发热又干咳的病人$\}$,$B = \{$仅发热的病人$\}$,$C = \{$仅干咳的病人$\}$,$D = \{$无明显症状的人$\}$,$E = \{$确诊患了"非典"$\}$,则易知 A,B,C,D 构成了一完备事件组,由全概率公式得:

$$P(E) = P(A)P(E \mid A) + P(B)P(E \mid B) + P(C)P(E \mid C) + P(D)P(E \mid D)$$
$$= \frac{250}{25\,000} \times 5\% + \frac{500}{25\,000} \times 3\% + \frac{1\,000}{25\,000} \times 1\% + \frac{23\,250}{25\,000} \times 0.01\% = 0.001\,593$$

(2) 由贝叶斯公式知:

$$P(B \mid E) = \frac{P(B)P(E \mid B)}{P(E)} = \frac{\dfrac{500}{25\,000} \times 3\%}{0.001\,593} = 0.376\,65$$

全概率公式和贝叶斯公式是概率论中的两个重要公式,有着广泛的应用。若把事件 A_i 理解为"原因",而把 B 理解为"结果",则 $P(B \mid A_i)$ 是原因 A_i 引起结果 B 出现的可能性,$P(A_i)$ 是各种原因出现的可能性。**全概率公式表明综合引起结果的各种原因,导致结果出现的可能性的大小;而贝叶斯公式则反映了当结果出现时,它是由原因 A_i 引起的可能性的大小**,故常用于可靠性问题,如:可靠性寿命检验、可靠性维护、可靠性设计等。

习　题

1. 已知 $P(A)=0.3$, $P(B)=0.4$, $P(A|B)=0.5$, 试求 $P(B|A\cup B)$, $P(\overline{A}\cup \overline{B}|A\cup B)$.

2. 一袋中装有 10 个球, 其中 3 个黑球、7 个白球, 先后两次从袋中各取一球(不放回).

(1) 已知第一次取出的是黑球, 求第二次取出的仍是黑球的概率.

(2) 已知第二次取出的是黑球, 求第一次取出的也是黑球的概率.

3. 袋中有 5 个球, 其中 3 个红球、2 个白球. 现从袋中不放回地连取两个. 已知第一次取到红球, 求第二次取到白球的概率.

4. 一袋中装 10 个球, 其中 3 个黑球、7 个白球, 先后两次从中随意各取一球(不放回), 求两次取到的均为黑球的概率.

5. 设某种动物由出生算起活到 20 年以上的概率为 0.8, 活到 25 年以上的概率为 0.4. 问: 现年 20 岁的这种动物, 它能活到 25 岁以上的概率是多少?

6. 某商店收进甲厂生产的产品 30 箱, 乙厂生产的同种产品 20 箱, 甲厂每箱装 100 个, 废品率为 0.06, 乙厂每箱装 120 个, 废品率为 0.05. 求:

(1) 任取一箱, 从中任取一个产品为废品的概率;

(2) 若将所有产品开箱混放, 求任取一个产品为废品的概率.

7. 对以往数据的分析结果表明, 当机器调整得良好时, 产品的合格率为 98%; 而当机器发生某种故障时, 其合格率为 55%. 每天早上机器开动时, 机器调整良好的概率为 95%. 已知某日早上第一件产品是合格时, 机器调整得良好的概率是多少?

8. 设某批产品中, 甲、乙、丙三厂生产的产品分别占 45%, 35%, 20%, 各厂产品的次品率分别为 4%, 2%, 5%, 现从中任取一件产品, (1) 求取到的是次品的概率; (2) 经检验发现取到的产品为次品, 求该产品是甲厂生产的概率.

9. 根据临床记录, 某种诊断癌症的方法有如下结果: 若以 A 表示事件"试验反应为阳性", 以 C 表示事件"被诊断者患有癌症", 则有 $P(A|C)=0.95$, $P(\overline{A}|\overline{C})=0.95$. 现在对自然人群进行普查, 设被试验的人患有癌症的概率为 0.005, 即 $P(C)=0.005$, 试求 $P(C|A)$.

1.7　独立性

一般来说, $P(A|B)\neq P(A)$, $(P(B)>0)$ 这表明事件 B 的发生提供了一些信息影响了事件 A 发生的概率。但在有些情况下, $P(A|B)=P(A)$, 从这可以想象, 得到这必定是事件 B 的发生对 A 的发生不产生任何影响, 或不提供任何信息, 也即事件 A 与 B 是"无关"的。从概率上讲, 这就是事件 A、B 相互独立。

1.7.1　事件的独立性

定义 1.5　若两事件 A、B 满足 $P(AB)=P(A)P(B)$, 则称 A 与 B 相互独立。

注: ①定义中, 当 $P(B)=0$ 或 $P(B)=1$ 时, 仍然适用, 即 $\varnothing$, Ω 与任何事件相互独立;

② 事件的独立与事件的互不相容是两个不同的概念: 前者是相对于概率的概念, 但可以同时发生; 而后者只是说两个事件不能同时发生, 与概率无关。

【**例 1-17**】掷两枚均匀的骰子一次, 求出现双 6 点的概率。

解　设 A"第一枚骰子出现 6"，B"第二枚骰子出现 6"，则

$$P(AB)=P(A)P(B)=\frac{1}{6}\cdot\frac{1}{6}=\frac{1}{36}$$

分别掷两枚骰子，其出现 6 点相互之间有什么影响呢？不用计算也能确定它们是相互独立的。在概率论的实际应用中，人们常常利用这种直觉来确定事件的相互独立性，从而使问题和计算都得到简化，但并不是所有问题都能那么容易判断，看下面的例子。

【例 1-18】一家中有若干个孩子，假定生男生女是等可能的，令 $A=\{$家中男孩、女孩都有$\}$，$B=\{$家中至多有一女孩$\}$，那么

① 考虑三个孩子的家庭：

$$\Omega=\{(b,b,b),(b,b,g),(b,g,b),(g,b,b),(g,b,g),(g,g,b),(b,g,g),(g,g,g)\}$$

则 $P(AB)=\frac{3}{8}=\frac{6}{8}\cdot\frac{4}{8}=P(A)P(B)\Rightarrow A$、$B$ 相互独立。

② 考虑两个孩子的家庭：

$$\Omega=\{(b,b),(b,g),(g,b),(g,g)\}$$

则 $P(AB)=\frac{2}{4}$，$P(A)=\frac{2}{4}$，$P(B)=\frac{3}{4}$，$P(AB)\neq P(A)P(B)\Rightarrow A$、$B$ 不相互独立。

定理 1.4　若 $P(B)>0$，则 A、B 相互独立$\Leftrightarrow P(A|B)=P(A)$。

结论　若 A、B 独立，则 A 与 $\overline{B}$，$\overline{A}$ 与 B，$\overline{A}$ 与 $\overline{B}$ 也相互独立。

【例 1-19】甲、乙二人同时向同一目标射击一次，甲击中率为 0.8，乙击中率为 0.6，求在一次射击中，目标被击中的概率。

解　设 $A=\{$甲击中$\}$，$B=\{$乙击中$\}$，$C=\{$目标被击中$\}$，则 $C=A\bigcup B$

$$P(C)=P(A\bigcup B)=P(A)+P(B)-P(AB)$$
$$=P(A)+P(B)-P(A)P(B)$$
$$=0.8+0.6-0.8\times0.6=0.92$$
$$P(C)=1-P(\overline{C})=1-P(\overline{A\bigcup B})=1-P(\overline{A}\,\overline{B})$$
$$=1-P(\overline{A})P(\overline{B})=1-(1-0.8)(1-0.6)=0.92$$

思考：若 $P(A)>0$，$P(B)>0$，且 $P(A|B)+P(\overline{A}|\overline{B})=1$，则 A、B 相互独立。

1.7.2　多个事件的独立

定义 1.6　对于三个事件 A、B、C，若下列四个等式同时成立

$$P(AB)=P(A)P(B)$$
$$P(AC)=P(A)P(C)$$
$$P(BC)=P(B)P(C)$$
$$P(ABC)=P(A)P(B)P(C)$$

则称 A、B、C 相互独立。

注：①对于两个以上的事件，事件的**两两独立**不能推出总起来**相互独立**。

反例 1　有四张同样大小的卡片，上面标有数字（见图 1.8），从中任抽一张，每张被抽到的概率相同。

分析　令 $A_i=\{$抽到卡片上有数字 $i\}$，$i=1,2,3$，则 $P(A_i)=2/4=1/2$，即 $P(A_1)=$

$P(A_2) = P(A_3)$。

而
$$P(A_1A_2) = 1/4 = P(A_1)P(A_2)$$
$$P(A_1A_3) = 1/4 = P(A_1)P(A_3)$$
$$P(A_2A_3) = 1/4 = P(A_2)P(A_3)$$

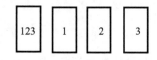

图 1.8

可见，A_i 两两之间是独立的，但总体来看
$$P(A_1A_2A_3) = 1/4 \neq P(A_1)P(A_2)P(A_3) = 1/8$$
并不相互独立。

② 对于两个以上的事件，总起来**相互独立**也不能推出事件的**两两独立**。

反例 2 八张同样大小的卡片（见图 1.9），任抽一张。

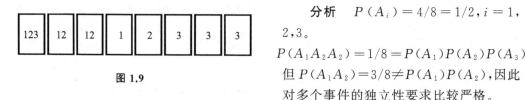

图 1.9

分析 $P(A_i) = 4/8 = 1/2, i = 1, 2, 3$。

$$P(A_1A_2A_2) = 1/8 = P(A_1)P(A_2)P(A_3)$$

但 $P(A_1A_2) = 3/8 \neq P(A_1)P(A_2)$，因此对多个事件的独立性要求比较严格。

定义 1.7 对任意 n 个事件，$A_1, A_2, \cdots, A_n$，若
$$P(A_iA_j) = P(A_i)P(A_j), \qquad 1 \leqslant i < j \leqslant n$$
$$P(A_iA_jA_k) = P(A_i)P(A_j)P(A_k), \quad 1 \leqslant i < j < k \leqslant n$$
$$\cdots\cdots$$
$$P(A_1A_2\cdots A_n) = P(A_1)P(A_2)\cdots P(A_n) \quad （共 2^n - n - 1 个式子）$$

均成立，则称 $A_1, A_2, \cdots, A_n$ 相互独立。

【例 1 - 20】 用步枪射击飞机，设每支步枪的命中率均为 0.004。

(1) 现用 250 支步枪同时射击一次，求飞机被击中的概率；

(2) 若想以 0.99 的概率击中飞机，需要多少支步枪同时射击？

解 (1) A_i "第 i 支击中"，则要求 $P(A_1 \bigcup A_2 \bigcup \cdots \bigcup A_n)$，而

$$P(A_1 \bigcup A_2 \bigcup \cdots \bigcup A_n) = 1 - P(\overline{A_1 \bigcup A_2 \bigcup \cdots \bigcup A_n}) = 1 - P(\overline{A_1}\,\overline{A_2}\cdots\overline{A_n})$$
$$= 1 - P(\overline{A_1})P(\overline{A_2})\cdots P(\overline{A_n}) = 1 - 0.996^{250} \approx 0.63$$

(2) 由 $1 - 0.996^n \geqslant 0.99 \Rightarrow n \approx 1\ 150$。

1.7.3 独立性在系统可靠性中的应用

元件的可靠性：对于一个元件，它能正常工作的概率称为元件的可靠性。

系统的可靠性：对于一个系统，它能正常工作的概率称为系统的可靠性。

【例 1 - 21】 设构成系统的每个元件的可靠性均为 $r(0 < r < 1)$，且各元件能否正常工作是相互独立的，求下面附加通路系统的可靠性。

解 每条通路正常工作，当且仅当通路上各元件正常工作，其可靠性为
$$R_c = P(A_1A_2\cdots A_n) = P(A_1)P(A_2)\cdots P(A_n) = r^n$$

即每条通路发生故障的概率为 $1 - r^n$。

由于系统是由两条通路并联而成（见图 1.10），则两通路同时发生故障的概率为 $(1 - r^n)^2$，所以上述系统的可靠性为

$$R_s = 1 - (1 - r^n)^2 = r^n(2 - r^n) = R_c(2 - R_c) = -R_c^2 + 2R_c$$

因为 $R_c < 1$，所以 $R_s > R_c$，如图 1.11 所示。

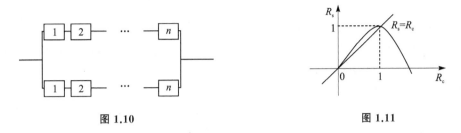

图 1.10   图 1.11

故附加通路能使系统的可靠性增强。

习 题

1. 从一副不含大小王的扑克牌中任取一张，记 $A = \{$抽到 $K\}$，$B = \{$抽到的牌是黑色的$\}$，问事件 A、B 是否独立？

2. 已知甲、乙两袋中分别装有编号为 1，2，3，4 的四个球. 今从甲、乙两袋中各取出一球，设 $A = \{$从甲袋中取出的是偶数号球$\}$，$B = \{$从乙袋中取出的是奇数号球$\}$，$C = \{$从两袋中取出的都是偶数号球或都是奇数号球$\}$，试证 A，B，C 两两独立但不相互独立.

3. 加工某一零件共需经过四道工序，设第一、二、三、四道工序的次品率分别是 2%，3%，5%，3%，假定各道工序是互不影响的，求加工出来的零件的次品率.

4. 甲、乙两人进行乒乓球比赛，每局甲胜的概率为 $p, p \geq \dfrac{1}{2}$. 问：对甲而言，采用三局两胜制，还是采用五局三胜制有利？设各局胜负相互独立.

5. 某种小树栽后的成活率为 90%，一居民小区移栽了 20 棵，求能成活 18 棵的概率.

6. 一条自动生产线上的产品，次品率为 4%，求解以下两个问题：

(1) 从中任取 10 件，求至少有两件次品的概率；

(2) 一次取 1 件，无放回地抽取，求当取到第二件次品时，之前已取到 8 件正品的概率.

7. 一个医生知道某种疾病患者自然痊愈率为 0.25，为试验一种新药是否有效，把它给 10 个病人服用，且规定若 10 个病人中少有 4 个治好则认为这种药有效，反之则认为无效. 求：

(1) 虽然新药有效，且把痊愈率提高到 0.35，但通过试验却被否定的概率；

(2) 新药完全无效，但通过试验却被认为有效的概率.

8. 一个袋中装有 10 个球，其中有 3 个黑球、7 个白球，每次从中随意取出一球，取后放回.

(1) 如果共取 10 次，求 10 次中能取到黑球的概率及 10 次中恰好取到 3 次黑球的概率；

(2) 如果未取到黑球就一直取下去，直到取到黑球为止，求恰好取到 3 次黑球的概率.

9. 某工人一天出废品的概率为 0.2，求在 4 天中：

(1) 都不出废品的概率；

(2) 至少有一天出废品的概率；

(3) 仅有一天出废品的概率；

(4) 最多有一天出废品的概率；

(5) 第一天出废品，其余各天不出废品的概率.

本章小结

本章是概率论最基础的部分,所有内容都围绕随机事件和概率两个概念展开。本章的重点内容包括:随机事件的关系与运算;概率的基本性质;条件概率与乘法公式;事件的独立性。

本章的基本内容及要求如下:

(1) 理解随机现象、随机试验和随机事件的概念;掌握事件的 4 种运算:事件的并、事件的交、事件的差和事件的余;掌握事件的 4 个运算法则:交换律、结合律、分配率和对偶率;理解事件的 4 种关系:包含关系、相等关系、对立关系和互不相等关系。

(2) 了解古典概型的定义,会计算简单的古典概型中的相关概率。

(3) 理解概率的定义,理解概率与频率的关系,掌握概率的基本性质:

① $0 \leqslant P(A) \leqslant 1, P(\Omega) = 1$;

② $P(A \cup B) = P(A) + P(B) - P(AB)$,当 $P(AB) = 0$ 时,$P(A \cup B) = P(A) + P(B)$;

③ $P(A - B) = P(A) - P(AB)$;

④ $P(\overline{B}) = 1 - P(B)$。

会用这些性质进行概率的基本运算。

(4) 理解条件概率的概念:

$$P(B \mid A) = \frac{P(AB)}{P(A)}$$

掌握乘法公式:

$$P(AB) = P(A)P(B \mid A) = P(B)P(A \mid B)$$

会用条件概率公式和乘法公式进行计算。

(5) 掌握全概率公式和贝叶斯公式,会用它们计算较简单的相关问题。

(6) 理解事件独立性的定义及充分必要条件。理解事件间的关系——互相对立、互不相容、相互独立三者之间的联系与区别。

有一点须注意,就是利用概率的基本性质、条件概率、乘法公式以及事件独立性计算概率,它们的综合使用略显复杂,但其间有一个重要的角色 $P(AB)$,几乎把它们联系在一起,这是求解概率的关键。

复习题

1. 选择题:

(1) 某人射击三次,以 $A_i(i = 1, 2, 3)$ 表示事件"第 i 次击中目标",则事件"至多击中目标一次"的正确表示为(   ).

A. $A_1 \cup A_2 \cup A_3$;　　　　　　　　B. $\overline{A_1}\,\overline{A_2} \cup \overline{A_2}\,\overline{A_3} \cup \overline{A_1}\,\overline{A_3}$

C. $A\,\overline{A_2}\,\overline{A_3} \cup \overline{A_1}\,A_2\,\overline{A_3} \cup \overline{A_1}\,\overline{A_2}\,A_3$　　D. $\overline{A_1} \cup \overline{A_2} \cup \overline{A_3}$

(2) 设 A, B 为随机事件,则 $(A \cup B)A = ($ $)$.

A. AB　　　　　B. A　　　　　C. B　　　　　D. $A \cup B$

(3) 将两封信随机地投入四个邮筒中,则未向前两个邮筒中投信的概率为(   ).

A. $\dfrac{2^2}{4^2}$ 　　　　B. $\dfrac{C_2^1}{C_4^2}$ 　　　　C. $\dfrac{2!}{A_4^2}$ 　　　　D. $\dfrac{2!}{4!}$

(4) 从 $0,1,2,\cdots,9$ 这十个数字中随机地有放回地接连抽取四个数字,则"8"至少出现一次的概率为(　　).

A. 0.1　　　　B. 0.343 9　　　　C. 0.4　　　　D. 0.656 1

(5) 设 A,B 为随机事件,$P(B)>0$,$P(A\mid B)=1$,则必有(　　).

A. $P(A\cup B)=P(A)$　B. $A\subset B$　　　　C. $P(A)=P(B)$　　D. $P(AB)=P(A)$

(6) 设 A,B 为两个随机事件,且 $P(AB)>0$,则 $P(A\mid AB)=$(　　).

A. $P(B)$　　　　B. $P(AB)$　　　　C. $P(A\cup B)$　　　　D. 1

(7) 设 A 与 B 互为对立事件,且 $P(A)>0$,$P(B)>0$,则下列各式中错误的是(　　).

A. $P(\overline{B}\mid A)=0$　B. $P(A\mid B)=0$　C. $P(AB)=0$　D. $P(A\cup B)=1$

(8) 设随机事件 A 与 B 互不相容,$P(A)=0.4$,$P(B)=0.2$,则 $P(A\mid B)=$(　　).

A. 0　　　　B. 0.2　　　　C. 0.4　　　　D. 0.5

(9) 设事件 A,B 相互独立,$P(A)=\dfrac{1}{3}$,$P(B)>0$,则 $P(A\mid B)=$(　　).

A. $\dfrac{1}{15}$　　　　B. $\dfrac{1}{5}$　　　　C. $\dfrac{4}{15}$　　　　D. $\dfrac{1}{3}$

(10) 某人连续向一目标射击,每次命中目标的概率为 $\dfrac{3}{4}$,他连续射击直到命中为止,则射击次数为 3 的概率是(　　).

A. $\left(\dfrac{3}{4}\right)^2$　　B. $\left(\dfrac{3}{4}\right)^2\times\dfrac{1}{4}$　　C. $\left(\dfrac{1}{4}\right)^2\times\dfrac{3}{4}$　　D. $C_3^2\left(\dfrac{1}{4}\right)^2\times\dfrac{3}{4}$

(11) 10 颗围棋子中有 2 颗黑子、8 颗白子,将这 10 颗棋子随机地分成两堆,每堆 5 颗,则两堆中各有 1 颗黑子的概率为(　　).

A. $\dfrac{5}{9}$　　　　B. $\dfrac{5}{8}$　　　　C. $\dfrac{4}{9}$　　　　D. $\dfrac{1}{5}$

2. 填空题:

(1) 从 $1,2,\cdots,10$ 共十个数字中任取一个,然后放回,先后取出 5 个数字,求 5 个数字中不含 5 和 10 的概率_____.

(2) 有 5 双不同型号的鞋子,从中任取 4 只,则取出的 4 只鞋都是不同型号的概率_____.

(3) 袋中有 5 个黑球 3 个白球,从中任取 4 个球,其中恰有 3 个白球的概率为_____.

(4) 从分别标有 $1,2,\cdots,9$ 号码的 9 件产品中随机取三件,每次取一件,取后放回,则取到的三件产品的标号都是偶数的概率为_____.

(5) 把三个不同的球随机地放入三个不同的盒中,则出现两个空盒的概率为_____.

(6) 设随机事件 A 与 B 互不相容,$P(A)=0.2$,$P(A\cup B)=0.5$,则 $P(B)=$_____.

(7) 100 件产品中,有 10 件次品,不放回地从中接连取两次,每次取一个产品,则第二次取到次品的概率为_____.

(8) 设 A、B 为随机事件,且 $P(A)=0.8$,$P(B)=0.4$,$P(B\mid A)=0.25$,则 $P(A\mid B)=$_____.

(9) 某工厂的产品的次品率为 5%,而正品中有 80% 为一等品,如果从该厂的产品中任取一件来检验,则检验结果是一等品的概率为_____.

(10) 甲、乙两人独立地向同一目标射击,已知甲的命中率为 0.65,乙的命中率为 0.45,则目标被击中的概率为_____.

(11) 在一次考试中,某班学生的数学和外语的及格率都是 0.7,且这两门课是否及格相互独立,现从该班任选一名学生,则该学生的数学和外语只有一门及格的概率为_____.

(12) 设事件 A,B 互不相容,且 $P(A)=0.4$,$P(A \cup B)=0.7$,则 $P(\overline{B})=$_____.

(13) 某射手命中率为 $\dfrac{2}{3}$,他独立地向目标射击 4 次,则至少命中一次的概率为_____.

3. 设 $P(A)=0.5$,$P(B)=0.6$,$P(B \mid \overline{A})=0.4$,求 $P(AB)$.

4. 设 A,B 为两个随机事件,$0<P(B)<1$,$P(A \mid \overline{B})=P(A \mid B)$,证明:$A$ 与 B 相互独立.

5. 将两信息分别编码为 A 和 B 传递出去,接收站收到时,A 被误收作 B 的概率为 0.02,而 B 被误收作 A 的概率为 0.01.信息 A 与信息 B 传送的频繁程度为 2:1.若接收站收到的信息是 A,问原发信息是 A 的概率是多少?

第 2 章　随机变量及其概率分布

2.1　离散型随机变量

2.1.1　随机变量的概念

从随机事件及其概率中可以看到随机试验的结果与数值发生关联,或者说,很多随机事件都可以用数量进行描述,如:某一段时间内 110 报警台接到的报警次数;抽查产品质量时出现的废品个数;车床加工零件的尺寸与规定尺寸的偏差;掷骰子出现的点数,等等,这些事件结果都可以用数量进行标识,为此引进随机变量的概念。

定义 2.1　设 E 是随机试验,样本空间为 Ω,如果对于每一个结果(样本点)$\omega \subset \Omega$,都有一个实数 $X(\omega)$ 与之对应,这样就得到一个定义在 Ω 上的实值函数 $X \subset X(\omega)$,称为随机变量。随机变量通常用 $X,Y,Z,\cdots$ 或 $X_1,X_2,\cdots$ 来表示。

例如,某长途汽车站每隔 10 min 有一趟汽车经过,假设乘客在任一时刻到达汽车站是等可能的,则"乘客等候汽车的时间"X 是一个随机变量,它在 $0 \sim 10$ min 之间的取值表示为 $0 \leqslant X \leqslant 10$。

对于随机变量 X,通常分为两类:一类是 X 所有可能的取值可以一一列举出来,这类称为**离散型随机变量**,例如上述 110 报警台在$[0,T]$内接到的报警次数就是一个离散型随机变量;另一类是 X 所有可能的取值不能一一列举出来,而是充满某一实数区间,这类称为**连续型随机变量**,例如上述公共汽车站乘客候车的时间就是一个连续型随机变量。

由于引进了随机变量,我们就可以充分利用数学手段来研究随机事件及其概率。

随机变量与普通函数的区别如下:

(1)普通函数的定义域是实数集,而随机变量的定义域是样本空间(样本点不一定为实数);随机变量的取值具有随机性,它不是定义在实数轴上,而是定义在样本空间 Ω 上(样本空间的元素不一定是实数),是样本点的函数,这是它与普通函数的不同之处。

(2)普通函数随自变量变化所取的函数值无概率可言,而随机变量随样本点变化所取的函数值是具有一定概率的;此外,因试验的随机性使得随机变量的取值也具有随机性,即知道随机变量的取值范围,但在一次试验前无法确定它的取值。

(3)利用随机变量可以描述随机事件。

例如,在试验 E"掷一颗骰子,观察出现的点数"中,显然$\{X \in \{1,3,5\}\}$表示"出现奇数点",$\{X < 1\}$为不可能事件,$\{X \in R\}$为必然事件,等等。

(4)随机变量与随机事件的关系如下:

● 随机事件是从静态的角度研究随机现象,而随机变量是从动态的角度研究随机事件。

● 随机变量可以描述随机事件,它涵盖了随机事件,是一个更广泛的概念。

● 随机变量的引入使得利用数学的方法研究随机现象成为可能,是实现随机现象"数量化"的重要工具。

因此,随机变量的研究是概率论的核心内容。

2.1.2 离散型随机变量及其分布律

有些随机变量，其全部可能取值是有限多个或可列无限多个，例如，在 2.1.1 小节中出现的几个随机变量：掷骰子出现的点数 X，取值范围为 $\{1,2,3,4,5,6\}$；110 报警台一天接到的报警次数 Z，取值范围为 $\{0,1,2\cdots\}$ 等，这类随机变量称为离散型随机变量。

定义 2.2 若随机变量 X 只取有限多个或可列无限多个值，则称 X 为离散型随机变量。

离散型随机变量是一类特殊的随机变量，另一类特殊的随机变量即连续型随机变量将在 2.3 节中讨论。除了上述两类外，还存在其他类型的随机变量。

对于离散型随机变量 X，只知道它的全部可能取值是不够的，要掌握 X 的统计规律，还需要知道 X 取每一个可能值的概率。设 X 所有可能的取值按照一定顺序（通常是从小到大）排列起来，表示为 $x_1,x_2,\cdots x_k\cdots$ 可为有限多个或可列无限多个，X 取各可能值的概率，即事件 $\{X=x_k\}$ 的概率为

$$P\{X=x_k\}=p_k \quad k=1,2,\cdots$$

定义 2.3 设 X 为离散型随机变量，可能取值为 $x_1,x_2,\cdots,x_k,\cdots$，且

$$P\{X=x_k\}=p_k \quad k=1,2,\cdots$$

则称 $\{p_k\}$ 为 X 的分布律（或分布列，或概率分布）。

分布律也可用表格的形式表示为

X	x_1	x_2	$\cdots$	x_k	$\cdots$
P	p_1	p_2	$\cdots$	p_k	$\cdots$

其中，第一行表示 X 的取值，第二行表示 X 取相应值的概率。

分布律 $\{p_k\}$ 具有下列性质：

(1) $p_k\geqslant0,k=1,2,\cdots$；

(2) $\sum\limits_{k=1}^{\infty}p_k=1$。

第(1)个性质是因为 p_k 是概率，所以 $p_k\geqslant0$。由于随机事件 $\{X=x_k\}(k=1,2,\cdots)$ 是互不相容的事件列，且 $\bigcup\limits_{k=1}^{\infty}\{X=x_k\}=\Omega$，从而

$$\sum_{k=1}^{\infty}p_k=\sum_{k=0}^{\infty}P\{X=x_k\}=P\Big(\bigcup_{k=1}^{\infty}\{X=x_k\}\Big)=P(\Omega)=1$$

反之，若一数列 $\{p_k\}$ 具有以上两条性质，则它必可以作为某随机变量的分布律。

【例 2-1】设离散型随机变量 X 的分布律为

X	0	1	2
P	0.2	c	0.5

求常数 c。

解 由分布律的性质知

$$1=0.2+c+0.5$$

解得 $c=0.3$。

【例 2-2】在 100 件相同的产品中，有 4 件次品和 96 件正品，现从中任取一件，求取到的正品数 X 的分布列。

解 $X=0,1$

$$P(X=0)=\frac{4}{100}=0.04$$

$$P(X=1)=\frac{96}{100}=0.96$$

X 的分布律为

X	0	1
P	0.04	0.96

在求离散型随机变量的分布律时,首先要找出其所有可能的取值,然后再求出每个值相应的概率。

【例 2-3】一批零件共有 10 个,其中 2 个次品,现在接连进行不放回抽样,每次抽一个,直到抽到正品为止,求抽取次数的概率分布。

解　设随机变量 X 表示抽取次数,由于是不放回抽取,所以 X 的可能值为 1,2,3,容易计算事件 $X=x(x=1,2,3)$ 的概率:

$$P(X=1)=\frac{8}{10}=\frac{4}{5}$$

$$P(X=2)=\frac{2}{10} \cdot \frac{8}{9}=\frac{8}{45}$$

$$P(X=3)=\frac{2}{10} \cdot \frac{1}{9} \cdot \frac{8}{8}=\frac{1}{45}$$

【例 2-4】设在 15 只同类型零件中有 2 只为次品,在其中取 3 次,每次任取 1 只,不放回抽样,以 X 表示取出的次品个数,求 X 的分布律。

解

$$X=0,1,2$$

$$P(X=0)=\frac{C_{13}^3}{C_{15}^3}=\frac{22}{35}$$

$$P(X=1)=\frac{C_2^1 C_{13}^2}{C_{15}^3}=\frac{12}{35}$$

$$P(X=2)=\frac{C_{13}^1}{C_{15}^3}=\frac{1}{35}$$

故 X 的分布律为

X	0	1	2
P	$\frac{22}{35}$	$\frac{12}{35}$	$\frac{1}{35}$

在实际应用中,有时还要求"X 满足某一条件"的事件的概率,比如 $P\{X \geqslant 1\}$,$P\{2 < X \leqslant 4\}$,$P\{X < 5\}$ 等,求法就是把满足条件的 x_k 所对应的概率 p_k 相加即可得。如在 2.1.1 小节的例子中,求掷骰子得到奇数点的概率,即

$$P\{X=1,3,5\}=P\{X=1\}+P\{X=3\}+P\{X=5\}=\frac{1}{6}+\frac{1}{6}+\frac{1}{6}=\frac{1}{2}$$

在例 2-4 中,

$$P\left(X \leqslant \frac{1}{2}\right) = P(X=0) = \frac{22}{35}$$

$$P\left(1 < X \leqslant \frac{3}{2}\right) = 0$$

$$P\left(1 \leqslant X \leqslant \frac{3}{2}\right) = P(X=1) = \frac{12}{35}$$

$$P(1 < X < 2) = 0$$

2.1.3 0－1 分布与二项分布

下面介绍三种重要的常用离散型随机变量,它们是 0－1 分布、二项分布和泊松分布。

定义 2.4 若随机变量 X 只取两个可能值:0,1 且 $P\{X=1\}=p$,$P\{X=0\}=q$,其中 $0 < p < 1$,$q = 1-p$,则称 X 服从 0－1 分布。X 的分布律为

X	0	1
P	q	p

在 n 重伯努利试验中,每次试验只观察 A 是否发生,定义随机变量 X 如下:

$$X = \begin{cases} 0, & \text{当 } A \text{ 发生时,} \\ 1, & \text{当 } A \text{ 不发生时} \end{cases}$$

因为 $P\{X=0\}=P(\overline{A})=1-p$,$P\{X=1\}=P(A)=p$,所以 X 服从 0－1 分布。0－1 分布是最简单的分布类型,任何只有两种结果的随机现象,比如新生儿是男是女,明天是否下雨,抽查一产品是正品还是次品等,都可用它来描述。

在实践中,经常会遇到这样一种随机试验:试验可以在相同条件下重复进行 n 次;每次试验的结果互不影响,即各次试验是独立的;做一次试验只可能出现两种结果 A 和 $\overline{A}$;每次试验 A 出现的概率都一样,若记 $P(A)=p(0<p<1)$,则 $P(\overline{A})=1-p=q$。具有以上特点的随机试验称为 n 重伯努利试验。在 n 次试验中,事件 A 出现的次数 X 是个随机变量,其取值为 0,1,2,$\cdots$,n。事件 A 在某指定的 k 次试验中发生,而在其余的 $n-k$ 次试验中不发生的概率为 $p^k q^{n-k}$,而事件 A 可能发生在 n 次试验中的任何一次。所以,n 次试验中 A 发生 k 次,应有 C_n^k 种不同情况,这些结果又是互不相容的,于是事件 A 出现 k 次的概率为 $P(X=k)=C_n^k p^k q^{n-k}$,称随机变量 X 所服从的分布为二项分布。

定义 2.5 若随机变量 X 的可能取值为 0,1,$\cdots$,n,而 X 的分布律为

$$p_k = P\{X=k\} = C_n^k p^k q^{n-k}, \quad k = 0,1,\cdots,n$$

其中 $0<p<1$,$p+q=1$,则称 X 为服从参数 n,p 的二项分布,简记为 $X \sim B(n,p)$。

显然,当 $n=1$ 时,X 服从 0－1 分布,即 0－1 分布实际上是二项分布的特例。

二项分布是一种常用分布,如一批产品的不合格率为 p,检查 n 件产品,其中不合格品数 X 服从二项分布;调查 n 个人,其中的色盲人数 Y 服从参数为 n,p 的二项分布,其中 p 为色盲率;n 部机器独立运转,每台机器出故障的概率为 p,则 n 部机器中出故障的机器数 Z 服从二项分布,等等。

【例 2－5】袋中有 4 个白球和 6 个黑球,现在有放回地取 3 次,每次取 1 个,设 3 次中取到白球的总次数为随机变量 X,求 X 的分布列。

解　设 A 为在一次试验中取到的白球,则 $P(A)=0.4$,$X\sim B(3,0.4)$,于是,X 的概率函数为

$$P(X=k)=C_3^k(0.4)^k(0.6)^{3-k},\quad k=0,1,2,3$$

其分布律如下:

X	0	1	2	3
P	0.22	0.43	0.29	0.06

【**例 2-6**】某工厂生产的螺丝的次品率为 0.05,设每个螺丝是否为次品是相互独立的,这个工厂将 10 个螺丝包成一包出售,并保证若发现一包内多于一个次品即可退货,求某包螺丝次品个数的分布列和售出的螺丝的退货率。

解　根据题意,对 10 个一包的螺丝进行检验,显然有 $X\sim B(10,0.05)$,其概率函数为

$$P(A)=P(X=k)=C_{10}^k(0.05)^k(0.95)^{10-k},\quad k=0,1,2,\cdots,10$$

设 $A=\{$该包螺丝被退回工厂$\}$,则

$$P(A)=P(X>1)=1-P(X\leqslant 1)=1-\sum_{k=0}^{1}P(X=k)$$

$$=1-\sum_{k=0}^{1}C_{10}^k(0.05)^k(0.95)^{10-k}$$

$$=1-0.913\ 9=0.086\ 1\approx 0.09$$

即退货率为 9%。

在计算涉及二项分布有关事件的概率时,有时计算会很烦琐,例如 $n=1\ 000$,$p=0.005$ 时要计算

$$C_{1\ 000}^{10}(0.005)^{10}(0.995)^{990},\quad \sum_{k=0}^{10}C_{1\ 000}^k(0.005)^k\ 0.995^{1\ 000-k}$$

就很困难,这就要求寻求近似计算的方法。下面我们给出一个 n 很大、p 很小时的近似计算公式,即著名的二项分布的泊松逼近。有如下定理:

泊松(Poisson)定理　设 $\lambda>0$ 是常数,n 是任意正整数,且 $np_n=\lambda$,则对于任意取定的非负整数 k,有

$$\lim_{n\to\infty}C_n^k p_n^k(1-p_n)^{n-k}=\frac{\lambda^k}{k!}e^{-\lambda}$$

证明略。

由泊松定理,当 n 很大,p 很小时,有近似公式

$$C_n^k p^k q^{n-k}=\frac{\lambda^k}{k!}e^{-\lambda} \tag{2.1}$$

其中 $\lambda=np$。

在实际计算中,当 $n\geqslant 20$,$p\leqslant 0.05$ 时,用上述近似公式效果颇佳。$\frac{\lambda^k}{k!}e^{-\lambda}$ 的值还有表可查(见附录表 B.2),表中直接给出的是 $\sum_{k=0}^{\infty}\frac{\lambda^k}{k!}e^{-\lambda}$ 的值。

【**例 2-7**】某教科书出版了 2 000 册,因装订等原因造成错误的概率为 0.001,试求在这 2 000 册书中恰有 5 册错误的概率。

解 令 X 为 2 000 册书中错误的册数,则 $X \sim B(1\,000, 0.005)$。利用泊松定理近似计算,得

$$\lambda = np = 2\,000 \times 0.001 = 2$$

得

$$P(X = 5) \approx \frac{e^{-2} 2^5}{5!} = 0.001\,8$$

2.1.4 泊松分布

定义 2.6 设随机变量 X 的可能取值为 $0, 1, \cdots, n, \cdots$,而 X 的分布律为

$$P(X = k) = \frac{\lambda^k}{k!} e^{-\lambda} \quad k = 0, 1, 2, \cdots$$

其中 $\lambda > 0$,则称 X 为服从参数 λ 的泊松分布,简记为 $X \sim P(\lambda)$。

由 $\sum\limits_{k=0}^{\infty} p_k = \sum\limits_{k=0}^{\infty} \frac{\lambda^k}{k!} e^{-\lambda} = e^{-\lambda} \sum\limits_{k=0}^{\infty} \frac{\lambda^k}{k!} = e^{-\lambda} e^{\lambda} = 1$ 可知,$\{p_k\}$ 满足分布律的基本性质。

具有泊松分布的随机变量在实际应用中是很多的,例如,某一时段进入某商店的顾客数,某一地区一个时间间隔内发生交通事故的次数,一天内 110 报警台接到的报警次数,在一个时间间隔内某种放射性物质发出的粒子数,等等,都服从泊松分布。泊松分布也是概率论中的一种重要分布。

【例 2-8】电话交换台每分钟接到的呼叫次数 X 为随机变量,设 $X \sim P(3)$,求在 1 min 内呼叫次数不超过 1 的概率。

解 因为 $P(X = k) = \frac{3^k}{k!} e^{-3} (k = 0, 1, 2, \cdots)$,于是

$$P(X \leqslant 1) = P(X = 0) + P(X = 1) = e^{-3} + 3e^{-3} = 4e^{-3} \approx 0.199$$

【例 2-9】设 X 服从泊松分布,且已知 $P\{X = 1\} = P\{X = 2\}$,求 $P\{X = 4\}$。

解 设 X 服从参数为 λ 的泊松分布,则

$$P\{X = 1\} = \frac{\lambda^1}{1!} e^{-\lambda}, P\{X = 2\} = \frac{\lambda^2}{2!} e^{-\lambda}$$

由已知,得

$$\lambda e^{-\lambda} = \frac{\lambda^2}{2!} e^{-\lambda}$$

解得 $\lambda = 2$,则

$$P\{X = 4\} = \frac{2^4}{4!} e^{-2} = \frac{2}{3} e^{-2}$$

习 题

1. 设随机变量 X 的分布律为

$$P\{X = k\} = \frac{k}{c} \quad k = 1, 2, 3, 4, 5$$

求常数 a.

2. 设随机变量 X 只可能取 $-1, 0, 1, 2$ 这 4 个值,且取这 4 个值相应的概率依次为 $\frac{1}{2c}, \frac{3}{4c},$

$\dfrac{5}{8c},\dfrac{7}{16c}$,求常数 c.

3. 将一颗骰子连掷两次,以 X 表示两次所得的点数之和,以 Y 表示两次出现的最小点数,分别求 X,Y 的分布律.

4. 设在 15 个同类型的零件中有 2 个是次品,从中任取 3 次,每次取 1 个,取后不放回.以 X 表示取出次品的个数,求 X 的分布律.

5. 抛掷一枚质地不均匀的硬币,每次出现正面的概率为 $\dfrac{2}{3}$,连续抛掷 8 次,以 X 表示出现正面的次数,求 X 的分布律.

6. 设离散型随机变量 X 的分布律为

X	-1	2	3
P	1/4	1/2	1/4

求 $P\left\{X\leqslant\dfrac{1}{2}\right\}$,$P\left\{\dfrac{2}{3}<X\leqslant\dfrac{5}{2}\right\}$,$P\{2\leqslant X\leqslant 3\}$,$P\{2\leqslant X<3\}$.

7. 设事件 A 在每一次试验中发生的概率分别为 0.3,当 A 发生不少于 3 次时,指示灯发出信号,求:

(1) 进行 5 次独立试验,求指示灯发出信号的概率;

(2) 进行 7 次独立试验,求指示灯发出信号的概率.

8. 有一个繁忙的汽车站,每天有大量的汽车经过,设每辆汽车在一天的某段时间内出事故的概率为 0.000 2,在某天的该时段内有 1 000 辆汽车经过,问出事故的次数不小于 2 的概率是多少?(利用泊松定理计算)

9. 一电话交换台每分钟收到的呼叫次数服从参数为 4 的泊松分布,求:

(1) 每分钟恰有 8 次呼叫的概率;

(2) 每分钟的呼叫次数大于 10 的概率.

2.2　随机变量的分布函数

2.2.1　分布函数的概念

为了更进一步研究随机变量的概率分布,在此给出随机变量的分布函数的概念.

定义 2.7　设 X 为随机变量,称函数

$$F(x)=P\{X\leqslant x\}\quad x\in(-\infty,+\infty) \tag{2.2}$$

为 X 的分布函数.

由分布函数的定义可知:

(1) 如果 X 是离散型随机变量,并有概率函数 $p(x_i)(i=1,2,\cdots)$,则

$$F(x)=\sum_{x_i\leqslant x}p(x_i)$$

(2) 如果 X 是连续型随机变量,并有概率密度 $f(x)$,则

$$F(x) = \int_{-\infty}^{x} f(t)\,\mathrm{d}t$$

且在 $f(x)$ 的连续点处，有 $f(x) = F'(x)$。

【例 2 - 10】设离散型随机变量 X 的分布律为

X	0	1	2
P	$\frac{22}{35}$	$\frac{12}{35}$	$\frac{1}{35}$

求 X 的分布函数。

解 当 $x < 0$ 时，$F(X) = P(X \leqslant x) = 0$；

当 $0 \leqslant x < 1$ 时，$F(X) = P(X \leqslant x) = P(X = 0) = \frac{22}{35}$；

当 $1 \leqslant x < 2$ 时，$F(X) = P(X \leqslant x) = P(X = 0) + P(X = 1) = \frac{34}{35}$；

当 $x \geqslant 2$ 时，$F(X) = P(X \leqslant x) = 1$。

故 X 的分布函数为

$$F(x) = \begin{cases} 0, & x < 0 \\ \dfrac{22}{35}, & 0 \leqslant x < 1 \\ \dfrac{34}{35}, & 1 \leqslant x < 2 \\ 1, & x \geqslant 2 \end{cases}$$

由此例可以看出，$F(x)$ 是分段函数，其定义域 $(-\infty, +\infty)$ 分为若干段，仅最左边那段是开区间，其余皆为左闭右开区间。$F(x)$ 的图形为梯形，其分界点即为取值点。

另一方面，由此例中分布函数的求法及公式(2.2)可见，分布函数本质上是一种累计概率。

2.2.2 分布函数的性质

分布函数有以下基本性质：

(1) $0 \leqslant F(X) \leqslant 1$，由于 $F(x) = P\{X \leqslant x\}$，所以 $0 \leqslant F(x) \leqslant 1$。

(2) $F(x)$ 是单调不减的函数，即当 $x_1 < x_2$ 时，有 $F(x_1) \leqslant F(x_2)$。

(3) $F(-\infty) = \lim\limits_{x \to -\infty} F(x) = 0$，$\quad F(+\infty) = \lim\limits_{x \to +\infty} F(x) = 1$。

这是因为当 $x \to -\infty$ 时，事件"$X \leqslant x$"在极限状态下是不可能事件；而当 $x \to +\infty$ 时，事件"$X \leqslant x$"在极限状态下是必然事件。

(4) $P\{X \leqslant b\} = F(b)$。

$P\{a < X \leqslant b\} = F(b) - F(a)$，其中 $a < b$。

$P\{X > b\} = 1 - F(b)$。

这表明，已知随机变量 X 的分布函数 $F(x)$，即可计算 X 落在任意区间的概率。

(5) 离散型随机变量 X 的分布函数 $F(x)$ 是右连续函数，X 的每个可能值 x_i 是 $F(x)$ 的跳跃间断点，其跃度就是

$$P(X=x_i)=F(x_i)-\lim_{x \to x_i^-}F(x)$$

【例 2－11】设随机变量 X 的分布函数为

$$F(x)=a+b\arctan x, \quad -\infty<x<+\infty$$

求：(1)常数 a,b；(2) 求 $P(-1<x\leqslant\sqrt{3})$。

解　(1) 因为 $\begin{cases}\lim_{x\to-\infty}F(x)=0,\\ \lim_{x\to+\infty}F(x)=1,\end{cases}$ 所以

$$\begin{cases}A-\dfrac{\pi}{2}B=0,\\[2mm] A+\dfrac{\pi}{2}B=1,\end{cases} \quad 解得 \begin{cases}A=\dfrac{1}{2},\\[2mm] B=\dfrac{1}{\pi}。\end{cases}$$

(2) 因为 $F(x)=\dfrac{1}{2}+\dfrac{1}{\pi}\arctan x$，所以

$$P(-1<x\leqslant\sqrt{3})=F(\sqrt{3})-F(-1)$$
$$=\left(\dfrac{1}{2}+\dfrac{1}{\pi}\arctan\sqrt{3}\right)-\left[\dfrac{1}{2}+\dfrac{1}{\pi}\arctan(-1)\right]=\dfrac{7}{12}$$

【例 2－12】设随机变量 X 的分布函数为

$$F(x)=\begin{cases}0, & x<0,\\ x/3, & 0\leqslant x<1,\\ x/2, & 1\leqslant x<2,\\ 1, & x\geqslant2。\end{cases}$$

求：(1) $P\left\{\dfrac{1}{2}<X\leqslant\dfrac{3}{2}\right\}$；(2) $P\left\{X>\dfrac{1}{2}\right\}$；　(3) $P\left\{X>\dfrac{3}{2}\right\}$。

解　(1) $P\left(\dfrac{1}{2}<X\leqslant\dfrac{3}{2}\right)=F\left(\dfrac{3}{2}\right)-F\left(\dfrac{1}{2}\right)=\dfrac{3}{4}-\dfrac{1}{6}=\dfrac{7}{12}$

(2) $P\left(X>\dfrac{1}{2}\right)=1-F\left(\dfrac{1}{2}\right)=1-\dfrac{1}{6}=\dfrac{5}{6}$

(3) $P\left(X>\dfrac{3}{2}\right)=1-F\left(\dfrac{3}{2}\right)=1-\dfrac{3}{4}=\dfrac{1}{4}$

事实上，已知 X 的分布函数 $F(x)$，X 落在任意区间内的概率都可由 $F(x)$ 求出，这一点对于 X 为连续型随机变量时更容易被理解。

习　题

1. 求 0－1 分布的分布函数.

2. 设离散型随机变量 X 的分布律为

X	0	1	2
P	0.25	0.5	0.25

求 X 的分布函数以及概率 $P\{-1<X\leqslant1\}$，$P\{X\geqslant1\}$.

3. 设 $F_1(x)$，$F_2(x)$ 分别为随机变量 X_1 和 X_2 的分布函数，且 $F(x)=aF_1(x)-bF_2(x)$

也是某一随机变量的分布函数,证明:$a-b=1$.

4. 以下三个函数,哪个是随机变量的分布函数:

(1) $F(x)=\begin{cases} 0, & x<-2, \\ 1/2, & -2\leqslant x<0, \\ 1, & x\geqslant 0; \end{cases}$

(2) $F(x)=\begin{cases} 0, & x<0, \\ \sin x, & 0\leqslant x<\pi, \\ 1, & x\geqslant \pi; \end{cases}$

(3) $F(x)=\begin{cases} 0, & x<0, \\ x+1/2, & 0\leqslant x<1/2, \\ 1, & x\geqslant 1/2. \end{cases}$

5. 设随机变量 X 的分布函教为

$$F(x)=\begin{cases} a+b\mathrm{e}^{-\lambda x}, & x>0, \\ 0, & x\leqslant 0. \end{cases}$$

其中 $\lambda>0$ 为常数,求常数 a 与 b 的值.

6. 设随机变量 X 的分布函数为 $F(x)=\begin{cases} \dfrac{1}{2}\mathrm{e}^{x}, & x<0, \\ \dfrac{1}{2}+\dfrac{x}{4}, & 0\leqslant x<2, \\ 1, & x\geqslant 2. \end{cases}$

求:$P\{-1<X\leqslant 1\}$,$P\{1<X\leqslant 3\}$.

2.3 连续型随机变量

2.3.1 连续型随机变量及其概率密度

在前面已几次提到连续型随机变量,下面给出它的定义。

定义 2.8 若对于随机变量 X 的分布函数 $F(x)$,存在非负可积函数 $f(x)$,使得对于任意实数 x,都有

$$F(x)=P\{X\leqslant x\}=\int_{-\infty}^{x}f(t)\mathrm{d}t \tag{2.3}$$

则称 X 为连续型随机变量,称 $f(x)$ 为 X 的概率密度函数,简称概率密度或密度函数。

由定义 2.8 及分布函数的性质可得下列概率密度的性质:

(1) 由定义知,概率密度是非负函数,即 $f(x)\geqslant 0$。

(2) 因为随机变量 X 取得任意实数值是必然事件,所以由定义可知 $\int_{-\infty}^{+\infty}f(x)\mathrm{d}x=1$。

反之,满足以上两条性质的函数一定是某个连续型随机变量的概率密度。

(3) 由连续型随机变量的定义及概率性质可以推得,连续型随机变量 X 取某一实数值概率为零,从而有 $P\{X=c\}=0$,即

$$P\{a\leqslant X<b\}=P\{a<X<b\}=P\{a<X\leqslant b\}=P\{a\leqslant X\leqslant b\}$$

该式说明连续型随机变量 X 在任意区间内取值的概率与是否包含区间端点无关。

注意，离散型随机变量没有这样的性质。

由定积分的几何意义可知，连续型随机变量在某一区间 (a,b) 内取值的概率 $P(a<x\leqslant b)$ 等于其密度函数在该区间上的定积分，也就是该区间内密度函数曲线与轴所围曲边梯形的面积。

【例 2-13】设随机变量 X 的概率密度为

$$f(x)=\frac{A}{1+x^2}\quad(-\infty<x<+\infty)$$

其中 A 为待定常数，求：(1)系数 A；(2)X 落入区间 $(-1,1)$、$\left(-\dfrac{\sqrt{3}}{3},\sqrt{3}\right)$ 内的概率。

解　(1)由概率密度的性质 $\displaystyle\int_{-\infty}^{+\infty}f(x)\mathrm{d}x=1$，得

$$\int_{-\infty}^{+\infty}f(x)=\int_{-\infty}^{+\infty}\frac{A}{1+x^2}\mathrm{d}x=A\arctan x\Big|_{-\infty}^{+\infty}=A\pi$$

所以 $A=\dfrac{1}{\pi}$。

$$(2)\int_{-1}^{1}\frac{1}{\pi(1+x^2)}\mathrm{d}x=\frac{1}{\pi}\arctan x\Big|_{-1}^{1}=\frac{1}{\pi}\left(\frac{\pi}{4}+\frac{\pi}{4}\right)=\frac{1}{2}$$

$$\int_{-\frac{\sqrt{3}}{3}}^{\sqrt{3}}\frac{1}{\pi(1+x^2)}\mathrm{d}x=\frac{1}{\pi}\arctan x\Big|_{-\frac{\sqrt{3}}{3}}^{\sqrt{3}}=\frac{1}{\pi}\left(\frac{\pi}{3}+\frac{\pi}{6}\right)=\frac{1}{2}$$

【例 2-14】设随机变量 X 的概率密度为

$$f(x)=\begin{cases}x, & 0\leqslant x<1,\\ 2-x, & 1\leqslant x<2,\\ 0, & \text{其他}\end{cases}$$

求 X 的分布函数 $F(x)$，并画出 $f(x)$ 及 $F(x)$。

解　当 $x<0$ 时

$$F(x)=0$$

当 $0\leqslant x<1$ 时

$$F(x)=\int_{-\infty}^{x}f(t)\mathrm{d}t=\int_{-\infty}^{0}f(t)\mathrm{d}t+\int_{0}^{x}f(t)\mathrm{d}t$$

$$=\int_{0}^{x}t\,\mathrm{d}t=\frac{x^2}{2}$$

当 $1\leqslant x<2$ 时

$$F(x)=\int_{-\infty}^{x}f(t)\mathrm{d}t=\int_{-\infty}^{0}f(t)\mathrm{d}t$$

$$=\int_{0}^{1}f(t)\mathrm{d}t+\int_{1}^{x}f(t)\mathrm{d}t$$

$$=\int_{0}^{1}t\,\mathrm{d}t+\int_{1}^{x}(2-t)\mathrm{d}t$$

$$=\frac{1}{2}+2x-\frac{x^2}{2}-\frac{3}{2}=-\frac{x^2}{2}+2x-1$$

当 $x \geqslant 2$ 时

$$F(x) = \int_{-\infty}^{x} f(t)\mathrm{d}t = 1$$

故

$$F(x) = \begin{cases} 0, & x < 0, \\ \dfrac{x^2}{2}, & 0 \leqslant x < 1, \\ -\dfrac{x^2}{2} + 2x - 1, & 1 \leqslant x < 2, \\ 1, & x \geqslant 2 \end{cases}$$

由例 2 - 14 可见,一般地,当 $f(x)$ 为分段函数时,$F(x)$ 也是分段函数,二者有相同的分段点。

【例 2 - 15】设枪靶是半径为 20 cm 的圆盘,盘上有许多同心圆,射手击中靶上任一同心圆的概率与该圆的面积成正比,且每次射击都能中靶。若以 X 表示弹着点与圆心的距离,试求:

(1) X 的分布函数 $F(x)$;

(2) 概率密度函数 $f(x)$;

(3) $P(5 < X \leqslant 10)$。

解 (1)当 $x \leqslant 0$ 时,$\{X < x\}$ 是不可能事件,故 $F(x) = P\{X \leqslant x\} = 0$;

当 $0 < x \leqslant 20$ 时,由题意知 $P(0 < X \leqslant 20) = k\pi x^2$,又由于 $\{0 < x \leqslant 20\}$ 是必然事件,则 $1 = P(0 < X \leqslant 20) = k\pi (20)^2$,解得 $k\pi = \dfrac{1}{400}$,故

$$F(x) = P\{X < x\} = P\{X \leqslant 0\} + P(0 < X \leqslant 20) = \frac{x^2}{400}$$

当 $x > 20$ 时,$\{X \leqslant x\}$ 是必然事件,故 $F(x) = 1$。

综上所述,X 的分布函数为

$$F(x) = \begin{cases} 0, & x \leqslant 0, \\ \dfrac{x^2}{400}, & 0 < x \leqslant 20, \\ 1, & x > 20 \end{cases}$$

(2) X 的密度函数为

$$f(x) = F'(x) = \begin{cases} \dfrac{x}{200}, & 0 \leqslant x < 20, \\ 0, & \text{其他} \end{cases}$$

(3) 所求概率为

$$P(5 < X \leqslant 10) = \int_{5}^{10} \frac{x}{200}\mathrm{d}x = \left(\frac{x^2}{400}\right)\bigg|_{5}^{10} = \frac{10^2 - 5^2}{400} = \frac{3}{16}$$

当然,$P(5 < X \leqslant 10)$ 也可用分布函数来求,由公式得

$$P(5 < X \leqslant 10) = F(10) - F(5) = \frac{10^2}{400} - \frac{5^2}{400} = \frac{3}{16}$$

【例 2 - 16】设某种型号电子管的寿命 X(以 h 计)具有以下的概率密度

$$f(x) = \begin{cases} \dfrac{100}{x^2}, & x > 100, \\ 0, & \text{其他} \end{cases}$$

现有一台电子仪器上装有三个这种型号的电子管,问:这台仪器在使用中的前 200 h 内不需要更换这种电子管的概率是多少?

解　设 A_i 表示"第 i 个电子管在使用中的前 200 h 内不需要更换"($i=1,2,3$),即 $A_i = \{X \geqslant 200\}$,又设 A 表示"三个电子管在这个时间内都不需要更换",于是,$A = A_1 A_2 A_3$。由于电子管寿命的概率密度为

$$f(x) = \begin{cases} \dfrac{100}{x^2}, & x > 100, \\ 0, & \text{其他} \end{cases}$$

所以

$$P\{X \geqslant 200\} = \int_{200}^{+\infty} f(x)\,\mathrm{d}x = \int_{200}^{+\infty} \frac{100}{x^2}\,\mathrm{d}x = 0.5$$

$$P(A) = P(A_1 A_2 A_3) = P(A_1)P(A_2)P(A_3) = 0.5^3 = 0.125$$

2.3.2　均匀分布与指数分布

以下介绍三种最常用的连续型概率分布:均匀分布、指数分布和正态分布。本小节先介绍前两种。

定义 2.9　若连续型随机变量 X 的概率密度为

$$f(x) = \begin{cases} \dfrac{1}{b-a}, & a < x < b, \\ 0, & \text{其他} \end{cases}$$

则称 X 在区间 $[a,b]$ 上服从均匀分布,记为 $X \sim U(a,b)$。其中 a 和 b 是分布参数。

从均匀分布的概念可知:仅在有限区间取值,而且落在任意区间内的任意等长度的子区间的可能性相同,即均匀分布的均匀性是指随机变量 X 落在区间 $[a,b]$ 上长度相等的子区间上的概率都相等。

显然,均匀分布的概率密度 $f(x)$ 在 $[a,b]$ 上取常数 $\dfrac{1}{b-a}$,即区间长度的倒数。

均匀分布经常应用于数值计算中的误差估计,如由于"四舍五入"最后一位数字所引起的随机误差,可以认为是服从均匀分布的。

【例 2-17】公共汽车站每隔 8 min 有一趟汽车通过,一个乘客在任一时刻到达汽车站是等可能的。

(1) 求该名乘客候车时间 X 的分布;

(2) 求乘客候车时间超过 5 min 的概率。

解　(1) X 服从 $[0,8]$ 上的均匀分布,由于 $\dfrac{1}{8-0} = 0.125$,所以,其密度函数为

$$f(x) = \begin{cases} 0.125, & 0 \leqslant x < 8, \\ 0, & \text{其他} \end{cases}$$

$$（2）P\{X>5\}=\int_{5}^{+\infty}f(x)\mathrm{d}x=\int_{5}^{8}0.125\mathrm{d}x=0.375$$

定义 2.10 若随机变量 X 的概率密度为

$$f(x)=\begin{cases}\lambda\mathrm{e}^{-\lambda x}, & x>0,\lambda>0,\\0, & 其他\end{cases}$$

则称 X 服从参数为 λ 的指数分布,简记为 $X\sim E(\lambda)$,其中函数分布为

$$F(x)=\begin{cases}1-\mathrm{e}^{-\lambda x}, & x>0,\\0, & x\leqslant 0\end{cases}$$

指数分布常被用做各种"寿命"的分布,如电子元件的使用寿命、动物的寿命、电话的通话时间、顾客在某一服务系统接受服务的时间等都可假定服从指数分布,因而指数分布有着广泛的应用。

【例 2-18】 已知某计算机公司生产的计算机的使用寿命 $X(h)$ 服从参数为 $\dfrac{1}{1\ 000}$ 的指数分布,求该计算机公司生产的计算机的使用寿命超过 $1\ 000\ h$ 的概率。

解 因为 X 的概率密度

$$f(x)=\begin{cases}\dfrac{1}{1\ 000}\mathrm{e}^{-\frac{x}{1\ 000}}, & x\geqslant 0,\\0 & 其他\end{cases}$$

所以

$$P(X>1\ 000)=\int_{1\ 000}^{+\infty}\frac{1}{1\ 000}\mathrm{e}^{-\frac{x}{1\ 000}}\mathrm{d}x=\frac{1}{\mathrm{e}}\approx 0.368$$

2.3.3 正态分布

正态分布是概率论与数理统计中最重要、最常用的一种分布。在自然现象和社会现象中,很多随机变量都服从或近似服从正态分布,如各种产品的质量指标,农作物的单位面积产量,人的身高、体重等。

定义 2.11 若随机变量 X 的概率密度为

$$f(x)=\frac{1}{\sqrt{2\pi}\sigma}\mathrm{e}^{-\frac{(x-\mu)^{2}}{2\sigma^{2}}}\quad -\infty<x<\infty$$

其中 μ 和 $\sigma(\sigma>0)$ 都是常数,则称 X 服从参数为 μ 和 σ^{2} 的正态分布,记为 $X\sim N(\mu,\sigma^{2})$,如图 2.1 所示。

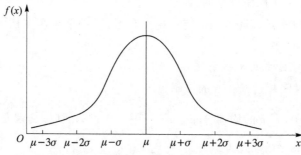

图 2.1

正态分布 $N(\mu,\sigma^2)$ 的分布曲线,关于直线 $x=\mu$ 对称,并在 $x=\mu$ 时取得最大值 $\dfrac{1}{\sqrt{2\pi}\sigma}$;在

$x=\mu\pm\sigma$ 处有拐点;当 $x\to\pm\infty$ 时,$f(x)\to 0$,所以 x 轴为其渐近线。

设 $X\sim N(\mu,\sigma^2)$,则 X 的分布函数为

$$F(x)=\int_{-\infty}^{x}\frac{1}{\sqrt{2\pi}\sigma}e^{-\frac{(t-\mu)^2}{2\sigma^2}}\mathrm{d}t$$

特别地,当 $\mu=0,\sigma=1$ 时的正态分布称为标准正态分布 $N(0,1)$(见图 2.2),其概率密度和分布函数分别记为 $\varphi(x)$ 和 $\Phi(x)$,即

$$\varphi(x)=\frac{1}{\sqrt{2\pi}}e^{-\frac{x^2}{2}}$$

$$\Phi(x)=\frac{1}{\sqrt{2\pi}}\int_{-\infty}^{x}e^{-\frac{t^2}{2}}\mathrm{d}t$$

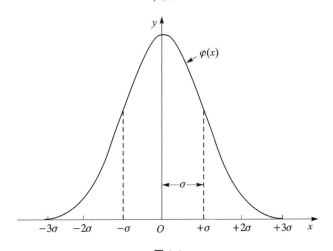

图 2.2

显然,$\varphi(x)$ 关于 y 轴对称,且 $\varphi(x)$ 在 $x=0$ 处取得最大值 $\dfrac{1}{\sqrt{2\pi}}$.

通常称 $\Phi(x)$ 为标准正态分布函数,它有下列性质:

(1) $\Phi(-x)=1-\Phi(x)$;

(2) $\Phi(0)=\dfrac{1}{2}$。

$\Phi(x)$ 的值可以从标准正态分布表查得,见附录表 B.1。利用 $\Phi(x)$ 可进行正态分布的有关概率计算。

【例 2-19】 查标准正态分布表,求下列各式的值:

(1) $\displaystyle\int_{-\infty}^{1.15}\frac{1}{\sqrt{2\pi}}e^{-\frac{x^2}{2}}\mathrm{d}x$;　　　　　　(2) $\displaystyle\int_{0.5}^{1.5}\frac{1}{\sqrt{2\pi}}e^{-\frac{x^2}{2}}\mathrm{d}x$。

解　(1) 因为 $\displaystyle\int_{-\infty}^{1.15}\frac{1}{\sqrt{2\pi}}e^{-\frac{x^2}{2}}\mathrm{d}x=\Phi(1.15)$,查附录表 B.1,得 $\Phi(1.15)=0.8749$,所以

$$\int_{-\infty}^{1.15}\frac{1}{\sqrt{2\pi}}e^{-\frac{x^2}{2}}\mathrm{d}x=0.8749$$

(2) $\int_{0.5}^{1.5} \frac{1}{\sqrt{2\pi}} e^{-\frac{x^2}{2}} dx = \int_{-\infty}^{1.5} \frac{1}{\sqrt{2\pi}} e^{-\frac{x^2}{2}} dx - \int_{-\infty}^{0.5} \frac{1}{\sqrt{2\pi}} e^{-\frac{x^2}{2}} dx$

$$= \Phi(1.5) - \Phi(0.5)$$

查附录表 B.1,得 $\Phi(1.5) = 0.933\,2, \Phi(0.5) = 0.691\,5$,所以

$$\int_{0.5}^{1.5} \frac{1}{\sqrt{2\pi}} e^{-\frac{x^2}{2}} dx = 0.933\,2 - 0.691\,5 = 0.241\,7$$

本例的主要目的是希望读者学会标准正态分布表的使用,注意附录表 B.1 的第一列和第一行共同组成 z 的值,第一列是 z 的个位和小数点后第一位,而第一行是 z 的小数点后第二位,表中的值是 $\Phi(z)$ 的值。

下列计算公式揭示了一般正态分布的分布函数 $F(x)$ 与标准正态分布函数 $\Phi(x)$ 的关系。

（1）设 $X \sim N(\mu, \sigma^2)$,其分布函数为 $F(x)$,则

$$F(x) = P\{X \leqslant x\} = P\left\{\frac{X - \mu}{\sigma} \leqslant \frac{x - \mu}{\sigma}\right\} = \Phi\left(\frac{x - \mu}{\sigma}\right)$$

证明略。

（2）$P\{a < X \leqslant b\} = P\left\{\frac{a - \mu}{\sigma} < Y \leqslant \frac{b - \mu}{\sigma}\right\} = \Phi\left(\frac{b - \mu}{\sigma}\right) - \Phi\left(\frac{a - \mu}{\sigma}\right)$

而由（1）得

$$F(b) - F(a) = \Phi\left(\frac{b - \mu}{\sigma}\right) - \Phi\left(\frac{a - \mu}{\sigma}\right)$$

（3）$P\{X > a\} = P\{X \geqslant a\} = 1 - \Phi\left(\frac{a - \mu}{\sigma}\right)$

【例 2-20】设 $X \sim N(3, 2^2)$,求 $P\{2 < X \leqslant 5\}$,$P\{4 < X \leqslant 10\}$,$P\{|X| > 2\}$,$P\{X > 3\}$。

解

$$P(2 < X \leqslant 5) = P\left(\frac{2-3}{2} < \frac{X-3}{2} \leqslant \frac{5-3}{2}\right)$$

$$= \Phi(1) - \Phi\left(-\frac{1}{2}\right) = \Phi(1) - 1 + \Phi\left(\frac{1}{2}\right)$$

$$= 0.841\,3 - 1 + 0.691\,5 = 0.532\,8$$

$$P(-4 < X \leqslant 10) = P\left(\frac{-4-3}{2} < \frac{X-3}{2} \leqslant \frac{10-3}{2}\right)$$

$$= \Phi\left(\frac{7}{2}\right) - \Phi\left(-\frac{7}{2}\right) = 0.999\,6$$

$$P(|X| > 2) = P(X > 2) + P(X < -2)$$

$$= P\left(\frac{X-3}{2} > \frac{2-3}{2}\right) + P\left(\frac{X-3}{2} < \frac{-2-3}{2}\right)$$

$$= 1 - \Phi\left(-\frac{1}{2}\right) + \Phi\left(-\frac{5}{2}\right) = \Phi\left(\frac{1}{2}\right) + 1 - \Phi\left(\frac{5}{2}\right)$$

$$= 0.691\,5 + 1 - 0.993\,8 = 0.697\,7$$

$$P(X>3)=P\left(\frac{X-3}{2}>\frac{3-3}{2}\right)=1-\Phi(0)=0.5$$

【例 2-21】某机床加工的轴的长度(单位:mm)$\xi\sim N(20,0.04)$,规定长度在(20 ± 0.1) mm 内为一级品,长度在(20 ± 0.3) mm 内为合格品,求该机床加工的轴的一级品率和合格品率。

解　一级品率为

$$P(20-0.1<\xi<20+0.1)=\Phi\left(\frac{0.1}{\sqrt{0.04}}\right)-\Phi\left(\frac{-0.1}{\sqrt{0.04}}\right)=0.383\,0$$

合格品率为

$$P(20-0.3<\xi<20+0.3)=\Phi\left(\frac{3}{2}\right)-\Phi\left(-\frac{3}{2}\right)=0.866\,4$$

【例 2-22】设 $X\sim N(\mu,\sigma^2)$,求 X 落在区间$[\mu-k\sigma,\mu+k\sigma]$的概率,其中 $k=1,2,3$。
解

$$P\{\mu-k\sigma\leqslant X\leqslant \mu+k\sigma\}=\Phi\left[\frac{(\mu+k\sigma)-\mu}{\sigma}\right]-\Phi\left[\frac{(\mu-k\sigma)-\mu}{\sigma}\right]$$
$$=\Phi(k)-\Phi(-k)=2\Phi(k)-1$$
$$P\{\mu-\sigma\leqslant X\leqslant \mu+\sigma\}=2\Phi(1)-1=0.682\,6,$$
$$P\{\mu-2\sigma\leqslant X\leqslant \mu+2\sigma\}=2\Phi(2)-1=0.954\,4$$
$$P\{\mu-3\sigma\leqslant X\leqslant \mu+3\sigma\}=2\Phi(3)-1=0.997\,3$$

由此可以看出:尽管正态分布取值范围是$(-\infty,+\infty)$,但它的值落在$[\mu-3\sigma,\mu+3\sigma]$的概率为 0.997 3。这个性质称为正态分布的"3σ规则"。

为了便于今后的应用,对于标准正态随机变量,我们引入 α 分位数的定义。

定义 2.12　设 $X\sim N(0,1)$,若 u_α 满足条件,$P\{X>u_\alpha\}=\alpha$,$0<\alpha<1$,则称点 u_α 为标准正态分布的上侧 α 分位数。常用的上侧分位数有:$u_{0.1}=1.282$,$u_{0.05}=1.645$,$u_{0.025}=1.960$,$u_{0.01}=2.326$,$u_{0.005}=2.567$,$u_{0.001}=3.090$。这些值都可用类似例 2-19 的方法反查附录表 B.1 得到。

正态分布是最常见的一种分布,在实际问题中,许多随机变量服从或近似服从正态分布,例如,一个地区的男性成年人的身高和体重,测量某个物理量所产生的随机误差,一批原棉纤维的长度,某地区的年降水量等都服从正态分布。本书第 5 章的中心极限定理表明:一个变量如果由大量独立、微小且均匀的随机因素叠加而生成,那么它就近似服从正态分布。由此可见,在概率论和数理统计的理论研究和实际应用中正态分布都占有十分重要的地位。

习　题

1. 设随机变量 X 的概率密度为

$$f(x)=\begin{cases}a\mathrm{e}^{-\frac{x}{5}},&x\geqslant0,\\0,&\text{其他.}\end{cases}$$

求:(1)常数 a;(2)$P(1<x\leqslant3)$;(3)X 的分布函数 $F(x)$。

2. 设随机变量 X 的概率密度为

$$f(x)=\begin{cases}\dfrac{1}{\pi\sqrt{1-x^2}},&|x|<1,\\0,&\text{其他.}\end{cases}$$

求 X 的分布函数。

3. 求下列分布函数对应的概率密度：

(1) $F_1(x) = \dfrac{1}{2} + \dfrac{1}{\pi}\arctan x$, $-\infty < x < +\infty$;

(2) $F_2(x) = \begin{cases} 1 - e^{-\frac{x^2}{2}}, & x > 0, \\ 0, & x \leqslant 0; \end{cases}$

(3) $F_3(x) = \begin{cases} 0, & x < 0, \\ \sin x, & 0 \leqslant x \leqslant \dfrac{\pi}{2}, \\ 1, & x > \dfrac{\pi}{2}. \end{cases}$

4. 设随机变量 X 的密度为

$$f(x) = \begin{cases} x, & 0 \leqslant x < 1, \\ 2 - x, & 1 \leqslant x < 2, \\ 0, & 其他. \end{cases}$$

求：(1) $P\left\{X \geqslant \dfrac{1}{2}\right\}$；(2) $P\left\{\dfrac{1}{2} < x < \dfrac{3}{2}\right\}$.

5. 设某种灯泡的寿命 X 是一个随机变量，它均匀分布在 1 000～1 200 h 之间，求：(1) X 的概率密度；(2) X 取值在 1 060～1 150 h 之间的概率.

6. 设 $X \sim U(2,5)$，现在对 X 进行三次独立观测，求至少有两次观测值大于 3 的概率.

7. 设修理某机器所用的时间 X(以 h(小时)计)服从参数为 $\lambda = 0.5$ 指数分布，求在机器出现故障时，在 1 h 时内可以修好的概率.

8. 设顾客在某银行的窗口等待服务的时间 X(以 min(分)计)服从参数为 $\lambda = \dfrac{1}{5}$ 的指数分布.某顾客在窗口等待服务，若超过 10 min，他就离开.他一个月要到银行 5 次，以 Y 表示他未等到服务而离开窗口的次数.写出 Y 的分布率，并求 $P\{Y \geqslant 1\}$.

9. 设 $X \sim N(3, 2^2)$，求：

(1) $P\{2 < X \leqslant 5\}$，$P\{-4 < X \leqslant 10\}$，$P\{|X| > 2\}$，$P\{X > 3\}$;

(2) 常数 c，使 $P\{X > c\} = \{X \leqslant c\}$.

10. 设 $X \sim N(0,1)$.设 x 满足 $P\{|X| > x\} < 0.1$，求 x 的取值范围.

11. 设 $X \sim N(10, 2^2)$，求：

(1) $P\{7 < X \leqslant 15\}$;

(2) 常数 d，使 $P\{|X - 10| < d\} < 0.9$.

12. 某工厂生产的电子元件的寿命 $X(h)$服从正态分布 $N(1\,600, \sigma^2)$，已知 $P(1\,200 < X < 2\,000) = 0.80$，求标准差 σ.

13. 某班一次数学考试成绩，若规定低于 60 分为"不及格"，高于 85 分为"优秀"，问该班：

(1) 数学成绩"优秀"的学生占总人数的百分之几？

(2) 数学成绩"不及格"的学生占总人数的百分之几？

2.4　随机变量函数的概率分布

2.4.1　离散型随机变量函数的概率分布

在实际中,常常对某些随机变量的函数更感兴趣。例如,在一些试验中,所关心的随机变量往往不能通过直接测量得到,而它却是某个能直接测量的随机变量的函数。如能测量圆轴截面的直径 d,而关心的却是截面面积 $A=\dfrac{1}{4}\pi d^2$。这里,随机变量 A 是随机变量 d 的函数。在本节中,将讨论如何由已知的随机变量的概率分布去求它的函数 $Y=g(X)$ ($g(\cdot)$ 是已知的连续函数)的概率分布。

下面先讨论 X 为离散型随机变量的情况。

设 X 为离散型随机变量,其分布律为

X	x_1	x_2	$\cdots$	x_k	$\cdots$
P	p_1	p_2	$\cdots$	p_k	

如何由 X 的概率分布出发导出 Y 的概率分布?其一般方法是:先根据自变量 X 的可能取值确定因变量 Y 的所有可能取值,然后对 Y 的每一个可能取值 y_i($i=1,2,\cdots$),确定相应的 $C_i=\{x_j\,|\,g(x_j)=y_i\}$,$\{Y=y_i\}=\{g(x_i)=y_i\}=\{X\in C_i\}$,$P\{Y=y_i\}=P\{X\in C_i\}=\displaystyle\sum_{x_j\in C_i}P\{X=x_j\}$,从而求出 Y 的概率分布。

主要问题是如何求 Y 的分布律,先看一个例子。

【例 2-23】设随机变量 X 的分布律为

X	-2	-1	0	1	3
P	1/5	1/6	1/5	1/15	11/30

求 $Y=X^2$ 的分布律。

解　Y 可取的值为 $0,1,4,9$,得

$$P(Y=0)=P(X=0)=\frac{1}{5}$$

$$P(Y=1)=P(X=-1)+P(X=1)=\frac{1}{6}+\frac{1}{15}=\frac{7}{30}$$

$$P(Y=4)=P(X=-2)=\frac{1}{5}$$

$$P(Y=9)=P(X=3)=\frac{11}{30}$$

故 Y 的分布律为

Y	0	1	4	9
P	1/5	7/30	1/5	11/30

从此例中可以看出,求 Y 的分布律时有两种情形:

当 $g(x_1), g(x_2), \cdots, g(x_k), \cdots$ 互不相等时,Y 的分布律即为

Y	$g(x_1)$	$g(x_2)$	$\cdots$	$g(x_n)$	$\cdots$
p	p_1	p_2	$\cdots$	p_n	$\cdots$

当 $g(x_1), g(x_2), \cdots, g(x_k), \cdots$ 出现相等的情况时,应把使 $g(x_k)$ 相等的那些 x_i 所对应的概率相加,作为 Y 取值 $g(x_k)$ 的概率,这样才能得到 Y 的分布律。

有时只求 $Y = g(X)$ 在某一点 y 处取值的概率,有

$$P\{Y = y\} = P\{g(x) = y\} = \sum_{g(x_k) = y} p_k$$

即把满足 $g(x_k) = y$ 的 X_k 所对应的概率相加即可。

【例 2 - 24】$X \sim B(3, 0.4)$,令 $Y = \dfrac{X(3-X)}{2}$,求 $P\{Y = 1\}$。

解

$$P\{Y = 1\} = P\left\{\frac{X(3-X)}{2} = 1\right\} = P\{X = 1\} + P\{X = 2\}$$
$$= C_3^1 (0.4)^1 (0.6)^2 + C_3^2 (0.4)^2 (0.6)^1 = 0.72$$

2.4.2 连续型随机变量函数的概率分布

设 X 为连续型随机变量,其概率密度为 $f_X(x)$,要求 $Y = g(X)$ 的概率密度 $f_Y(y)$,可以利用下面定理的结论。

定理 2.1 设随机变量 X 具有概率密度 $f_X(x)$,$x \in (-\infty, +\infty)$,又设 $y = g(x)$ 处处可导且恒有 $g'(x) > 0$(或恒有 $g'(x) < 0$),则 $Y = g(X)$ 是一个连续型随机变量,其概率密度为

$$f_Y(y) = \begin{cases} f[h(y) \mid h'(y) \mid], & \alpha < y < \beta \\ 0, & \text{其他} \end{cases} \tag{2.4}$$

其中,$x = h(y)$ 是 $y = g(x)$ 的反函数,且 $\alpha = \min[g(-\infty), g(+\infty)]$,$\beta = \max[g(-\infty), g(+\infty)]$。

证明略。

【例 2 - 25】设连续型随机变量 X 的概率密度为 $f_X(x)$,令 $Y = aX + b$,其中 a, b 为常数,$a \neq 0$,求 Y 的概率密度。

解 $y = g(x) = ax + b$,$\alpha = -\infty$,$\beta = +\infty$,$x = h(y) = \dfrac{y-b}{a}$,$h'(y) = \dfrac{1}{a}$

由定理 2.1 得

$$f_Y(y) = f_X[h(y)]\left|h'(y)\right| = f_x\left(\frac{y-b}{a}\right)\frac{1}{|a|}$$

【例 2 - 26】设随机变量 $X \sim N(\mu, \sigma^2)$,求:

(1) $Y = \dfrac{X - \mu}{\sigma}$ 的概率密度;

(2) $Y = aX + b$ 的概率密度。

解 利用例 2 - 25 所得的结论 $f_X(x) = \dfrac{1}{\sqrt{2\pi}\sigma} e^{-\frac{(x-\mu)^2}{2\sigma^2}}$,

(1) $a=\dfrac{1}{\sigma},b=\dfrac{\mu}{\sigma}$, 则

$$f_Y(y)=f_X\left[\sigma\left(y+\frac{\mu}{\sigma}\right)\right]\cdot\sigma=f_X(\sigma y+\mu)\cdot\sigma$$

$$=\frac{1}{\sqrt{2\pi}\,\sigma}e^{-\frac{(\sigma y+\mu-\mu)^2}{2\sigma^2}}\cdot\sigma=\frac{1}{\sqrt{2\pi}}e^{-\frac{y^2}{2}}$$

即 $Y=\dfrac{X-\mu}{\sigma}\sim N(0,1)$。

(2) $f_Y(y)=\dfrac{1}{|a|}f_X\left(\dfrac{y-b}{a}\right)=\dfrac{1}{|a|}\dfrac{1}{\sqrt{2\pi}\,\sigma}e^{-\frac{\left(\frac{y-b}{a}-\mu\right)^2}{2\sigma^2}}=\dfrac{1}{\sqrt{2\pi}\,\sigma|a|}e^{-\frac{[y-(a\mu+b)]^2}{2(\sigma|a|)^2}}$

即 $Y\sim N(a\mu+b,a^2\sigma^2)$。

例 2-26 说明两个重要结论：当 $X\sim N(\mu,\sigma^2)$ 时，$Y=\dfrac{X-\mu}{\sigma}\sim N(0,1)$，且随机变量 $\dfrac{X-\mu}{\sigma}$ 称为 X 的标准化；另外，正态随机变量的线性变换 $Y=aX+b$ 仍是正态随机变量，即 $aX+b\sim N(a\mu+b,a^2\sigma^2)$。这两个结论必须记住。

【例 2-27】设电压 $V=A\sin\Theta$，其中 A 是一个已知的正常数，相角 Θ 是一个随机变量，且有 $\Theta\sim U\left(-\dfrac{\pi}{2},\dfrac{\pi}{2}\right)$，试求电压 V 的概率密度。

解　现在 $v=g(\theta)=A\sin\theta$ 在上 $\left(-\dfrac{\pi}{2},\dfrac{\pi}{2}\right)$ 恒有 $g'(\theta)=A\cos\theta>0$，且有反函数

$$\theta=h(v)=\arcsin\frac{v}{A},\quad h'(v)=\frac{1}{\sqrt{A^2-v^2}}$$

又，Θ 的概率密度为

$$f(\theta)=\begin{cases}\dfrac{1}{\pi},&-\dfrac{\pi}{2}<\theta<\dfrac{\pi}{2},\\0,&\text{其他}\end{cases}$$

由定理 2.1 得 $V=A\sin\Theta$ 概率密度为

$$\varphi(v)=\begin{cases}\dfrac{1}{\pi}\cdot\dfrac{1}{\sqrt{A^2-v^2}},&-A<v<A,\\0,&\text{其他}\end{cases}$$

【例 2-28】设 $X\sim N(\mu,\sigma^2)$，求 $Y=e^X$ 的概率密度 $f_Y(y)$。

解　$y=g(x)=e^x$，值域 $(0,+\infty)$，即 $\alpha=0,\beta=+\infty$，$y=g(x)=e^X$ 的反函数 $x=h(y)=\ln y$，$h'(y)=\dfrac{1}{y}$.

记 X 的概率密度为 $f_X(x)$，则

$$f_Y(y)=\begin{cases}f_X(\ln y)\cdot\dfrac{1}{y},&y>0\\0,&\text{其他}\end{cases}=\begin{cases}\dfrac{1}{\sqrt{2\pi}\,\sigma y}e^{-\frac{(\ln y-\mu)^2}{2\sigma^2}}&y>0,\\0,&y\leqslant0\end{cases}$$

此分布称为对数正态分布。

以上各例中求 $Y=g(X)$ 的概率密度的方法均是应用定理 2.1 中的公式(2.4)，故称为"公

式法",需要注意的是它仅适用于"单调型"随机变量函数,即要求 $y=g(x)$ 为单调函数。如果 $y=g(x)$ 不是单调函数,则求 $Y=g(X)$ 的概率密度较复杂。下面仅通过两个例题,简要介绍所谓的"直接变换法"。

【**例 2-29**】设随机变量 X 的概率密度为

$$f_X(x) = \begin{cases} e^{-x}, & x > 0, \\ 0, & \text{其他} \end{cases}$$

求 $Y = \sqrt{X}$ 的概率密度。

解 因为随机变量 X 在区间 $(0, +\infty)$ 内取值,所以随机变量 $Y = \sqrt{X}$ 也将在区间 $(0, +\infty)$ 内取值。为了求 Y 的概率密度,我们先求 Y 的分布函数:

$$F(y) = P(Y \leqslant y) = P(\sqrt{X} \leqslant y) = P(X \leqslant y^2) = \int_0^{y^2} e^{-x} \, dx$$

上式两边对 x 求导数,即得

$$f_Y(y) = e^{-y^2} (y^2)' = 2y e^{-y^2}$$

所以得概率密度为

$$f_Y(y) = \begin{cases} 2y e^{-y^2}, & y > 0, \\ 0, & \text{其他} \end{cases}$$

例 2-29 中求随机变量函数的概率密度,其关键一步是在"$Y \leqslant y$"中,即在"$g(X) \leqslant y$"中解出 X,从而得到一个与"$g(X) \leqslant y$"等价的 X 的不等式,并以后者代替"$g(X) \leqslant y$"。例如,上例中以"$X \leqslant y^2$"代替"$\sqrt{X} \leqslant y$"。以上做法具有普遍性。一般来说,可以用这样的方法求连续型随机变量的函数的分布函数或概率密度。

【**例 2-30**】设 X 的概率密度为 $f_X(x)$,求 $Y=X^2$ 的概率密度 $f_Y(y)$。特别地,当 $X \sim N(0,1)$ 时,求 $Y=X^2$ 的概率密度。

解 当 $y \leqslant 0$ 时,Y 的分布函数为

$$F_Y(y) = P\{Y \leqslant y\} = P\{X^2 \leqslant y\} = 0$$

当 $y > 0$ 时,

$$F_Y(y) = P\{Y \leqslant y\} = P\{X^2 \leqslant y\} = P\{-\sqrt{y} \leqslant X \leqslant \sqrt{y}\} = F_X(\sqrt{y}) - F_X(-\sqrt{y})$$

其中 $F_X(x)$ 为 X 的分布函数,则

$$f_Y(y) = F_Y{}'(y) = \frac{1}{2\sqrt{y}} \Big[f_X(\sqrt{y}) + f_X(-\sqrt{y}) \Big] \tag{2.5}$$

特别地,$X \sim N(0,1)$,则

$$f_X(x) = \frac{1}{\sqrt{2\pi}} e^{-\frac{x^2}{2}}$$

由式(2.5)得,当 $y > 0$ 时,

$$f_Y(y) = \frac{1}{2\sqrt{y}} \left[\frac{1}{\sqrt{2\pi}} e^{-\frac{y}{2}} + \frac{1}{\sqrt{2\pi}} e^{-\frac{y}{2}} \right] = \frac{1}{\sqrt{2\pi y}} e^{-\frac{y}{2}}$$

而当 $y \leqslant 0$ 时,$f_Y(y) = 0$,即

$$f_y(y) = \begin{cases} \dfrac{1}{\sqrt{2\pi}} e^{-\frac{y}{2}}, & y > 0, \\ 0, & y \leqslant 0 \end{cases}$$

注意:设 $X \sim N(0,1)$,则 $Y=X^2$ 的分布称为 χ^2 分布,其自由度为 1,记为 $Y \sim \chi^2(1)$。一般的 χ^2 分布将在后面的章节中讲到。

习　题

1. 设 X 的分布律为

X	-2	0	2	3
P	0.2	0.2	0.3	0.3

求:(1) $Y_1=-2X+1$ 的分布律;(2) $Y_2=|X|$ 的分布律.

2. 设 X 的分布律为

X	-1	0	1	2
P	0.2	0.3	0.1	0.4

求 $Y=(X-1)^2$ 的分布律.

3. $X \sim U(0,1)$,求以下 Y 的概率密度:

(1) $Y=-2\ln X$；　(2) $Y=3X+1$；　(3) $Y=e^X$.

4. 设随机变量 X 的概率密度为

$$f(x)=\begin{cases}2x, & 0 \leqslant x \leqslant 1, \\ 0, & 其他.\end{cases}$$

求以下 Y 的概率密度:

(1) $Y=3X$；　(2) $Y=3-X$；　(3) $Y=X^2$.

5. 设 X 服从参数为 $\lambda=1$ 的指数分布,求以下 Y 的概率密度:

(1) $Y=2X+1$；　(2) $Y=e^X$；　(3) $Y=X^2$.

本章小结

概率论的核心是随机变量及其概率分布。本章引入随机变量的概念,为了全面刻画随机变量,又引入了随机变量的分布函数的概念,讨论了离散型和连续型两类随机变量。本章的重点内容包括:离散型随机变量及其分布律、连续型随机变量及其概率密度、随机变量的分布函数、二项分布与正态分布。

本章的基本内容及要求如下:

(1) 理解随机变量的概念,掌握分布函数的概念及性质,会用分布函数求概率。

(2) 理解离散型随机变量及其分布律的概念与性质,会求简单离散型随机变量的分布律和分布函数。

(3) 掌握三个常用的离散型概率分布,即 0-1 分布、二项分布和泊松分布,会查泊松分布表,会求这些分布的相关概率。

(4) 理解连续型随机变量及其概率密度的概念,掌握概率密度的性质,清楚概率密度与分布函数的关系,会用概率密度求分布函数,也会用分布函数求概率密度,会计算随机变量落入某一区间的概率。

(5) 掌握均匀分布和指数分布,熟练掌握正态分布,会查标准正态分布表,会熟练运用正态分布的概率计算公式计算概率:设 $X \sim N(\mu, \sigma^2)$,则有

$$P\{a < X \leqslant b\} = \Phi\left(\frac{b-\mu}{\sigma}\right) - \Phi\left(\frac{a-\mu}{\sigma}\right)$$

$$P\{X \leqslant b\} = \Phi\left(\frac{b-\mu}{\sigma}\right)$$

$$P\{X > a\} = 1 - \Phi\left(\frac{a-\mu}{\sigma}\right)$$

(6) 会求离散型随机变量简单函数的分布率。对于连续型随机变量的函数,要求会用"公式法"求"单调型"随机变量函数的概率密度,至于"非单调型"随机变量函数的概率密度的"直接变换法",只要求一般了解即可。

复习题

1. 选择题:

(1) 设事件 $\{X = K\}$ 表示在 n 次独立重复试验中恰好成功 K 次,则称随机变量 X 服从( ).

A. 两点分布　　　B. 二项分布　　　C. 泊松分布　　　D. 均匀分布

(2) 设随机变量 $X \sim B(4, 0.2)$,则 $P\{X > 3\} = ($ 　).

A. 0.001 6　　　B. 0.027 2　　　C. 0.409 6　　　D. 0.819 2

(3) 设随机变量 X 的分布函数为 $F(x)$,下列结论中不一定成立的是( ).

A. $F(+\infty) = 1$ 　　　　　　　B. $F(-\infty) = 0$

C. $0 \leqslant F(x) \leqslant 1$ 　　　　　　D. $F(x)$ 为连续函数

(4) 下列各函数中是随机变量分布函数的为( ).

A. $F_1(x) = \dfrac{1}{1+x^2}$, 　　$-\infty < x < +\infty$

B. $F_2(x) = \begin{cases} 0, & x \leqslant 0, \\ \dfrac{x}{1+x}, & x > 0 \end{cases}$

C. $F_3(x) = \mathrm{e}^{-x}$, 　　$-\infty < x < +\infty$

D. $F_4(x) = \dfrac{3}{4} + \dfrac{1}{2\pi}\arctan x$, 　　$-\infty < x < +\infty$

(5) 设随机变量 X 的概率密度为 $f(x) = \begin{cases} \dfrac{a}{x^2} & x > 10 \\ 0 & x \leqslant 10 \end{cases}$,则常数 $a = ($ 　).

A. -10　　　B. $-\dfrac{1}{500}$　　　C. $\dfrac{1}{500}$　　　D. -10

(6) 如果函数 $f(x) = \begin{cases} x, & a \leqslant x \leqslant b \\ 0, & x < a \text{ 或 } x > b \end{cases}$ 是某连续型随机变量 X 的概率密度,则区间 $[a, b]$ 可以是( ).

A. $[0, 1]$　　　B. $[0, 2]$　　　C. $[0, \sqrt{2}]$　　　D. $[1, 2]$

(7) 设随机变量 X 的概率密度为 $f(x)$，则 $f(x)$ 一定满足(　　).

A. $0 \leqslant f(x) \leqslant 1$

B. $P\{X>x\} = \int_{-\infty}^{x} f(t)\mathrm{d}t$

C. $\int_{-\infty}^{+\infty} f(x)\mathrm{d}x = 1$

D. $f(+\infty) = 1$

(8) 设连续型随机变量的概率密度为 $f(x) = \begin{cases} \dfrac{x}{2}, & 0 \leqslant x \leqslant 2 \\ 0, & 其他 \end{cases}$，则 $P\{-1 \leqslant X \leqslant 1\} =$

(　　).

A. 0　　　　　　　B. 0.25　　　　　　C. 0.5　　　　　　D. 1

(9) 设随机变量 $X \sim U(2,4)$，则 $P\{3<X<4\} = $(　　).

A. $P\{2.25<X<3.25\}$

B. $P\{1.5<X<2.5\}$

C. $P\{3.5<X<4.5\}$

D. $P\{4.5<X<5.5\}$

(10) 设随机变量 $X \sim N(-1,2^2)$，则 X 的概率密度 $f(x) = $(　　).

A. $\dfrac{1}{2\sqrt{2\pi}} e^{-\frac{(x+1)^2}{8}}$

B. $\dfrac{1}{2\sqrt{2\pi}} e^{-\frac{(x-1)^2}{8}}$

C. $\dfrac{1}{\sqrt{4\pi}} e^{-\frac{(x+1)^2}{4}}$

D. $\dfrac{1}{\sqrt{4\pi}} e^{-\frac{(x+1)^2}{8}}$

(11) 设 ξ 的密度函数为 $\varphi(x) = \dfrac{1}{\pi(1+x^2)}$，而 $\eta = 2\xi$，则 η 的密度函数 $\varphi(y) = $(　　).

A. $\dfrac{1}{\pi(1+y^2)}$

B. $\dfrac{1}{\pi\left(1+\dfrac{y^2}{4}\right)}$

C. $\dfrac{1}{\pi(4+y^2)}$

D. $\dfrac{2}{\pi(4+y^2)}$

2. 填空题:

(1) 已知随机变量 X 的分布律为

X	1	2	3	4	5
P	$2a$	1/10	3/10	a	3/10

则常数 $a = $ _____ .

(2) 设随机变量 X 的分布律

X	1	2	3
P	$\dfrac{1}{6}$	$\dfrac{2}{6}$	$\dfrac{3}{6}$

记 X 的分布函数为 $F(x)$，则 $F(2) = $ _____ .

(3) 已知随机变量 $X \sim B\left(n, \dfrac{1}{2}\right)$ 且 $P(X=5) = \dfrac{1}{32}$，则 $n = $ _____ .

(4) 设 X 服从参数为 $\lambda(\lambda > 0)$ 的泊松分布,且 $P\{X=0\} = \dfrac{1}{2}P\{X=2\}$,则 λ _____.

(5) 设随机变量 X 的分布函数为

$$F(x) = \begin{cases} 0, & x < a, \\ 0.4, & a \leqslant x < b, \\ 1, & x \geqslant b. \end{cases}$$

其中,$0 < a < b$,则 $P\left\{\dfrac{a}{2} < X < \dfrac{a+b}{2}\right\} =$ _____.

(6) 设 X 为连续型随机变量,c 是一个常数,则 $P\{X=c\} =$ _____.

(7) 设连续型随机变量 X 的分布函数为

$$F(x) = \begin{cases} \dfrac{1}{3}\mathrm{e}^x, & x < 0, \\ \dfrac{1}{3}(x+1), & 0 \leqslant x < 2, \\ 1, & x \geqslant 2, \end{cases}$$

记 X 的概率密度为 $f(x)$,则当 $x < 0$ 时,$f(x) =$ _____.

(8) 设连续型随机变量 X 的分布函数为 $F(x) = \begin{cases} 1-\mathrm{e}^{-2x}, & x > 0 \\ 0, & x \leqslant 0 \end{cases}$,其概率密度为 $f(x)$,则 $f(1) =$ _____.

(9) 设随机变量 X 的分布函数为 $F(x) = \begin{cases} a-\mathrm{e}^{-2x}, & x > 0 \\ 0, & x \leqslant 0 \end{cases}$,则常数 $a =$ _____.

(10) 设随机变量 $X \sim N(0,1)$,$\Phi(x)$ 为其分布函数,则 $\Phi(x) + \Phi(-x) =$ _____.

(11) 设 $X \sim N(\mu, \sigma^2)$,其分布函数为 $F(x)$,$\Phi(x)$ 为标准正态分布函数,则 $F(x)$ 与 $\Phi(x)$ 之间的关系是 $F(x) =$ _____.

(12) 设 $X \sim N(2,4)$,则 $P\{X \leqslant 2\} =$ _____.

(13) 设 $X \sim N(5,9)$,已知标准正态分布函数值 $\Phi(0.5) = 0.691\,5$,为使 $P\{X < a\} < 0.691\,5$,则常数 $a <$ _____.

(14) 设 $X \sim N(\mu, \sigma^2)$,且概率密度函数为 $f(x) = \dfrac{1}{\sqrt{6\pi}}\mathrm{e}^{-\frac{x^2-4x+4}{6}}$ $(-\infty, +\infty)$,则 $\mu =$ _____,$\sigma^2 =$ _____.

3. 将一枚硬币连续抛两次,以 X 表示所抛两次中出现正面的次数,试写出随机变量 X 的分布律.

4. 设 X 的概率密度为 $f(x) = \dfrac{1}{\pi}\dfrac{1}{1+x^2}(-\infty, +\infty)$,求:

(1) X 的分布函数 $F(x)$;

(2) $P\{X < 0.5\}$,$P\{X > -0.5\}$.

5. 某种晶体管的使用寿命 $X(h)$ 的概率密度为

$$f(x) = \begin{cases} \dfrac{100}{x^2}, & x \geqslant 100, \\ 0, & \text{其他.} \end{cases}$$

（1）求 X 的分布函数并做出图形；

（2）若一无线电器材配有 3 个这样的电子管，试计算该无线电器材使用 $150\ h$ 内不需要更换电子管的概率.

第3章 多维随机变量及概率分布

3.1 多维随机变量的概念

3.1.1 二维随机变量及其分布函数

在现实生活中,仅仅有一维随机变量是不够的,很多随机变量是存在于二维甚至多维随机空间中的,比如:在作函数图像时,需要建立直角坐标系,此时是一个二维随机变量;在评估公司情况时,需要看公司的资产负债表、利润表、现金流量表等,为研究各种随机现象的统计规律,我们引入 n 维随机变量的概念。

定义 3.1 设 $X_1, X_2, \cdots, X_n$ 是 n 个一维随机变量,则由此构成的全体$(X_1, X_2 \cdots X_n)$称为一个 n 维随机变量或 n 维随机向量,X_i 称为 X 的第 $i(i=1,2,\cdots,n)$个分量。当 $n \geqslant 2$ 时,统称为多维随机变量。

定义 3.2 设(X,Y)为一个二维随机变量,则对于任意实数 x,y 有

$$F(x,y) = P\{X < x, Y < y\}, -\infty < x < +\infty, -\infty < y < +\infty$$

二元函数 $F(x,y)$ 称为 X 与 Y 的联合分布函数或称为(X,Y)的分布函数。(X,Y)的两个分量 X 与 Y 各自的分布函数分别称为二维随机变量(X,Y)关于 X 或关于 Y 的边缘分布函数,记为 $F_X(x)$ 或 $F_Y(y)$。

对于二维随机变量(X,Y)的联合分布函数 $F(x,y)$,如果让其中一个随机变量的取值趋于无穷,即可得边缘分布函数

$$F_X(x) = P\{X \leqslant x\} = P\{X \leqslant x, Y \leqslant +\infty\} = \lim_{y \to +\infty} F(x,y) \tag{3.1}$$

$$F_Y(y) = P\{Y \leqslant x\} = P\{X < +\infty, Y \leqslant x\} = \lim_{x \to +\infty} F(x,y) \tag{3.2}$$

联合分布函数 $F(x,y)$ 在点(x,y)处的函数值,是二维随机点落点以(x,y)为顶点,且位于该点左下方的无穷"矩形"区域内概率的累积,如图 3.1 所示。

利用分布函数及其几何意义不难看出,随机点(X,Y)落在矩形区域$\{x_1 < X \leqslant x_2, y_1 < Y \leqslant y_2\}$内(如图3.2所示)的概率为

$$P\{x_1 < X \leqslant x_2, y_1 < Y \leqslant y_2\} = F(x_2, y_2) - F(x_2, y_1) - F(x_1, y_2) + F(x_1, y_1)$$

易知,二维随机变量的联合分布函数有如下性质:

(1) $0 \leqslant F(x,y) \leqslant 1$,有

对任意固定的 $y, F(-\infty, y) = 0$;

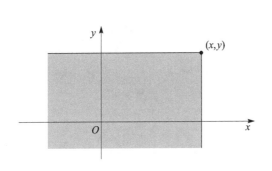

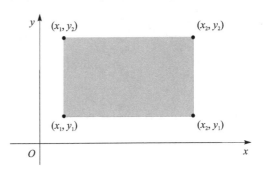

图 3.1　　　　　　　　　　　　　　**图 3.2**

对任意固定的 x，$F(x,-\infty)=0$；

$F(-\infty,-\infty)=0$，$F(+\infty,+\infty)=1$。

（2）$F(x,y)$ 关于自变量 x,y 都是单调非减的，即对任意固定的 y，当 $x_2>x_1$ 时，$F(x_2,y)\geqslant F(x_1,y)$；对任意固定的 x，当 $y_2>y_1$ 时，$F(x,y_2)\geqslant F(x,y_1)$。

（3）$F(x,y)$ 关于 x 和 y 均为右连续。

（4）对任意固定的 $x_1<x_2,y_1<y_2$，有

$$F(x_2,y_2)-F(x_2,y_1)-F(x_1-y_2)+F(x_1,y_1)\geqslant 0$$

【例 3-1】设二维随机变量 (X,Y) 有联合分布函数

$$F(x,y)=\frac{1}{\pi^2}\left(\frac{\pi}{2}+\arctan\frac{x}{2}\right)\left(\frac{\pi}{2}+\arctan\frac{y}{3}\right),\ -\infty<x<+\infty,\ -\infty<y<+\infty$$

试求 x,y 的边缘分布函数。

解　由式（3.1）及式（3.2）得

$$F_X(x)=\lim_{y\to+\infty}F(x,y)=\lim_{y\to+\infty}\frac{1}{\pi^2}\left(\frac{\pi}{2}+\arctan\frac{x}{2}\right)\left(\frac{\pi}{2}+\arctan\frac{y}{3}\right)$$

$$=\frac{1}{\pi}\left(\frac{\pi}{2}+\arctan\frac{x}{2}\right)\qquad -\infty<x<+\infty$$

$$F_Y(y)=\lim_{x\to+\infty}F(x,y)=\lim_{x\to+\infty}\frac{1}{\pi^2}\left(\frac{\pi}{2}+\arctan\frac{x}{2}\right)\left(\frac{\pi}{2}+\arctan\frac{y}{3}\right)$$

$$=\frac{1}{\pi}\left(\frac{\pi}{2}+\arctan\frac{y}{3}\right)\qquad -\infty<y<+\infty$$

3.1.2　二维离散型随机变量的分布律和边缘分布律

定义 3.3　设二维离散型随机变量 (X,Y) 的联合概率密度为

$$P\{X=x_i,Y=y_j\}=p_{ij}\quad i,j=1,2,3,\cdots \tag{3.3}$$

则由式（3.3）表示的一组等式称为随机变量 (X,Y) 的联合分布律，即二维随机变量分布律。

X \ Y	y_1	$\cdots$	y_j	$\cdots$
x_1	p_{11}	$\cdots$	p_{1j}	$\cdots$
x_2	p_{21}	$\cdots$	p_{2j}	$\cdots$
$\vdots$	$\vdots$	$\vdots$	$\vdots$	$\vdots$
x_i	p_{i1}	$\cdots$	p_{ij}	$\cdots$
$\vdots$	$\vdots$	$\vdots$	$\vdots$	$\vdots$

二维随机变量(X,Y)的分布律具有下列性质：

(1) $p_{ij} \geqslant 0$ $(i,j=1,2,\cdots)$；

(2) $\sum\limits_i \sum\limits_j p_{ij} = 1$。

【例 3-2】设(X,Y)的分布律为

Y \ X	-1	0	1
0	$\dfrac{1}{4}$	$\dfrac{1}{6}a$	$\dfrac{1}{3}$
1	a^2	0	$\dfrac{1}{4}$

试求 a 的值。

解 由分布律性质知，

$$\frac{1}{3} + \frac{a}{6} + \frac{1}{4} + \frac{1}{4} + a^2 = 1$$

则

$$6a^2 + a - 1 = 0$$

解得 $a = \dfrac{1}{3}$ 或 $a = -\dfrac{1}{2}$（负值舍去），所以 $a = \dfrac{1}{3}$。

由(X,Y)的分布律可求得它的分布函数 $F(x,y)$,实际上

$$F(x,y) = P\{X \leqslant x, Y \leqslant y\} = \sum_{X_i \leqslant x} \sum_{Y_j \leqslant y} P_{ij}$$

【例 3-3】设(X,Y)的分布律为

X \ Y	-1	2	4
-1	0.15	0.35	0.2
1	0.1	0.2	0

求:(1)$P\{X=1\}$; (2)$P\{Y \leqslant 0\}$; (3)$P\{X<1, Y \leqslant 2\}$。

解

(1) $P\{X=1\} = P\{X=1, Y=-1\} + P\{X=1, Y=2\} + P\{X=1, Y=4\}$
$= 0.1 + 0.2 + 0 = 0.3$

(2) $P\{Y\leqslant 0\}=P\{Y=-1\}=P\{X=-1,Y=-1\}+P\{X=-1,Y=1\}$
$\qquad\qquad =0.15+0.1=0.25$

(3) $P\{X<1,Y\leqslant 2\}=P\{X=-1,Y=-1\}+P\{X=-1,Y=2\}$
$\qquad\qquad =0.15+0.35=0.5$

【**例 3 - 4**】从一个装有 3 支蓝色、2 支红色、3 支绿色圆珠笔的盒子里，随机抽取两支，若 X、Y 分别表示抽出的蓝笔数和红笔数，求 (X,Y) 的分布律。

解　(X,Y) 所有可能的取值是 $(0,0),(0,1),(1,0),(1,1),(0,2),(2,0)$，则

$$P\{X=0,Y=0\}=\frac{C_3^0\cdot C_2^0\cdot C_3^2}{C_8^2}=\frac{3}{28}$$

$$P\{X=0,Y=1\}=\frac{C_3^0\cdot C_2^1\cdot C_3^1}{C_8^2}=\frac{3}{14}$$

$$P\{X=1,Y=1\}=\frac{C_3^1\cdot C_2^1\cdot C_3^0}{C_8^2}=\frac{3}{14}$$

$$P\{X=0,Y=2\}=\frac{C_3^0\cdot C_2^2\cdot C_3^0}{C_8^2}=\frac{1}{28}$$

$$P\{X=1,Y=0\}=\frac{C_3^1\cdot C_2^0\cdot C_3^1}{C_8^2}=\frac{9}{28}$$

$$P\{X=2,Y=0\}=\frac{C_3^2\cdot C_2^0\cdot C_3^0}{C_8^2}=\frac{3}{28}$$

即 (X,Y) 的分布律为

X ＼ Y	0	1	2
0	3/28	3/14	1/28
1	9/28	3/14	0
2	3/28	0	0

定义 3.4　对于离散型随机变量 (X,Y)，分量 X（或 Y）的分布律称为 (X,Y) 关于 X（或 Y）的边缘分布律，记为 $p_i(i=1,2,\cdots)$（或 $p_j(j=1,2,\cdots)$）。它可由 (X,Y) 的分布律求出，事实上

$P_i=P\{X=x_i\}$
$\quad =P\{X=x_i,Y=y_1\}+P\{X=x_i,Y=y_2\}+\cdots+P\{X=x_i,Y=y_j\}+\cdots$
$\quad =\sum_j P\{X=x_i,Y=y_j\}=\sum_j P_{ij}$

即 (X,Y) 关于 X 的边缘分布律为

$$p_{i\cdot}=P\{X=x_i\}=\sum_j p_{ij}\quad i=1,2,\cdots \qquad (3.4)$$

同样可得到 (X,Y) 关于 Y 的边缘分布律为

$$p_{\cdot j}=P\{Y=y_j\}=\sum_i p_{ij}\quad j=1,2,\cdots \qquad (3.5)$$

(X,Y) 的边缘分布律有下列性质：当 $p_{i\cdot}\geqslant 0$，$p_{\cdot j}\geqslant 0(i,j=1,2,\cdots)$ 时，有

$$\sum_i p_{i\cdot}=1,\quad \sum_j p_{\cdot j}=1$$

【例 3 - 5】求例 3 - 4 中 (X,Y) 关于 X 和 Y 的边缘分布律。

解 X 与 Y 的可能值均为 $0,1,2$。(X,Y) 关于 X 的边缘分布律为

$$P(X=0)=p_0.=p_{00}+p_{01}+p_{02}=\frac{5}{14}$$

$$P(X=1)=p_1.=p_{10}+p_{11}+p_{12}=\frac{15}{28}$$

$$P(X=2)=p_2.=p_{20}+p_{21}+p_{22}=\frac{3}{28}$$

(X,Y) 关于 Y 的边缘分布律为

$$P(Y=0)=p_{.0}=p_{00}+p_{10}+p_{20}=\frac{15}{28}$$

$$P(Y=1)=p_{.1}=p_{01}+p_{11}+p_{21}=\frac{6}{14}$$

$$P(Y=2)=p_{.2}=p_{02}+p_{12}+p_{22}=\frac{1}{28}$$

可以将 (X,Y) 的分布律与边缘分布律写在同一张表上，如

X \ Y	0	1	2	$p_i.$
0	3/28	3/14	1/28	5/14
1	9/28	3/14	0	15/28
2	3/28	0	0	3/28
$p_{.j}$	15/28	3/7	1/28	

值得注意的是：对于二维离散型随机变量 (X,Y)，虽然由它的联合分布律可以确定其两个边缘分布律，但在一般情况下，由 (X,Y) 的两个边缘分布律却不能确定 (X,Y) 的分布律。

【例 3 - 6】设盒中有 2 个红球、3 个白球，从中每次任取一球，连续取两次，记 X,Y 分别表示第一次与第二次取出的红球个数，分别对有放回取球与不放回取球两种情形，求出 (X,Y) 的分布律与边缘分布律。

解 (1)有放回取球情形：

由于事件 $\{X=i\}$ 与事件 $\{Y=j\}$ 相互独立 $(i,j=0,1)$，所以

$$P\{X=0,Y=0\}=P\{X=0\}P\{Y=0\}=\frac{3}{5}\cdot\frac{3}{5}=\frac{9}{25}$$

$$P\{X=0,Y=1\}=P\{X=0\}P\{Y=1\}=\frac{3}{5}\cdot\frac{2}{5}=\frac{6}{25}$$

$$P\{X=1,Y=0\}=P\{X=1\}P\{Y=0\}=\frac{2}{5}\cdot\frac{3}{5}=\frac{6}{25}$$

$$P\{X=1,Y=1\}=P\{X=1\}P\{Y=1\}=\frac{2}{5}\cdot\frac{2}{5}=\frac{4}{25}$$

则 (X,Y) 的分布律与边缘分布律为

X \ Y	0	1	$p_i.$
0	9/25	6/25	3/5
1	6/25	4/25	2/5
$p._j$	3/5	2/5	1

（2）不放回取球情形：

$$P\{X=0,Y=0\}=P\{X=0\}\cdot P\{Y=0\mid X=0\}=\frac{3}{5}\cdot\frac{2}{4}=\frac{3}{10}$$

类似地有

$$P\{X=0,Y=1\}=\frac{3}{5}\cdot\frac{2}{4}=\frac{3}{10}$$

$$P\{X=1,Y=0\}=\frac{2}{5}\cdot\frac{3}{4}=\frac{3}{10}$$

$$P\{X=1,Y=1\}=\frac{2}{5}\cdot\frac{1}{4}=\frac{1}{10}$$

则(X,Y)的分布律与边缘分布律为

X \ Y	0	1	$p_i.$
0	3/10	3/10	3/5
1	3/10	1/10	2/5
$p._j$	3/5	2/5	

　　比较两表可以看出：在有放回抽样与不放回抽样两种情况下，(X,Y)的边缘分布律完全相同，但(X,Y)的分布律却不相同，这表明(X,Y)的分布律不仅反映了两个分量的概率分布，还反映了 X 与 Y 之间的关系。若两个分量的概率分布完全相同，但分量之间的关系不同，则它们的分布律也会不同。因此，在研究二维随机变量时，不仅要考察两个分量 X 与 Y 各自的个别性质，还需要考虑它们之间的关系，即应将(X,Y)作为一个整体来研究。

3.1.3　二维连续型随机变量的概率密度和边缘概率密度

　　一维连续型随机变量 X 的可能取值为某个区间或某些区间，甚至是整个数轴；二维随机变量(X,Y)的可能取值范围则为 xOy 平面上的某个区域或某些区域，甚至为整个平面。一维连续型随机变量 X 的概率特征为存在一个概率密度函数 $f(x)$，满足 $f(x)\geqslant0$，满足 $\int_{-\infty}^{+\infty}f(x)\mathrm{d}x=1$，且 $P\{a\leqslant X\leqslant b\}=\int_a^b f(x)\mathrm{d}x$，分布函数为

$$F(X)=\int_{-\infty}^x f(t)\mathrm{d}t$$

　　类似地，有下面的定义。

定义 3.5 设二维随机变量(X,Y)的分布函数为$F(x,y)$,若存在非负可积函数$f(x,y)$,使得对任意的实数x,y有

$$F(x,y)=\int_{-\infty}^{x}\int_{-\infty}^{y}f(u,v)\mathrm{d}u\mathrm{d}v$$

则称(X,Y)为二维连续型随机变量,并称$f(x,y)$为(X,Y)的概率密度或X与Y的联合密度函数。

按定义,概率密度$f(x,y)$有以下性质:

(1) $f(x,y)\geqslant0$;

(2) $\int_{-\infty}^{+\infty}\int_{-\infty}^{+\infty}f(x,y)\mathrm{d}x\mathrm{d}y=1$。

反之,任一定义在整个实平面上的二元函数,如果具有以上两条性质,则它必可作为某二维连续型随机变量的概率密度。

若$f(x,y)$在(x,y)处连续,则有

$$\frac{\partial^2F(x,y)}{\partial x\partial y}=f(x,y) \tag{3.6}$$

因而在连续点(x,y)处,可由分布函数$F(x,y)$求出概率密度$f(x,y)$。

如果已知(X,Y)的概率密度$f(x,y)$,则(X,Y)在平面区域D内取值的概率为

$$P\{(X,Y)\in D\}=\iint\limits_{D}f(x,y)\mathrm{d}x\mathrm{d}y \tag{3.7}$$

由二重积分的几何意义和式(3.7)可知:随机点(X,Y)落在平面区域D上的概率等于以平面区域D为底,以曲面$z=f(x,y)$为顶的曲顶柱体的体积。

【例 3-7】 设(X,Y)的概率密度为

$$f(x,y)=\begin{cases}6\mathrm{e}^{-(2x+3y)}, & x>0,y>0,\\0, & \text{其他}\end{cases}$$

求(X,Y)的分布函数$F(x,y)$。

解 由定义 3.5 可知

$$F(x,y)=\int_{-\infty}^{x}\int_{-\infty}^{y}f(u,v)\mathrm{d}u\mathrm{d}v$$

当$x>0,y>0$时,

$$F(x,y)=\int_{0}^{x}\int_{0}^{y}6\mathrm{e}^{-(2u+3v)}\mathrm{d}u\mathrm{d}v$$

$$=6\int_{0}^{x}\mathrm{e}^{-2u}\mathrm{d}u\int_{0}^{y}\mathrm{e}^{-3v}\mathrm{d}v$$

$$=(1-\mathrm{e}^{-2x})(1-\mathrm{e}^{-3y})$$

当$x\leqslant0$或$y\leqslant0$时,$F(x,y)=0$,从而

$$F(x,y)=\begin{cases}(1-\mathrm{e}^{-2x})(1-\mathrm{e}^{-3y}), & x>0,y>0,\\0, & \text{其他}\end{cases}$$

【例 3-8】 设二维随机变量(X,Y)的分布函数为

$$F(x,y)=a(b+\arctan x)(c+\arctan 2y), \quad -\infty<x<+\infty,-\infty<y<+\infty$$

求:(1)常数a,b,c;

(2)(X,Y)的概率分布。

解　(1)由分布概率的性质可知

$$F(+\infty,+\infty)=a\left(b+\frac{\pi}{2}\right)\left(c+\frac{\pi}{2}\right)=1$$

$$F(x,-\infty)=a(b+\arctan x)\left(c-\frac{\pi}{2}\right)=0$$

$$F(-\infty,y)=a\left(b-\frac{\pi}{2}\right)(c+\arctan 2y)=0$$

从上面第二式得 $c=\dfrac{\pi}{2}$，从上面第三式得 $b=\dfrac{\pi}{2}$，再从上面第一式得 $a=\dfrac{1}{\pi^2}$。由

$$F(x,y)=\frac{1}{\pi^2}\left(\frac{\pi}{2}+\arctan x\right)\left(\frac{\pi}{2}+\arctan 2y\right)$$

得到概率密度为

$$f(x,y)=\frac{\partial^2 F(x,y)}{\partial x \partial y}=\frac{2}{\pi^2(1+x^2)(1+4y^2)}$$

下面介绍两种重要的二维连续型随机变量的分布：均匀分布与二维正态分布。

定义 3.6　设 D 为平面上的有界区域，其面积为 S，且 $S>0$。如果二维随机变量 (X,Y) 的概率分布密度为

$$f(x,y)=\begin{cases}\dfrac{1}{S}, & (x,y)\in D, \\ 0 & 其他\end{cases}$$

则称 (X,Y) 服从区域 D 上的均匀分布(或称 (X,Y) 在 D 上服从均匀分布)，记作 $(X,Y)\sim U_D$。

下面是其两种特殊情况：

(1) D 为矩形区域 $a\leqslant x\leqslant b$，$\ c\leqslant y\leqslant d$，此时

$$f(x,y)=\begin{cases}\dfrac{1}{(b-a)(d-c)}, & a\leqslant x\leqslant b,c\leqslant y\leqslant d, \\ 0, & 其他\end{cases}$$

(2) D 为圆形区域，如 (X,Y) 在以原点为圆心、R 为半径的圆形区域上服从均匀分布，则 (X,Y) 的概率密度为

$$f(x,y)=\begin{cases}\dfrac{1}{\pi R^2}, & x^2+y^2\leqslant R^2, \\ 0, & 其他\end{cases}$$

【例 3-9】设 (X,Y) 服从区域上的均匀分布，求 (X,Y) 的概率密度。其中 D 为 x 轴、y 轴及直线 $y=x+1$ 所围成的三角形区域。

解　因为

$$f(x,y)=\begin{cases}\dfrac{1}{S}, & (x,y)\in D, \\ 0, & 其他\end{cases}$$

D 的面积 $S=\dfrac{1}{2}$，所以 (X,Y) 的概率密度为

$$f(x,y) = \begin{cases} 2, & (x,y) \in D, \\ 0, & \text{其他} \end{cases}$$

定义 3.7 若二维随机变量 (X,Y) 的概率密度为

$$f(x,y) = \frac{1}{2\pi\sigma_1\sigma_2\sqrt{1-\rho^2}} e^{-\frac{1}{2(1-\rho^2)}\left[\frac{(x-\mu_1)^2}{\sigma_1^2} - 2\rho\frac{(x-\mu_1)(y-\mu_2)}{\sigma_1\sigma_2} + \frac{(y-\mu_2)^2}{\sigma_2^2}\right]}$$

$$(-\infty < x < +\infty, -\infty < y < +\infty) \tag{3.8}$$

其中 $\mu_1, \mu_2, \sigma_1^2, \sigma_2^2, \rho$ 都是常数，且 $\sigma_1 < 0, \sigma_2 > 0, |\rho| < 1$，则称 (X,Y) 服从二维正态分布，记为 $(X,Y) \sim N(\mu_1, \mu_2; \sigma_2^2, \sigma_1^2; \rho)$。

下面讨论连续型随机变量 (X,Y) 的边缘分布。

定义 3.8 对连续型随机变量 (X,Y)，分量 X 或 Y 的概率密度称为 (X,Y) 关于 X 或 Y 的边缘概率密度，简称边缘密度，记为 $f_X(x)$ 或 $f_Y(y)$。

边缘概率密度 $f_X(x)$ 或 $f_Y(y)$ 可由 (X,Y) 的概率分布 $f(x,y)$ 求出：

$$f_X(x) = \int_{-\infty}^{+\infty} f(x,y)\mathrm{d}y, \quad -\infty < x < +\infty \tag{3.9}$$

$$f_Y(y) = \int_{-\infty}^{+\infty} f(x,y)\mathrm{d}x, \quad -\infty < y < +\infty \tag{3.10}$$

证明 因为

$$F(x,y) = \int_{-\infty}^{x}\int_{-\infty}^{y} f(u,v)\mathrm{d}u\,\mathrm{d}v = \int_{-\infty}^{x}\left[\int_{-\infty}^{y} f(u,v)\mathrm{d}v\right]\mathrm{d}u$$

所以

$$F_X(x) = F(x, +\infty) = \int_{-\infty}^{x}\int_{-\infty}^{+\infty} f(u,v)\mathrm{d}u\,\mathrm{d}v = \int_{-\infty}^{x}\left[\int_{-\infty}^{+\infty} f(u,v)\mathrm{d}v\right]\mathrm{d}u$$

X 的概率密度为

$$f_X(x) = \int_{-\infty}^{+\infty} f(x,y)\mathrm{d}y$$

同理可得

$$f_Y(y) = \int_{-\infty}^{+\infty} f(x,y)\mathrm{d}x$$

【例 3-10】 设二维随机变量 (X,Y) 服从二维正态分布，且 $\mu_1 = 0, \mu_2 = 0, \sigma_1 = 1, \sigma_2 = 1$，求 (X,Y) 关于 X, Y 的边缘概率密度。

解 (X,Y) 的概率密度为

$$f(x,y) = \frac{1}{2\pi\sqrt{1-\rho^2}} e^{-\frac{1}{2(1-\rho^2)}(x^2 - 2\rho xy + y^2)}$$

由于 $y^2 - 2\rho xy = (y - \rho x)^2 - \rho^2 x^2$，于是

$$f_X(x) = \int_{-\infty}^{+\infty} f(x,y)\mathrm{d}y = \frac{1}{2\pi\sqrt{1-\rho}} e^{-\frac{x^2}{2}} \int_{-\infty}^{+\infty} e^{-\frac{1}{2(1-\rho^2)}(y-\rho x)^2}\mathrm{d}y$$

令 $t = \frac{1}{\sqrt{1-\rho^2}}(y - \rho x)$，则有

$$f_X(x) = \frac{1}{2\pi} e^{-\frac{x^2}{2}} \int_{-\infty}^{+\infty} e^{-\frac{t^2}{2}}\mathrm{d}t$$

因为 $\dfrac{1}{\sqrt{2\pi}}\displaystyle\int_{-\infty}^{+\infty}\mathrm{e}^{-\frac{t^2}{2}}\,\mathrm{d}t=1$，所以 (X,Y) 关于 X 的边缘概率密度为

$$f_X(x)=\frac{1}{\sqrt{2\pi}}\mathrm{e}^{-\frac{x^2}{2}},\quad -\infty<x<+\infty$$

即 $X\sim N(0,1)$。

类似可得 $X\sim N(0,1)$，(X,Y) 关于 Y 的边缘概率密度为

$$f_Y(y)=\frac{1}{\sqrt{2\pi}}\mathrm{e}^{-\frac{y^2}{2}},\quad -\infty<y<+\infty$$

一般地，若二维随机分布变量 (X,Y) 服从二维正态分布 $N(\mu_1,\mu_2;\sigma_1,\sigma_2;\rho)$，则随机变量 X 与 Y 分别服从正态分布 $N(\mu_1,\sigma_1^2)$，$N(\mu_2,\sigma_2^2)$，其边缘概率密度分别为

$$f_X(x)=\frac{1}{\sqrt{2\pi}\sigma_1}\mathrm{e}^{-\frac{(x-\mu_1)^2}{2\sigma_1^2}},\quad f_Y(y)=\frac{1}{\sqrt{2\pi}\sigma_2}\mathrm{e}^{-\frac{(y-\mu_2)^2}{2\sigma_2^2}}$$

【例 3-11】设 (X,Y) 的概率密度为

$$f(x,y)=\begin{cases}6\mathrm{e}^{-(2x+3y)}, & x>0,y>0,\\ 0, & \text{其他}\end{cases}$$

试求 X、Y 的边缘密度。

解 由题意有

$$f_X(x)=\int_{-\infty}^{+\infty}f(x,y)\,\mathrm{d}y=\int_0^{+\infty}6\mathrm{e}^{-(2x+3y)}\,\mathrm{d}y=2\mathrm{e}^{-2x}$$

$$f_Y(y)=\int_{-\infty}^{+\infty}f(x,y)\,\mathrm{d}x=\int_0^{+\infty}6\mathrm{e}^{-(2x+3y)}\,\mathrm{d}x=3\mathrm{e}^{-3y}$$

则其边缘密度为

$$f_X(x)=\begin{cases}2\mathrm{e}^{-2x}, & x>0,\\ 0, & \text{其他}\end{cases}$$

$$f_Y(y)=\begin{cases}3\mathrm{e}^{-3y}, & y>0,\\ 0, & \text{其他}\end{cases}$$

习 题

1. 填空题：

已知 (X,Y) 的分布律为

X \ Y	1	2	3
0	0.1	0.2	0.1
1	0.15	0.2	0.25

则 $P\{X<1\}=$＿＿＿＿＿，$P\{Y<2\}=$＿＿＿＿＿，$P\{Y\leqslant2\}=$＿＿＿＿＿，$P\{X\leqslant1,Y<2\}=$

＿＿＿＿＿.

2. 在一个箱子中装有 12 只开关，其中 2 只是次品.在其中取两次，每次取一只，定义随机变量 X,Y 如下：

$$X=\begin{cases}0, & \text{若第一次取出的是正品,}\\ 1, & \text{若第一次取出的是次品}\end{cases}$$

$$Y = \begin{cases} 0, & \text{若第二次取出的是正品,} \\ 1, & \text{若第二次取出的是次品.} \end{cases}$$

在(1)有放回抽样,(2)不放回抽样两种情形下,分别写出(X,Y)的分布律与边缘分布律.

3. 设(X,Y)只在点$(-1,1),(-1,2),(1,1),(1,2)$处取值,且取这些值的概率依次为$\frac{1}{6}$, $\frac{1}{3},\frac{1}{12},\frac{5}{12}$,求$(X,Y)$的分布律及边缘分布律.

4. 设二维连续型随机变量(X,Y)的联合概率密度函数为

$$f(x,y) = \begin{cases} xy, & 0 \leqslant x \leqslant 2, 0 \leqslant y \leqslant 1, \\ 0, & \text{其他.} \end{cases}$$

求(X,Y)的分布函数$F(x,y)$.

5. 设(X,Y)的概率密度为

$$f(x,y) = \begin{cases} k(6-x-y), & 0 < x < 2, 2 < y < 4, \\ 0, & \text{其他.} \end{cases}$$

求:(1)常数k; (2)$P\{X<1,Y<3\}$.

6. 设二维连续型随机变量(X,Y)的联合概率密度函数为

$$f(x,y) = \begin{cases} \dfrac{3}{2}xy^2, & 0 \leqslant x \leqslant 2, 0 \leqslant y \leqslant 1 \\ 0, & \text{其他.} \end{cases}$$

求:(1)(X,Y)的分布函数$F(x,y)$;
(2)X,Y的边缘概率密度.

7. 设二维连续型随机变量(X,Y)的概率密度为

$$f(x,y) = \begin{cases} 6, & x^2 \leqslant y \leqslant x, \\ 0, & \text{其他.} \end{cases}$$

求(X,Y)关于X,Y的边缘概率密度.

8. 设二维连续型随机变量(X,Y)的概率密度为

$$f(x,y) = \begin{cases} cx^2y, & x^2 \leqslant y \leqslant 1, \\ 0, & \text{其他.} \end{cases}$$

求:(1)试确定常数c;
(2)(X,Y)的关于X,Y的边缘概率密度.

9. 设二维随机变量(X,Y)服从圆形区域$G:x^2+y^2\leqslant R^2$上的均匀分布,求关于X及关于Y的边缘概率密度.

3.2 随机变量的独立性

3.2.1 两个随机变量的独立性

和事件的独立性一样,随机变量的独立性也是概率统计中的一个重要的概念。
我们从两个事件相互独立的概念引出两个随机变量相互独立的概念。

定义 3.9　设 $F(x,y),F_X(x)$ 和 $F_Y(y)$ 分别是二维随机变量(X,Y)的分布函数和两个边缘分布函数。若对任意实数 x,y 有

$$F(x,y)=F_X(x)F_Y(y) \tag{3.11}$$

则称 X 与 Y 相互独立。

式(3.11)等价于对任意实数 x,y 有

$$P\{X \leqslant x,Y \leqslant y\}=P\{X \leqslant x\}P\{Y \leqslant y\}$$

由此可知,随机变量 X 与 Y 相互独立,即对任意实数 x,y 事件$\{X \leqslant x\}$与$\{Y \leqslant y\}$相互独立。

【**例 3-12**】续例 3-7,证明 X 与 Y 相互独立。

证明

$$F(x,y)=\begin{cases}(1-\mathrm{e}^{-2x})(1-\mathrm{e}^{-3y}), & x>0,y>0,\\ 0, & \text{其他}\end{cases}$$

关于 X 的边缘分布函数为

$$F_X(x)=F(x,+\infty)=\begin{cases}1-\mathrm{e}^{-2x}, & x>0,\\ 0, & \text{其他}\end{cases}$$

关于 Y 的边缘分布函数为

$$F_Y(y)=F(+\infty,y)=\begin{cases}1-\mathrm{e}^{-3y}, & y>0,\\ 0, & \text{其他}\end{cases}$$

因此,对任意 X,Y 有 $F(x,y)=F_X(x)F_Y(y)$ 成立,故 X 与 Y 相互独立。

对于二维离散型随机变量(X,Y)与二维连续型随机变量(X,Y),我们要找出 X 与 Y 相互独立的充分必要条件。

3.2.2　二维离散型随机变量的独立性

设(X,Y)为离散型随机变量,其分布律为

$$p_{ij}=P\{X=x_i,Y=y_j\}, \quad i,j=1,2,\cdots$$

边缘分布律为

$$p_{i\cdot}=P\{X=x_i\}=\sum_j p_{ij}, \quad i=1,2,\cdots$$

$$p_{\cdot j}=P\{Y=y_j\}=\sum_i p_{ij}, \quad j=1,2,\cdots$$

X 与 Y 相互独立的充分必要条件:对一切 i,j 有

$$P\{X=x_i,Y=y_j\}=P\{X=x_i\}P\{Y=y_j\},\text{即 } P_{ij}=P_{i\cdot}P_{\cdot j} \tag{3.12}$$

证明略。

注意:X 与 Y 相互独立要求对所有 i,j 的值式(3.12)都成立,只要有一对(i,j)值使得式(3.12)不成立,则 X,Y 不独立。

【**例 3-13**】判断例 3-6 中 X 与 Y 是否相互独立。

解　(1)有放回取球情形:

因为

$$P\{X=0,Y=0\}=\frac{9}{25}=\frac{3}{5}\cdot\frac{3}{5}=P\{X=0\}\cdot P\{Y=0\}$$

$$P\{X=0,Y=1\}=\frac{6}{25}=P\{X=0\}\cdot P\{Y=1\}$$

$$P\{X=1,Y=0\}=\frac{6}{25}=P\{X=1\}\cdot P\{Y=0\}$$

$$P\{X=0,Y=1\}=\frac{4}{25}=\frac{2}{5}\cdot\frac{2}{5}=P\{X=1\}\cdot P\{Y=1\}$$

所以 X 与 Y 相互独立。

（2）不放回取球情形：

因为

$$P\{X=0\}\cdot P\{Y=0\}=\frac{3}{5}\cdot\frac{3}{5}=\frac{9}{25}$$

$$P\{X=0,Y=0\}=\frac{3}{10}$$

$$P\{X=0,Y=0\}\neq P\{X=0\}\cdot P\{Y=0\}$$

所以 X 与 Y 不相互独立。

【例 3-14】设 (X,Y) 的分布律为

X \ Y	0	1
0	1/3	a
1	b	1/6

且 $\{X=0\}$ 与 $\{X+Y=1\}$ 独立，求常数 a,b 的值。

解

$$P\{X=0,X+Y=1\}=P\{X=0,Y=1\}=a$$

$$P\{X=0\}=P\{X=0,Y=0\}+P\{X=0,Y=1\}=a+\frac{1}{3}$$

$$P\{X+Y=1\}=P\{X=0,Y=1\}+P\{X=1,Y=0\}=a+b$$

因为 $\{X=0\}$ 与 $\{X+Y=1\}$ 独立，所以

$$P\{X=0,X+Y=1\}=P\{X=0\}\cdot P\{X+Y=1\}$$

即

$$a=\left(a+\frac{1}{3}\right)(a+b)$$

解得 $a=\frac{1}{3},b=\frac{1}{6}$。

3.2.3 二维连续型随机变量的独立性

设二维连续型随机变量 (X,Y) 的概率密度为 $f(x,y)$，$f_X(x)$，$f_Y(y)$ 分别为 (X,Y) 关于 X 和 Y 的边缘概率密度，则 X 与 Y 相互独立的充分必要条件是，等式

$$f(x,y)=f_X(x)f_Y(y) \tag{3.13}$$

几乎处处成立。（注：此处"处处成立"的含义是，在平面上除去"面积为零"的集合外处处成立）

证明略。

【例 3 - 15】证明例 3 - 8 中 X 与 Y 相互独立。

解　(X,Y) 的概率密度为

$$f(x,y)=\frac{\partial^2 F(x,y)}{\partial x \partial y}=\frac{2}{\pi^2(1+x^2)(1+4y^2)}, \quad -\infty < x < +\infty, -\infty < y < +\infty$$

关于 X 的边缘概率密度为

$$f_X(x)=\int_{-\infty}^{+\infty} f(x,y)\mathrm{d}y=\frac{1}{\pi(1+x^2)}, \quad -\infty < x < +\infty$$

关于 Y 的边缘概率密度为

$$f_Y(y)=\int_{-\infty}^{+\infty} f(x,y)\mathrm{d}x=\frac{2}{\pi(1+4y^2)}, \quad -\infty < y < +\infty$$

从而对任意 x,y 有

$$f(x,y)=f_X(x)f_Y(y)$$

因此 X 与 Y 相互独立。

【例 3 - 16】设 $(X,Y)\sim N(\mu_1,\mu_2;\sigma_1^2,\sigma_2^2;\rho)$，证明 X 与 Y 相互独立的充分必要条件是 $\rho=0$。

证明　(X,Y) 的概率密度为

$$f(x,y)=\frac{1}{2\pi\sigma_1\sigma_2\sqrt{1-\rho^2}}\mathrm{e}^{-\frac{1}{2(1-\rho^2)}\left[\frac{(x-\mu_1)^2}{\sigma_1^2}-2\rho\frac{(x-\mu_1)(y-\mu_2)}{\sigma_1\sigma_2}+\frac{(y-\mu_2)^2}{\sigma_2^2}\right]}$$

先证充分性：设 $\rho=0$，此时

$$f(x,y)=\frac{1}{2\pi\sigma_1\sigma_2}\mathrm{e}^{-\frac{1}{2}\left[\frac{(x-\mu_1)^2}{\sigma_1^2}+\frac{(y-\mu_2)^2}{\sigma_2^2}\right]}$$

$$=\frac{1}{\sqrt{2\pi}\sigma_1}\mathrm{e}^{-\frac{(x-\mu_1)^2}{2\sigma_1^2}} \cdot \frac{1}{\sqrt{2\pi}\sigma_2}\mathrm{e}^{-\frac{(x-\mu_2)^2}{2\sigma_2^2}}$$

$$=f_X(x)f_Y(y)$$

再证必要性：若 X 与 Y 相互独立，则对任意的 x,y 有

$$f(x,y)=f_X(x)f_Y(y)$$

现令 $x=\mu_1,y=\mu_2$ 代入上式有

$$\frac{1}{2\pi\sigma_1\sigma_2\sqrt{1-\rho^2}}=\frac{1}{\sqrt{2\pi}\sigma_1} \cdot \frac{1}{\sqrt{2\pi}\sigma_2}$$

从而知 $\sqrt{1-\rho^2}=1$ 即 $\rho=0$。

【例 3 - 17】二维随机变量 (X,Y) 的概率密度为

$$f(x,y)=\begin{cases} \mathrm{e}^{-y}, & 0 < x < y, \\ 0, & 其他 \end{cases}$$

求边缘概率密度。问：X 与 Y 是否相互独立？

解

$$f_X(x)=\int_{-\infty}^{+\infty} f(x,y)\mathrm{d}y$$

$$=\begin{cases} \int_x^{+\infty} \mathrm{e}^{-y}\mathrm{d}y \\ 0, \end{cases}=\begin{cases} \mathrm{e}^{-x}, & x > 0, \\ 0, & 其他 \end{cases}$$

$$f_Y(y) = \int_{-\infty}^{+\infty} f(x,y)\mathrm{d}x$$

$$= \begin{cases} \int_0^y \mathrm{e}^{-y}\mathrm{d}x \\ 0, \end{cases} = \begin{cases} y\mathrm{e}^{-x}, & y > 0, \\ 0, & \text{其他} \end{cases}$$

易见 $f(x,y) \neq f_X(x)f_Y(y)$。

所以,X 与 Y 不相互独立。

我们在前面曾讨论了联合分布与边缘分布的关系:联合分布可确定边缘分布,但一般情形下,边缘分布是不能确定联合分布的;然而,由随机变量相互独立的定义及充分必要条件可知,当 X 与 Y 相互独立时,(X,Y) 的分布可由它的两个边缘分布完全确定。

【例 3-18】设二维随机变量 (X,Y) 的概率密度为

$$f(x,y) = \begin{cases} 4.8y(2-x), & 0 \leqslant x \leqslant 1, 0 \leqslant y \leqslant x, \\ 0, & \text{其他} \end{cases}$$

求边缘概率密度,并判断 X 与 Y 是否相互独立。

解

$$f_X(x) = \int_{-\infty}^{+\infty} f(x,y)\mathrm{d}y$$

$$= \begin{cases} \int_0^x 4.8y(2-x)\mathrm{d}y \\ 0, \end{cases} = \begin{cases} 2.4x^2(2-x), & 0 \leqslant x \leqslant 1, \\ 0, & \text{其他} \end{cases}$$

$$f_Y(y) = \int_{-\infty}^{+\infty} f(x,y)\mathrm{d}x = \begin{cases} \int_y^1 4.8y(2-x)\mathrm{d}x \\ 0, \end{cases} = \begin{cases} 2.4y(3-4y+y^2), & 0 \leqslant y \leqslant 1, \\ 0, & \text{其他} \end{cases}$$

$$f(x,y) \neq f_X(x)f_Y(y)$$

所以 X 与 Y 不相互独立。

在实际问题中,判断两个随机变量是否相互独立,往往不是用数学定义去验证,而常常是由随机变量的实际意义去考证它们是否相互独立。如掷两颗骰子的实验中,两颗骰子出现的点数;在两个彼此没有联系的工厂一天的产品中,各自出现的废品件数等,都可以认为是相互独立的随机变量。

3.2.4 n 维随机变量

以上所述关于二维随机变量的一些概念,可推广到 n 维随机变量的情形。

定义 3.10 设 $(X_1, X_2, \cdots, X_n)$ 的分布函数为

$$F(x_1, x_2, \cdots, x_n) = P\{X \leqslant x_1, X_2 \leqslant x_2, \cdots, X_n \leqslant x_n\}$$

其概率密度为 $f(x_1, x_2, \cdots, x_n)$,则函数

$$F_{x_i}(x_i) = P\{X_1 < +\infty, X_2 < +\infty, \cdots, X_i \leqslant x_i \cdots X_n < +\infty\}$$

和

$$f_{X_i}(x_i) = \int_{-\infty}^{+\infty} \cdots \int_{-\infty}^{+\infty} f(x_1, \cdots, x_{i-1}, x_i, x_{i+1}, \cdots, x_n)\mathrm{d}x_1 \cdots \mathrm{d}x_{i-1}\mathrm{d}x_i \cdots \mathrm{d}x_n$$

分别称为 $(X_1, X_2, \cdots, X_n)$ 关于 X_i 的边缘概率分布函数和边缘概率密度,$i = 1, 2, \cdots, n$。

定义 3.11　若对一切 $x_1,x_2\cdots x_n$ 有

$$P\{X_1\leqslant x_1,X_2\leqslant x_2,\cdots,X_n\leqslant x_n\}=\prod_{i=1}^{n}P\{X_i\leqslant x_i\}$$

即

$$F(x_1,x_2,\cdots,x_n)=F_{X_1}(x_1)F_{X_2}(x_2)\cdots F_{X_n}(x_n)$$

则称 $X_1,X_2,\cdots,X_n$ 是相互独立的。

【例 3-19】设 $X_1,X_2,\cdots,X_n$ 相互独立,且 $X_i\sim N(\mu_i,\sigma_i^2)$（$i=1,2,\cdots,n$）,求 $(X_1,X_2,\cdots,X_n)$ 的概率密度。

解　由于 $X_1,X_2,\cdots,X_n$ 相互独立,$(X_1,X_2,\cdots,X_n)$ 的概率密度可表示为

$$f(x_1,x_2\cdots x_n)=f_1(x_1)f_2(x_2)\cdots f_n(x_n)$$

$$=\frac{1}{(2\pi)^{\frac{n}{2}}\sigma_1\sigma_2\cdots\sigma_n}e^{-\frac{1}{2}\left[\left(\frac{x_1-\mu_1}{\sigma_1}\right)^2+\left(\frac{x_2-\mu_2}{\sigma_1}\right)^2+\cdots+\left(\frac{x_n-\mu_n}{\sigma_2}\right)^2\right]}$$

还可证明:若 $X_1,X_2,\cdots,X_n$ 相互独立,则其中任意 k（$2\leqslant k\leqslant n$）个随机变量也相互独立。

设 $X_1,X_2,\cdots,X_n$ 相互独立,则它们各自的函数 $g_1(X_1),g_2(X_2),\cdots,g_n(X_n)$ 相互独立,比如 $X_1,X_2,\cdots,X_n$ 相互独立,则 $X_1^2,X_2^2,\cdots,X_n^2$ 也相互独立,等等。

【例 3-20】　设随机变量 X 与 Y 相互独立,都在区间 $[1,3]$ 上服从均匀分布。设 $1<a<3$,若事件 $A=\{X\leqslant a\}$,$B=\{Y>a\}$,且 $P(A\cup B)=\dfrac{7}{9}$,求常数 a 的值。

解　由已知随机变量 X 与 Y 均在区间 $[1,3]$ 上服从均匀分布,因此,

$$P(A)=\frac{a-1}{2},\quad P(B)=\frac{3-a}{2},\quad P(AB)=\frac{(a-1)(3-a)}{4}$$

$$P(A\cup B)=\frac{a-1}{2}+\frac{3-a}{2}-\frac{(a-1)(3-a)}{4}=\frac{7}{9}$$

$$18(a-1)+18(3-a)-9(a-1)(3-a)=28$$

$$9a^2-36a+35=0$$

$$(3a-5)(3a-7)=0$$

$$a=\frac{5}{3}\text{ 或 }a=\frac{7}{3}$$

习　题

1. 设 X 与 Y 相互独立,具有下列分布律:

X	0	1
P	0.3	0.7

Y	−1	1	2
P	0.2	0.2	0.6

求 (X,Y) 的联合分布律.

2. (X,Y) 的概率密度为

$$f(x,y)=\begin{cases}\dfrac{21}{4}x^2y, & x^2\leqslant y\leqslant 1,\\ 0, & \text{其他.}\end{cases}$$

问:X 与 Y 是否相互独立?

3. 设二维随机变量(X,Y)服从二维正态分布,其概率密度为

$$f(x,y) = \frac{1}{50\pi} e^{-\frac{x^2+y^2}{50}}$$

证明 X 与 Y 相互独立.

4. 设 (X,Y) 的分布律为

X \ Y	−1	3	5
−1	1/15	q	1/5
1	p	0.2	3/10

问:p,q 为何值时,X 与 Y 相互独立?

3.3 两个随机变量函数的分布

第 2 章中已经讨论过一个随机变量函数的分布,本节讨论两个随机变量函数的分布。

3.3.1 离散型随机变量函数的分布

对两个离散型随机变量函数的分布,我们仅就一些具体问题进行分析,从中学到解决这类问题的基本方法。

【例 3-21】设(X,Y)的分布律为

X \ Y	0	1
0	0.1	0.15
1	0.25	0.2
2	0.15	0.15

求 $Z=X+Y$ 的分布律。

解 Z 的可能取值为 $0,1,2,3$,因为事件$\{Z=0\}=\{X=0,Y=0\}$,所以

$$P\{Z=0\} = P\{X=0,Y=0\} = 0.1$$

事件$\{Z=1\}=\{X=0,Y=1\}\bigcup\{X=1,Y=0\}$,事件$\{X=0,Y=1\}$与$\{X=1,Y=0\}$互不相容,所以

$$P\{Z=1\} = 0.15 + 0.25 = 0.4$$

事件$\{Z=2\}=\{X=0,Y=2\}\bigcup\{X=1,Y=1\}$,事件$\{X=0,Y=2\}$与$\{X=1,Y=1\}$互不相容,所以

$$P\{Z=2\} = 0.2 + 0.15 = 0.35$$

事件$\{Z=3\}=\{X=1,Y=2\}$,所以 $P\{Z=3\}=0.15$,从而得出 Z 的分布律为

Z	0	1	2	3
P	0.1	0.4	0.35	0.15

【例 3-22】续例 3-21,求 $Z=XY$ 的分布律。

解　Z 的可能取值为 $0,1,2$。由于

$$\{Z=0\}=\{X=0,Y=0\}\bigcup\{X=1,Y=0\}\bigcup\{X=0,Y=2\}$$

所以

$$P\{Z=0\}=0.1+0.15+0.25+0.15=0.65$$

同理

$$\{Z=1\}=\{X=1,Y=1\},\quad P\{Z=1\}=0.2$$
$$\{Z=2\}=\{X=2,Y=1\},\quad P\{Z=2\}=0.15$$

则 $Z=XY$ 的分布律为

Z	0	1	2
P	0.65	0.2	0.15

3.3.2　两个独立连续型随机变量之和的概率分布

【例 3-23】 设 X,Y 是两个相互独立的随机变量，X 在 $(0,0.2)$ 内服从均匀分布，Y 的密度函数为

$$f_Y(y)=\begin{cases}5e^{-5y}, & y>0,\\0, & 其他\end{cases}$$

求：$(1) X$ 与 Y 的联合分布密度；　$(2) P\{Y\leqslant X\}$。

解　(1) 因为 X 在 $(0,0.2)$ 内服从均匀分布（见图 3.3），所以 X 的密度函数为

$$f_X(x)=\begin{cases}\dfrac{1}{0.2}, & 0<x<0.2,\\0, & 其他\end{cases}$$

而

$$f_Y(y)=\begin{cases}5e^{-5y}, & y>0,\\0, & 其他\end{cases}$$

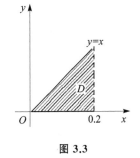

图 3.3

所以

$$f(x,y)\xrightarrow{X,Y独立}f_X(x)\cdot f_Y(y)$$
$$=\begin{cases}\dfrac{1}{0.2}\times5e^{-5y}\\0,\end{cases}=\begin{cases}25e^{-5y}, & 0<x<0.2 且 y>0,\\0, & 其他\end{cases}$$

$(2)\ P(Y\leqslant X)=\iint\limits_{y\leqslant x}f(x,y)\,\mathrm{d}x\,\mathrm{d}y=\iint\limits_{D}25e^{-5y}\,\mathrm{d}x\,\mathrm{d}y$

$=\displaystyle\int_0^{0.2}\mathrm{d}x\int_0^x25e^{-5y}\,\mathrm{d}y=\int_0^{0.2}(-5e^{-5x}+5)\,\mathrm{d}x$

$=e^{-1}\approx0.3679$

设 (X,Y) 是二维连续型随机变量，其概率密度为 $f(x,y)$，关于 X,Y 的边缘概率密度分别为 $f_X(x),f_Y(y)$。设 X 和 Y 相互独立，要求 $Z=X+Y$ 的概率密度。

因为 X 与 Y 相互独立，所以 $f(x,y)=f_X(x)f_Y(y)$。

$Z=X+Y$ 的分布函数为

$$F_Z(z) = P\{Z \leqslant z\} = P\{X + Y \leqslant z\} = \iint\limits_{x+y \leqslant z} f_X(x) f_Y(y) \mathrm{d}x \mathrm{d}y.$$

$$f_Z(z) = \int_{-\infty}^{+\infty} f_X(x) \int_{-\infty}^{z-x} f_Y(y) \mathrm{d}y \mathrm{d}x$$

令 $t = x + y$，则

$$F_Z(z) = \int_{-\infty}^{+\infty} f_X(x) \int_{-\infty}^{z} f_Y(t-x) \mathrm{d}t \mathrm{d}x$$

$$= \int_{-\infty}^{z} \int_{-\infty}^{+\infty} f_X(x) f_Y(t-x) \mathrm{d}x \mathrm{d}t$$

得 Z 的概率密度为

$$f_Z(z) = \int_{-\infty}^{+\infty} f_X(x) f_Y(z-x) \mathrm{d}x = \int_{-\infty}^{+\infty} f(x, z-x) \mathrm{d}x \qquad (3.14)$$

同理可得

$$f_Z(z) = \int_{-\infty}^{+\infty} f_X(z-y) f_Y(y) \mathrm{d}y = \int_{-\infty}^{+\infty} f(z-y, y) \mathrm{d}y \qquad (3.15)$$

式(3.14)与式(3.15)称为独立随机变量和的卷积公式。

【例 3-24】 设 X 和 Y 是相互独立的随机变量，都服从标准正态分布 $N(0,1)$，求 $Z = X + Y$ 的概率密度。

解 X, Y 的概率密度分别为

$$f_X(x) = \frac{1}{\sqrt{2\pi}} \mathrm{e}^{-\frac{x^2}{2}}, \quad f_Y(y) = \frac{1}{\sqrt{2\pi}} \mathrm{e}^{-\frac{y^2}{2}}$$

则 Z 的概率密度为

$$f_Z(z) = \int_{-\infty}^{+\infty} f_X(x) f_Y(z-x) \mathrm{d}x = \int_{-\infty}^{+\infty} \mathrm{e}^{-\frac{x^2}{2}} \mathrm{e}^{-\frac{(z-x)^2}{2}} \mathrm{d}x$$

$$= \frac{1}{2\pi} \mathrm{e}^{-\frac{z^2}{4}} \int_{-\infty}^{+\infty} \mathrm{e}^{-\left(x - \frac{z}{2}\right)^2} \mathrm{d}x$$

令 $t = x - \dfrac{z}{2}$，得

$$f_Z(z) = \frac{1}{2\pi} \mathrm{e}^{-\frac{z^2}{4}} \int_{-\infty}^{+\infty} \mathrm{e}^{-t^2} \mathrm{d}t = \frac{1}{2\pi} \mathrm{e}^{-\frac{z^2}{4}} \sqrt{\pi} = \frac{1}{2\sqrt{\pi}} \mathrm{e}^{-\frac{z^2}{4}}$$

注意：上式用到 $\displaystyle\int_{-\infty}^{+\infty} \mathrm{e}^{-t^2} \mathrm{d}t = \sqrt{\pi}$，即 Z 服从 $N(0,2)$ 分布。

一般地，设 X, Y 相互独立，且 $X \sim N(\mu_1, \sigma_1^2)$，$Y \sim N(\mu_2, \sigma_2^2)$，则 $Z = X + Y$ 仍然服从正态分布，且 $Z \sim N(\mu_1 + \mu_2, \sigma_1^2 + \sigma_2^2)$。

这个结论还可推广到任意有限个独立正态随机变量的情形，即

若 $X_i \sim N(\mu_i, \sigma_i^2)(i = 1, 2, \cdots, n)$，且它们相互独立，则对任意不全为零的常数 $a_1, a_2, \cdots, a_n$，有

$$\sum_{i=1}^{n} a_i X_i \sim N\left(\sum_{i=1}^{n} a_i \mu_i, \sum_{i=1}^{n} a_i \sigma_i^2\right)$$

更一般地，可以证明 n 个独立正态随机变量的线性组合仍服从正态分布，即

$$X = a_1 X_1 + a_2 X_2 + \cdots + a_n X_n \sim N\left(\sum_{i=1}^{n} a_i \mu_i, \sum_{i=1}^{n} a_i^2 \sigma_i^2\right) \qquad (3.16)$$

【**例 3－25**】设 $X \sim N(3,4)$，$Y \sim N(1,1)$，$Z \sim N(0,1)$，X,Y,Z 相互独立，求 $X+2Y+3Z$ 的分布。

解 X,Y,Z 相互独立，且都服从正态分布，则 $X+2Y+3Z$ 服从正态分布，由式(3.16)，有 $X+2Y+3Z \sim N(5,17)$。

习 题

1. 设二维随机变量 (X,Y) 的分布律为

X＼Y	0	1	2
0	0.3	0.1	0.05
1	0.15	0.05	0.35

求 $Z=X-Y$ 的分布律.

2. 设二维随机变量 (X,Y) 的分布律为

X＼Y	0	−10	20
−10	1/20	3/20	7/20
−20	3/20	4/20	2/20

求:(1) $Z=X+Y$ 的分布律；

(2) $Z=XY$ 的分布律.

3. 设 X,Y 相互独立,且 X,Y 的分布律分别为

X	0	1	2
P	1/4	2/4	1/4

X	−1	0	1	2
P	1/4	5/12	1/4	1/12

求:(1) (X,Y) 的分布律；

(2) $Z=XY$ 的分布律.

4. 设随机变量 X,Y 相互独立,且都服从 $[0,1]$ 上的均匀分布,求 $X+Y$ 的概率密度.

本章小结

本章主要讨论了二维随机变量,对随机变量的理解有重要意义,主要有以下内容:

(1) 正确理解二维随机变量及其分布函数的概念和性质。

① 二维离散型随机变量的边缘分布

$$p_{i.} = P\{X=x_i\} = \sum_j p_{ij}, \quad i=1,2,\cdots$$

$$p_{.j} = P\{Y=y_j\} = \sum_i p_{ij}, \quad j=1,2,\cdots$$

② 二维连续型随机变量

二维连续型随机变量的联合分布函数:

$$F(x,y)=\int_{-\infty}^{x}\int_{-\infty}^{y}f(u,v)\mathrm{d}u\,\mathrm{d}v$$

二维连续型随机变量的边缘密度函数：

$$f_X(x)=\int_{-\infty}^{+\infty}f(x,y)\mathrm{d}y,\quad -\infty<x<+\infty$$

$$f_Y(y)=\int_{-\infty}^{+\infty}f(x,y)\mathrm{d}x,\quad -\infty<y<+\infty$$

（2）随机变量的相互独立性是概率论中的重要概念之一。了解两个或多个随机变量相互独立的定义。掌握两个离散型随机变量及两个连续型随机变量相互独立的充分必要条件，会用它们来判断两个随机变量 X 与 Y 的独立性。

（3）理解独立随机变量和的卷积公式：

$$f_Z(z)=\int_{-\infty}^{+\infty}f_X(x)f_Y(z-x)\mathrm{d}x=\int_{-\infty}^{+\infty}f(x,z-x)\mathrm{d}x$$

$$f_Z(z)=\int_{-\infty}^{+\infty}f_X(z-y)f_Y(y)\mathrm{d}y=\int_{-\infty}^{+\infty}f(z-y,y)\mathrm{d}y$$

复习题

1. 选择题：

(1)设二维随机变量 (X,Y) 的分布律为

X＼Y	0	1	2
0	1/12	2/12	2/12
1	1/12	1/12	0
2	2/12	1/12	2/12

则 $P\{XY=0\}=(\quad)$.

A. $\dfrac{1}{12}$ B. $\dfrac{2}{12}$ C. $\dfrac{4}{12}$ D. $\dfrac{8}{12}$

(2) 设 X_1,X_2 是任意两个互相独立的连续型随机变量，它们的概率密度分别为 $f_1(x)$ 和 $f_2(x)$，分布函数分别为 $F_1(x)$ 和 $F_2(x)$，则( ).

A. $f_1(x)+f_2(x)$ 必为密度函数   B. $F_1(x)\cdot F_2(x)$ 必为分布函数

C. $F_1(x)+F_2(x)$ 必为分布函数   D. $f_1(x)\cdot f_2(x)$ 必为密度函数

(3) 设二维随机变量 (X,Y) 的概率密度为 $f(x,y)$，则 $P\{X>1\}=(\quad)$.

A. $\int_{-\infty}^{1}\mathrm{d}x\int_{-\infty}^{+\infty}f(x,y)\mathrm{d}x$ B. $\int_{1}^{+\infty}\mathrm{d}x\int_{-\infty}^{+\infty}f(x,y)\mathrm{d}x$

C. $\int_{-\infty}^{1}f(x,y)\mathrm{d}x$ D. $\int_{1}^{+\infty}f(x,y)\mathrm{d}x$

(4) 设二维随机变量 (X,Y) 的概率密度为

$$f(x,y)=\begin{cases}c, & -1<x<1,-1<y<1,\\ 0, & \text{其他},\end{cases}$$

则常数 $c=($).

A. $\dfrac{1}{4}$ B. $\dfrac{1}{6}$ C. 2   D. 4

2. 填空题:

(1) 设随机变量 X,Y 相互独立,且 $P\{X\leqslant 1\}=\dfrac{1}{2}$,$P\{Y\leqslant 1\}=\dfrac{1}{3}$,则 $P\{X\leqslant 1,Y\leqslant 1\}=$

_____.

(2) 设二维随机变量 (X,Y) 的概率密度为

$$f(x,y)=\begin{cases} \dfrac{1}{3}(x+y), & 0\leqslant x\leqslant 2, 0\leqslant y\leqslant 1, \\ 0 & 其他, \end{cases}$$

则 X 的边缘概率密度 $f_X(x)=$ _____.

3. 设二维随机变量 (X,Y) 的分布律为

X \ Y	0	1
1	1/6	2/6
2	1/6	2/6

试求:(1) (X,Y) 关于 X 和关于 Y 的边缘分布律.

(2) X 与 Y 是否相互独立,为什么?

(3) $P\{X+Y=0\}$.

4. 设二维随机变量 (X,Y) 的概率密度为

$$f(x,y)=\begin{cases} \dfrac{1}{2}(x+y)\mathrm{e}^{-(x+y)}, & x>0, y>0, \\ 0, & 其他. \end{cases}$$

判断 X 与 Y 是否相互独立,并说明理由.

5. 设随机变量 X 服从区间 $[0,1]$ 上的均匀分布,随机变量 Y 的概率密度为

$$f_Y(y)=\begin{cases} \dfrac{1}{2}\mathrm{e}^{-y/2}, & y>0, \\ 0, & 其他 \end{cases}$$

且 X 与 Y 相互独立,求:

(1) X 的概率密度;

(2) (X,Y) 的概率密度;

(3) $P\{X>Y\}$.

第4章　随机变量的数字特征

随机变量的分布函数完整地描述了随机变量的统计规律性,但在许多实际问题中,分布函数很难求。事实上,也并不一定需要全面考察随机变量的变化情况,而只需知道它的某些特征就够了。如:衡量某一农作物新品种在某一地区的产量水平,所关心的是该品种农作物单位面积的平均产量;分析某班某一课程的考试成绩,既关心该班学生的平时成绩,又关心该班每名学生的考试成绩与平均成绩的偏离大小。本章主要研究随机变量的期望、方差、协方差及相关系数的数字特征。

4.1　随机变量的期望

4.1.1　离散型随机变量的期望

先看下面这个例子。

某学校为检查该校学生数学成绩,对某次数学测验随机抽取 20 名同学的成绩,其成绩分别为 $x_1, x_2, \cdots, x_{20}$。设其数学成绩 X 的分布律为

$$P\{X = x_k\} = p_k, \quad k = 1, 2, \cdots, 20$$

其中,20 名学生的数学得分的总和为 $x_1 + x_2 + \cdots + x_{20}$,这 20 名同学的平均得分为

$$\frac{x_1 + x_2 + \cdots + x_{20}}{20} = \frac{1}{20} \sum_{k=1}^{20} x_k$$

式中,$\dfrac{1}{20} \sum\limits_{k=1}^{20} x_k$ 称为随机变量 X 的数学期望或均值。一般地,有以下定义:

定义 4.1　设离散型随机变量 X 的分布律为

$$P\{X = x_k\} = p_k, \quad k = 1, 2, \cdots$$

若级数 $\sum\limits_i x_i p_i$ 绝对收敛(即级数 $\sum\limits_i x_i p_i$ 收敛),则定义 X 的**数学期望**(简称**均值**或**期望**)为

$$E(X) = \sum_i x_i p_i \tag{4.1}$$

注:(1)当 X 的可能取值为有限多个 $x_1, x_2, \cdots, x_n$ 时,

$$E(X) = \sum_{i=1}^{n} x_i p_i \tag{4.2}$$

(2) 当 X 的可能取值为可列多个 $x_1, x_2, \cdots, x_n, \cdots$ 时,

$$E(X) = \sum_{i=1}^{\infty} x_i p_i \tag{4.3}$$

定义中要求 $\sum\limits_{i=1}^{\infty} x_i p_i$ 绝对收敛是为了保证 $\sum\limits_{i=1}^{\infty} x_i p_i$ 的和与其各项的次序无关,使它恒收

敛于一个确定值 $E(X)$。

【例 4-1】某人的一串钥匙上有 n 把钥匙,其中只有一把能打开自己的家门,他随意地试用这串钥匙中的某一把去开门。若每把钥匙试开一次后除去,求打开门时试开次数的数学期望。

解 设试开次数为 X,则

$$P(X=k)=\frac{1}{n},\quad k=1,2,\cdots,n$$

于是

$$E(X)=\sum_{k=1}^{n}k\cdot\frac{1}{n}=\frac{1}{n}\cdot\frac{(1+n)n}{2}=\frac{n+1}{2}$$

下面介绍几种重要的离散型随机变量的数学期望。

1. 两点分布

随机变量 X 的分布律为

X	0	1
P	$1-p$	p

其中 $0<p<1$,有

$$E(X)=0\times(1-p)+1\times p=p$$

2. 二项分布

设 $X\sim B(n,p)$,即

$$P_i=P\{X=i\}=C_n^i p^i q^{n-i}\quad(i=0,1,2\cdots n),\quad q=1-p,$$

从而有

$$E(X)=\sum_{i=0}^{n}iC_n^i p^i q^{n-1}$$

$$=\sum_{i=1}^{n}i\frac{n!}{i!\ (n-i)!}p^i q^{n-1}$$

$$=np\sum_{i=1}^{n-1}\frac{(n-1)!}{(i-1)!\ \{(n-1)-i-1\}!}p^{i-1}q^{(n-1)(i-1)}$$

$$\xlongequal{k=i-1}np\sum_{k=0}^{n-1}C_{n-1}^k p^k q^{(n-1)-k}=np$$

二项分布的期望 np,有着明显的概率意义,比如掷硬币试验,设出现正面概率 $p=\frac{1}{2}$,若进行 1 000 次试验,则可以"期望"出现 500 次正面,这正是期望这一名称的来由。

3. 泊松分布

设 $X\sim P(\lambda)$ 其分布律为

$$P\{X=i\}=\frac{\lambda^i e^{-\lambda}}{i!}\quad(i=0,1,\cdots)$$

则 X 的数学期望为

$$E(X)=\lambda$$

事实上,

$$E(X) = \sum_{i=1}^{\infty} x_i p_i = \sum_{i=1}^{\infty} i \frac{\lambda^i e^{-\lambda}}{i!}$$

$$= \sum_{i=1}^{\infty} \frac{\lambda^i e^{-\lambda}}{(i-1)!} = \lambda \sum_{i=1}^{\infty} \frac{\lambda^{i-1} e^{-\lambda}}{(i-1)!} = \lambda$$

【例 4-2】设随机变量 $X \sim B(10, p)$，已知 $E(X) = 5.8$，求参数 p。

解 由已知 $X \sim B(10, p)$，因此 $E(X) = np = 5.8, n = 10$，所以 $p = 5.8/10 = 0.58$。

【例 4-3】已知随机变量 X 的所有可能取值为 $-1, 1, x$，且 $P\{X = -1\} = 0.2$，$P\{X = 1\} = 0.4, E(X) = 0.8$，求 x。

解 由已知 $P\{X = -1\} = 0.2, P\{X = 1\} = 0.4$，

$$E(X) = -1 \times 0.2 + 1 \times 0.4 + x \times 0.4 = 0.8$$

得 $x = \dfrac{3}{2}$。

下面介绍离散型随机变量函数的数学期望。

定理 4.1 设离散型随机变量 X 的分布律为

$$P\{X = x_k\} = p_k, \quad k = 1, 2, \cdots$$

令 $Y = g(x)$，若级数 $\sum_{k=1}^{\infty} g(x_k) p_k$ 绝对收敛，则随机变量 Y 的数学期望为

$$E(Y) = E[g(X)] = \sum_{k=1}^{\infty} g(x_k) p_k \tag{4.4}$$

证明略。

【例 4-4】设随机变量 X 的分布律为

X	−1	0	1	2
P	0.3	0.2	0.4	0.1

令 $Y = 3X + 2$，试求 $E(Y)$。

解 由题意有

$$E(Y) = \sum_{k=1}^{\infty} g(x_k) p_k$$
$$= [3 \times (-1) + 2] \times 0.3 + (3 \times 0 + 2) \times 0.2 +$$
$$(3 \times 1 + 2) \times 0.4 + (3 \times 2 + 2) \times 0.1$$
$$= (-1) \times 0.3 + 2 \times 0.2 + 5 \times 0.4 + 8 \times 0.1 = 2.9$$

【例 4-5】设随机变量 X 服从二项分布 $B(4, 0.3)$，求随机变量函数 $Y = 4X - X^2$ 的数学期望。

解 因为 X 服从二项分布 $B(4, 0.3)$，其概率分布为

X	0	1	2	3	4
P	0.240 1	0.411 6	0.264 6	0.075 6	0.008 1

$$E(Y) = E(4X - X^2) = \sum_{k=0}^{4} (4x - x^2) p_k$$

$$= 0 \times 0.240\,1 + 3 \times 0.411\,6 + 4 \times 0.264\,6 + 3 \times 0.075\,6 + 0 \times 0.008\,1$$
$$= 2.52$$

4.1.2　连续型随机变量的期望

定义 4.2　设连续型随机变量 X 的概率密度为 $f(x)$，若广义积分 $\displaystyle\int_{-\infty}^{+\infty} x f(x)\mathrm{d}x$ 绝对收敛，则称积分为随机变量 X 的数学期望值（简称期望或均值），记为 $E(X)$，即

$$E(X) = \int_{-\infty}^{+\infty} x f(x)\mathrm{d}x \tag{4.5}$$

下面介绍几种重要的连续型随机变量的期望。

1. 均匀分布

设随机变量 X 在 $[a,b]$ 上服从随机分布，其概率密度为

$$f(x) = \begin{cases} \dfrac{1}{b-a}, & a \leqslant x \leqslant b, \\ 0, & \text{其他} \end{cases}$$

则

$$E(X) = \int_{-\infty}^{+\infty} x f(x)\mathrm{d}x = \int_a^b x\,\frac{1}{b-a}\mathrm{d}x$$
$$= \frac{1}{b-a} \cdot \frac{1}{2}(b^2 - a^2) = \frac{a+b}{2}$$

在区间 $[a,b]$ 上服从均匀分布的随机变量的期望是该区间的中点。

2. 指数分布

设随机变量 X 服从参数为 $\lambda > 0$ 的指数分布，其概率密度为

$$f(x) = \begin{cases} \lambda\,\mathrm{e}^{-\lambda x}, & x > 0, \\ 0, & x \leqslant 0 \end{cases}$$

则

$$E(X) = \int_{-\infty}^{+\infty} x f(x)\mathrm{d}x = \int_0^{+\infty} x \lambda\,\mathrm{e}^{-\lambda x}\mathrm{d}x$$
$$= -\int_{-\infty}^{+\infty} x\,\mathrm{d}\mathrm{e}^{-\lambda x}$$
$$= -x\,\mathrm{e}^{-\lambda x}\Big|_0^{+\infty} + \int_0^{+\infty} \mathrm{e}^{-\lambda x}\mathrm{d}x$$
$$= 0 - \frac{1}{\lambda}\mathrm{e}^{-\lambda x}\Big|_0^{+\infty} = \frac{1}{\lambda}$$

即指数分布的数学期望为参数 λ 的倒数。

3. 正态分布

设 $X \sim N(\mu, \sigma^2)$，其概率密度为

$$f(x) = \frac{1}{\sqrt{2\pi}\,\sigma}\mathrm{e}^{-\frac{(x-u)^2}{2\sigma^2}}, \quad -\infty < x < +\infty$$

则 X 的期望 $E(X) = \mu$。

因为

$$E(X) = \int_{-\infty}^{+\infty} x f(x) \mathrm{d}x$$

$$= \int_{-\infty}^{+\infty} x \frac{1}{\sqrt{2\pi}\,\sigma} \mathrm{e}^{-\frac{(x-\mu)^2}{2\sigma^2}} \mathrm{d}x$$

$$= \int_{-\infty}^{+\infty} \left[(x-\mu)+\mu\right] \frac{1}{\sqrt{2\pi}\,\sigma} \mathrm{e}^{-\frac{(x-\mu)^2}{2\sigma^2}} \mathrm{d}x$$

$$= \int_{-\infty}^{+\infty} \mu \frac{1}{\sqrt{2\pi}\,\sigma} \mathrm{e}^{-\frac{(x-\mu)^2}{2\sigma^2}} \mathrm{d}x + \int_{-\infty}^{+\infty} (x-\mu) \frac{1}{\sqrt{2\pi}\,\sigma} \mathrm{e}^{-\frac{(x-\mu)^2}{2\sigma^2}} \mathrm{d}x$$

$$= \mu + \int_{-\infty}^{+\infty} (x-\mu) \frac{1}{\sqrt{2\pi}\,\sigma} \mathrm{e}^{-\frac{(x-\mu)^2}{2\sigma^2}} \mathrm{d}x$$

$$\xlongequal{t=\frac{x-\mu}{\sigma}} \mu + \int_{-\infty}^{+\infty} t \frac{1}{\sqrt{2\pi}} \mathrm{e}^{-\frac{t^2}{2}} \mathrm{d}x$$

上式第二项,因为被积函数为奇函数,则有

$$\int_{-\infty}^{+\infty} t \frac{1}{\sqrt{2\pi}} \mathrm{e}^{-\frac{t^2}{2}} \mathrm{d}x = 0$$

故

$$E(X) = \mu$$

这正是预料之中的结果,μ 是正态分布的中心,也是正态变量取值的集中位置;又因为正态分布是对称的,μ 应该是期望。在测量问题中,随机误差在大量测量时正负相抵,因此 $\mu = 0$。在正常情况下,产品的平均尺寸应等于规格尺寸,μ 表示规格尺寸。

下面介绍连续型随机变量函数的数学期望。

定理 4.2 设 X 为连续型随机变量,其概率为 $f_X(x)$,又随机变量 $Y = g(X)$,则当 $\int_{-\infty}^{+\infty} |g(x)| f_X(x) \mathrm{d}x$ 收敛时,有

$$E(Y) = E[g(X)] = \int_{-\infty}^{+\infty} g(x) f_X(x) \mathrm{d}x \qquad (4.6)$$

证明略。

这一公式的好处是不必求出随机变量 Y 的概率密度 $f_Y(x)$,而可由随机变量 X 的概率密度 $f_X(x)$ 直接计算 $E(Y)$,应用起来比较方便。

【例 4-6】设 X 的概率密度为

$$f(x) = \begin{cases} 0.5x, & 0 \leqslant x \leqslant 1, \\ 3 - 0.5x, & 1 < x \leqslant 2, \\ 0, & \text{其他} \end{cases}$$

求 $E\big[\,|X - E(X)|\,\big]$。

解

$$E(X) = \int_{-\infty}^{+\infty} x f(x) \mathrm{d}x = \int_0^1 x \cdot 0.5x \, \mathrm{d}x + \int_1^2 x \cdot (3 - 0.5x) \mathrm{d}x$$

$$= \frac{0.5}{3} x^3 \Big|_0^1 + \frac{3}{2} x^2 \Big|_1^2 - \frac{0.5}{3} x^3 \Big|_1^2$$

$$= \frac{0.5}{3} + 6 - \frac{3}{2} - \frac{4}{3} + \frac{0.5}{3} = \frac{7}{2}$$

$$E\left[\,|\,X-E(X)\,|\,\right]=E\left[\,\left|\,X-\frac{7}{2}\,\right|\,\right]$$

$$=\int_{-\infty}^{+\infty}\left|\,x-\frac{7}{2}\,\right|f(x)\mathrm{d}x$$

$$=\int_{0}^{1}\left|\,x-\frac{7}{2}\,\right|0.5x\,\mathrm{d}x+\int_{1}^{2}\left|\,x-\frac{7}{2}\,\right|(3-0.5x)\mathrm{d}x$$

$$=\int_{0}^{1}\left(\frac{7}{2}-x\right)0.5x\,\mathrm{d}x+\int_{1}^{2}\left(\frac{7}{2}-x\right)(3-0.5x)\mathrm{d}x$$

$$=\frac{3.5}{4}x^{2}\,\Big|_{0}^{1}-\frac{0.5}{3}x^{3}\,\Big|_{0}^{1}+\frac{21}{2}x\,\Big|_{1}^{2}-\frac{9.5}{4}x^{2}\,\Big|_{1}^{2}+\frac{0.5}{3}x^{3}\,\Big|_{1}^{2}=\frac{21}{4}$$

【例 4 - 7】 设 X 在 $[0,\pi]$ 上服从均匀分布，求：$E(X^{2})$；$E(\sin X)$。

解　X 的概率密度为

$$f(x)=\begin{cases}\dfrac{1}{\pi},&0\leqslant x\leqslant\pi,\\[2mm]0,&\text{其他}\end{cases}$$

因此

$$E(X^{2})=\int_{-\infty}^{+\infty}x^{2}f(x)\mathrm{d}x=\int_{0}^{\pi}x^{2}\cdot\frac{1}{\pi}\mathrm{d}x=\frac{1}{3}\pi^{2}$$

$$E(\sin X)=\int_{-\infty}^{+\infty}\sin x\cdot f(x)\mathrm{d}x=\int_{0}^{\pi}\frac{1}{\pi}\cdot\sin x\,\mathrm{d}x=\frac{2}{\pi}$$

4.1.3　二维随机变量的期望

定理 4.3　（1）若 (X,Y) 为离散型随机变量，若其分布律为 $p_{ij}=P\{X=x_{i},Y=y_{j}\}$，边缘分布律为 $p_{i\cdot}=\sum\limits_{j}p_{ij}$，$p_{\cdot j}=\sum\limits_{i}p_{ij}$，则

$$E(X)=\sum_{i}x_{i}p_{i\cdot}=\sum_{i}\sum_{j}x_{i}p_{ij} \tag{4.7}$$

$$E(Y)=\sum_{j}y_{j}p_{\cdot j}=\sum_{j}\sum_{i}y_{j}p_{ij} \tag{4.8}$$

（2）若 (X,Y) 为二维连续型随机变量，$f(x,y)$，$f_{X}(x)$，$f_{Y}(y)$ 分别为 (X,Y) 的概率密度与边缘概率密度，则

$$E(X)=\int_{-\infty}^{+\infty}xf_{X}(x)\mathrm{d}x=\int_{-\infty}^{+\infty}\int_{-\infty}^{+\infty}xf(x,y)\mathrm{d}x\mathrm{d}y \tag{4.9}$$

$$E(Y)=\int_{-\infty}^{+\infty}yf_{Y}(y)\mathrm{d}x=\int_{-\infty}^{+\infty}\int_{-\infty}^{+\infty}yf(x,y)\mathrm{d}x\mathrm{d}y \tag{4.10}$$

证明略。

定理 4.4　设 $g(X,Y)$ 为连续函数，对于二维随机变量 (X,Y) 的函数 $g(X,Y)$，有

（1）若 (X,Y) 为离散型随机变量，级数 $\sum\limits_{i}\sum\limits_{j}|g(x_{i},y_{j})|p_{ij}$ 收敛，则

$$E[g(X,Y)]=\sum_{i}\sum_{j}|g(x_{i},y_{j})|p_{ij} \tag{4.11}$$

（2）若(X,Y)为连续型随机变量，且积分$\int_{-\infty}^{+\infty}\int_{-\infty}^{+\infty}|g(x,y)|f(x,y)\mathrm{d}x\mathrm{d}y$收敛，则

$$E[g(X,Y)]=\int_{-\infty}^{+\infty}\int_{-\infty}^{+\infty}g(x,y)f(x,y)\mathrm{d}x\mathrm{d}y \tag{4.12}$$

证明略。

【例 4-8】已知(X,Y)的分布律为

X \\ Y	0	1
0	1/3	0
1	1/2	1/6

求：（1）$E(2X+3Y)$；（2）$E(XY)$。

解（1）由数学期望定义

$$E(2X+3Y)=\sum_i\sum_j(2x_i+3y_j)p_{ij}$$

$$=(2\times0+3\times0)\times\frac{1}{3}+(2\times0+3\times1)\times0+$$

$$(2\times1+3\times0)\times\frac{1}{2}+(2\times1+3\times1)\times\frac{1}{6}=\frac{11}{6}$$

（2）$E(XY)=\sum_i\sum_j(x_i,y_j)p_{ij}$

$$=(0\times0)\times\frac{1}{3}+(0\times1)\times0+(1\times0)\times\frac{1}{2}+(1\times1)\times\frac{1}{6}=\frac{1}{6}$$

【例 4-9】设二维随机变量(X,Y)的概率密度为

$$f(x,y)=\begin{cases}1, & 0\leqslant x\leqslant1,0\leqslant y\leqslant x,\\0, & \text{其他}\end{cases}$$

求：（1）$E(X-Y)$；（2）$E(XY)$；（3）$P\{X+Y\leqslant1\}$。

解 $E(X-Y)=\int_0^1\mathrm{d}x\int_0^x1\cdot(x-y)\mathrm{d}y=\int_0^1\frac{1}{2}x^2\mathrm{d}x=\frac{1}{6}x^3\Big|_0^1=\frac{1}{6}$

$$E(XY)=\int_0^1\mathrm{d}x\int_0^x1\cdot xy\mathrm{d}y=\int_0^1\frac{1}{2}x^3\mathrm{d}x=\frac{1}{8}x^4\Big|_0^1=\frac{1}{8}$$

$$P\{X+Y\leqslant1\}=\int_0^{\frac{1}{2}}\int_0^{1-y}\mathrm{d}x\mathrm{d}y=\frac{1}{4}$$

4.1.4 期望的性质

设随机变量X,Y的数学期望$E(X),E(Y)$均存在，则

（1）若C为常数，则有$E(C)=C$；

（2）若C为常数，则有$E(CX)=CE(X)$；

（3）若a,b为常数，则有$E(aX+b)=aE(X)+b$；

（4）可加性$E(X+Y)=E(X)+E(Y)$；

(5) 若 X 与 Y 相互独立,则有 $E(XY)=E(X)E(Y)$。

由于连续型随机变量的均值是用积分运算表达的,离散型随机变量的均值是用求和运算表达的,而积分与求和这两个运算都具备线性性质,因此这些性质是容易理解和证明的。

【例 4-10】设 $X_1,X_2\cdots,X_n$ 服从参数为 λ 的泊松分布,且 $X_1,X_2\cdots,X_n$ 相互独立,今有随机变量 $Y=X_1+X_2+\cdots+X_n$,求 Y 的期望。

解　因为 $E(X_i)=\lambda$,$Y=X_1+X_2+\cdots+X_n$,由期望的性质可知
$$E(Y)=E(X_1)+E(X_2)+\cdots+E(X_n)=n\lambda$$

习　题

1. 设随机变量 X 的概率分布为

X	-1	0	1	2
P	0.1	0.3	0.2	0.4

试求 $E(X)$.

2. 设随机变量 X 的概率密度函数为
$$f(x)=\begin{cases}ax, & 0\leqslant x\leqslant 1,\\ 0, & \text{其他.}\end{cases}$$

试求 a 及 $E(X)$.

3. 设随机变量 X 的分布密度为
$$f(x)=\begin{cases}x, & 0<x\leqslant 1,\\ 2-x, & 1<x\leqslant 2,\\ 0 & \text{其他.}\end{cases}$$

试求 $E(X)$.

4. 设随机变量 X 的分布密度为 $f(x)=\dfrac{1}{\pi(1+x^2)}$,$-\infty<x<+\infty$,验证
$$\int_{-\infty}^{+\infty}|x|f(x)\mathrm{d}x=\infty,$$

从而说明 $E(X)$ 不存在,并简述其理由.

5. 设 (X,Y) 的概率密度为
$$f(x,y)=\begin{cases}\mathrm{e}^{-y}, & 0\leqslant x\leqslant 1,y>0,\\ 0, & \text{其他.}\end{cases}$$

试求 $E(X+Y)$.

6. 设随机变量 X 的概率密度为
$$f(x)=\begin{cases}cx^a, & 0\leqslant x\leqslant 1,\\ 0, & \text{其他.}\end{cases}$$

且 $E(X) = 0.75$,求常数 c 和 α.

7. 已知二维随机变量 (X, Y) 的分布律为

X \ Y	0	1	2
1	0.1	0.2	0.1
2	0.3	0.1	0.2

求 $E(X), E(Y)$.

4.2 方 差

4.2.1 方差的概念

随机变量的数学期望反映了随机变量所取的平均值,但要掌握一个随机变量的特征,除了要了解它的平均值外,还要了解它所取的值与平均值的偏离程度,即 X 对均值的偏差为 $X - E(X)$,这就引出了方差的概念。

定义 4.3 设随机变量 $[X - E(X)]^2$ 的期望存在,则称 $[X - E(X)]^2$ 为随机变量 X 的方差,记作 $D(X)$,即

$$D(X) = E[X - E(X)]^2$$

称 $\sqrt{D(X)}$ 为 X 的标准差(或均方差)。

这里,只求平方偏离值的"平均"值,而不去求偏离值的"平均"值,原因在于,偏离值有正、有负,在相加的过程中,不应让它们互相抵消,而应让每一次偏离值(不管是正是负)都被考虑进去,故可考虑偏离值的平方值乘以相应的概率后求和。

从随机变量的函数的期望看,随机变量 X 的方差 $D(X)$ 就是 X 的函数 $[X - E(X)]^2$ 的期望。

由方差定义可知,当随机变量的取值相对集中在期望附近时,方差较小;当取值相对分散时,方差较大,并且总有 $D(X) \geqslant 0$。

若 X 为离散型随机变量,其分布律为

$$P\{X = x_k\} = p_k, \quad k = 1, 2, \cdots$$

则

$$D(X) = \sum_{i=1}^{n} [x_i - E(X)]^2 p_i \tag{4.13}$$

若 X 为连续型随机变量,其概率密度为 $f(x)$,则

$$D(X) = \int_{-\infty}^{+\infty} [X - E(X)]^2 f(x) \mathrm{d}x \tag{4.14}$$

【例 4-11】现有甲、乙两位射手,甲射手射击命中的环数用 X_1 表示,乙射手射击命中的环数用 X_2 表示,它们的概率分布分别为

X_1	8	9	10
P	0.2	0.6	0.2

X_2	8	9	10
P	0.1	0.6	0.2

试求 $D(X_1),D(X_2)$。

　　解　$E(X_1)=8\times0.2+9\times0.6+10\times0.2=9$

　　　　$E(X_2)=8\times0.1+9\times0.8+10\times0.1=9$

　　　　$D(X_1)=(8-9)^2\times0.2+(9-9)^2\times0.6+(10-9)^2\times0.2=0.4$

　　　　$D(X_2)=(8-9)^2\times0.1+(9-9)^2\times0.8+(10-9)^2\times0.1=0.2$

　　在计算方差时,用下面公式有时更为简便:

$$D(X)=E(X^2)-E^2(X) \tag{4.15}$$

即 X 的方差等于 X^2 的期望减去 X 的期望的平方。

　　证明　利用期望的性质证明。因为

$$[X-E(X)]^2=X^2-2XE(X)+E^2(X)$$

由于 $E(X)$ 是一个常数,有

$$\begin{aligned}
D(X)&=E[X-E(X)]^2=E[X^2-2XE(X)+E^2(X)]\\
&=E(X^2)-2E(X)E(X)+E^2(X)\\
&=E(X^2)-E^2(X)
\end{aligned}$$

　　当 X 是离散型随机变量时,

$$D(X)=\sum_i x_i^2 p_i-\left(\sum_i x_i p_i\right)^2 \tag{4.16}$$

　　当 X 是连续型随机变量时,

$$D(X)=\int_{-\infty}^{+\infty}x^2 f(x)\mathrm{d}x-\left[\int_{-\infty}^{+\infty}x f(x)\mathrm{d}x\right]^2 \tag{4.17}$$

　　【例 4-12】 设随机变量 X 的期望 $E(X)=2$,方差 $D(X)=4$,求 $E(X^2)$。

　　解　由式(4.15)有

$$D(X)=E(X^2)-E^2(X)$$

已知 $E(X)=2,D(X)=4$,得

$$E(X^2)=D(X)+E^2(X)=4+4=8$$

　　【例 4-13】 设 X 的概率密度为

$$f(x)=\begin{cases}1+x, & -1\leqslant x<0,\\ 1-x, & 0\leqslant x<1,\\ 0, & \text{其他}\end{cases}$$

试求 $D(X)$。

　　解　由于 $D(X)=E(X^2)-E^2(X)$,有

$$E(X)=\int_{-1}^0 x(1+x)\mathrm{d}x+\int_0^1 x(1-x)\mathrm{d}x=0$$

$$E(X^2)=\int_{-1}^0 x^2(1+x)\mathrm{d}x+\int_0^1 x^2(1-x)\mathrm{d}x=\frac{1}{6}$$

从而

$$D(X)=E(X^2)-E^2(X)=\frac{1}{6}-0=\frac{1}{6}$$

4.2.2　常见随机变量的方差

1. 0−1 分布

设 X 的分布律为

X	0	1
P	$1-p$	p

其中 $0<p<1$,则 X 的方差 $D(X)=p(1-p)$。

因为
$$D(X)=E(X^2)-E^2(X)$$
而
$$E(X^2)=0^2\times(1-p)+1^2\times p=p,\quad E(X)=p,$$
故
$$D(X)=p-p^2=p(1-p)$$

2. 二项分布

设 $X\sim B(n,p)$,其分布律为
$$P\{X=i\}=C_n^i p^i q^{n-i}\quad (i=0,1\cdots n),0<p<1,q=1-p$$
则 X 的方差 $D(X)=npq$。

因为
$$E(X)=np$$
$$E(X^2)=\sum_{i=0}^n i^2 C_n^i p^i q^{n-i}=\sum_{i=0}^n [i(i-1)+i]C_n^i p^i q^{n-i}$$
$$=\sum_{i=0}^n i(i-1)C_n^i p^i q^{n-i}+\sum_{i=0}^n i C_n^i p^i q^{n-i}$$
$$=n(n-1)p^2\sum_{k=2}^n \frac{(n-2)!}{(k-2)!(n-k)!}p^{k-2}q^{(n-2)-(k-2)}+np$$
$$=n(n-1)p^2(p+q)^{n-2}+np=n(n-1)p^2+np$$
所以 $D(X)=E(X^2)-E^2(X)=npq$。

【例 4-14】 已知随机变量 X 服从二项分布,且 $E(X)=2.4,D(X)=1.44$,求二项分布 n,p。

解　因为 $E(X)=np,D(X)=npq$。
由已知 $E(X)=2.4,D(X)=1.44$,即
$$\begin{cases} np=2.4, \\ npq=1.44 \end{cases}$$
得 $n=0.6,p=0.4$。

3. 泊松分布

设 $X\sim P(\lambda)$,其分布律为
$$P\{X=i\}=\frac{\lambda^i e^{-\lambda}}{i!}\quad (i=0,1,\cdots)$$
则 X 的方差
$$D(X)=\lambda$$

因为
$$E(X) = \lambda$$
$$E(X^2) = \sum_{i=1}^{\infty} i^2 \frac{\lambda^i e^{-\lambda}}{i!} = \sum_{i=1}^{\infty} i \frac{\lambda^i e^{-\lambda}}{(i-1)!}$$
$$\xlongequal{\diamondsuit k = i-1} \lambda \sum_{k=0}^{\infty} (k+1) \frac{\lambda^k e^{-\lambda}}{k!} = \lambda \sum_{k=0}^{\infty} k \frac{\lambda^k e^{-\lambda}}{k!} + \lambda \sum_{k=0}^{\infty} \frac{\lambda^k e^{-\lambda}}{k!} = \lambda^2 + \lambda$$

所以
$$D(X) = \lambda^2 + \lambda - \lambda^2 = \lambda$$

表明泊松分布的方差和期望在数值上是相等的,皆为 λ。

【例 4-15】设随机变量 X 服从参数为 λ 的泊松分布,且 $P\{X=1\}=P\{X=2\}$,求 $D(X)$。

解 由已知
$$P\{X=1\} = \lambda e^{-\lambda} = P\{X=2\} = \frac{\lambda^2}{2!} e^{-\lambda}$$

得 $\lambda = 2$,又因为 $D(X) = \lambda$,所以
$$D(X) = 2$$

4. 均匀分布

设随机变量 X 在区间 $[a,b]$ 上服从均匀分布,其概率密度为
$$f(x) = \begin{cases} \dfrac{1}{b-a}, & a \leqslant x \leqslant b \\ 0, & \text{其他} \end{cases}$$

已知 $E(X) = \dfrac{a+b}{2}$,又
$$E(X^2) = \int_{-\infty}^{+\infty} x^2 f(x) \, dx = \int_{a}^{b} x^2 \frac{1}{b-a} \, dx$$
$$= \frac{1}{b-a} \cdot \frac{1}{3} x^3 \bigg|_{a}^{b} = \frac{1}{3}(a^2 + ab + b^2)$$

所以
$$D(X) = E(X^2) - E^2(X) = \frac{1}{3}(a^2 + ab + b^2) - \frac{1}{4}(a+b)^2 = \frac{1}{12}(b-a)^2$$

5. 指数分布

设随机变量 X 服从参数为 θ 的指数分布,其概率密度为
$$f(x) = \begin{cases} \theta e^{-\theta x}, & x > 0, \\ 0, & x \leqslant 0 \end{cases}$$

则 X 方差为 $D(X) = \dfrac{1}{\theta^2}$。

已知 $E(X) = \dfrac{1}{\theta}$,又
$$E(X^2) = \int_{-\infty}^{+\infty} x^2 f(x) \, dx = \int_{0}^{+\infty} x^2 \theta e^{-\theta x} \, dx$$
$$= -\int_{0}^{+\infty} x^2 \, d e^{-\theta x} = -x^2 e^{-\theta x} \bigg|_{0}^{+\infty} + 2 \int_{0}^{+\infty} x e^{-\theta x} \, dx$$
$$= 0 + \frac{2}{\theta} \int_{0}^{+\infty} x \theta e^{-\theta x} \, dx = \frac{2}{\theta} \cdot \frac{1}{\theta} = \frac{2}{\theta^2}$$

所以

$$D(X) = E(X^2) - E^2(X) = \frac{2}{\theta^2} - \frac{1}{\theta^2} = \frac{1}{\theta^2}$$

6. 正态分布

设随机变量 X 服从正态分布 $X \sim N(\mu, \sigma^2)$，其概率密度函数为

$$f(x) = \frac{1}{\sqrt{2\pi}\sigma} e^{-\frac{(x-u)^2}{2\sigma^2}}, \quad -\infty < x < +\infty,$$

则 X 的方差为 $D(X) = \sigma^2$。

由于 $E(X) = \mu$，根据方差的定义有

$$D(X) = \int_{-\infty}^{+\infty} (x - \mu)^2 \frac{1}{\sqrt{2\pi}\sigma} e^{-\frac{(x-\mu)^2}{2\sigma^2}} dx$$

令 $\dfrac{x-\mu}{\sigma} = y$，并利用概率密度的性质知 $\int_{-\infty}^{+\infty} f(x) dx = 1$，得

$$D(X) = \int_{-\infty}^{+\infty} \frac{\sigma^2}{\sqrt{2\pi}} y^2 e^{\frac{-y^2}{2}} dy = -\int_{-\infty}^{+\infty} \frac{\sigma^2}{\sqrt{2\pi}} y d e^{\frac{-y^2}{2}}$$

$$= -\frac{\sigma^2}{\sqrt{2\pi}} \left(y e^{\frac{-y^2}{2}} \right) \Big|_{-\infty}^{+\infty} + \int_{-\infty}^{+\infty} \frac{\sigma^2}{\sqrt{2\pi}} e^{-\frac{y^2}{2}} dy = 0 + \sigma^2 \int_{-\infty}^{+\infty} \frac{1}{\sqrt{2\pi}} e^{-\frac{y^2}{2}} dy = \sigma^2$$

由此可见，正态分布 $X \sim N(\mu, \sigma^2)$ 的两个参数是两个正态分布的期望和方差。

【例 4-16】 设 (X, Y) 的概率密度为

$$f(x, y) = \begin{cases} 1, & 0 < x < 1, |y| < x, \\ 0, & \text{其他} \end{cases}$$

试求 $E(X), E(Y), D(X), D(Y)$。

解：

$$E(X) = \int_0^1 x dx \int_{-x}^x 1 \cdot dy = \int_0^1 2x^2 dx = \frac{2}{3}$$

$$E(X^2) = \int_0^1 x^2 dx \int_{-x}^x 1 \cdot dy = \int_0^1 2x^3 dx = \frac{1}{2}$$

$$E(Y) = \int_0^1 dx \int_{-x}^x y dy = 0$$

$$E(Y^2) = \int_0^1 dx \int_{-x}^x y^2 dy = \int_0^1 \frac{2x^3}{3} dx = \frac{1}{6}$$

$$D(X) = E(X^2) - E^2(X) = \frac{1}{2} - \frac{4}{9} = \frac{1}{18}$$

$$D(Y) = E(Y^2) - E^2(Y) = \frac{1}{6} - 0 = \frac{1}{6}$$

【例 4-17】 设 (X, Y) 服从在 D 上的均匀分布，其中 D 由 x 轴、y 轴及 $x + y = 1$ 所围成，试求 $D(X)$。

解

$$E(X) = \int_0^1 \int_0^{1-x} 2x dy dx = \int_0^1 (2x - 2x^2) dx = 1 - \frac{2}{3} = \frac{1}{3}$$

$$E(X^2) = \int_0^1 \int_0^{1-x} 2x^2 dy dx = \int_0^1 (2x^2 - 2x^3) dx = \frac{2}{3} - \frac{1}{2} = \frac{1}{6}$$

$$D(X) = \frac{1}{6} - \frac{1}{9} = \frac{1}{18}$$

4.2.3　方差的性质

设随机变量 X, Y 的数学期望 $D(X), D(Y)$ 均存在,则

(1) 常数的方差等于零,即若 C 为常数,则 $D(C) = 0, D(X+C) = D(X)$;

(2) 若 C 为常数,则有 $D(CX) = C^2 D(X)$;

(3) 随机变量 X 与 Y 相互独立,则有 $D(X+Y) = D(X) + D(Y)$。

证　(1) 由数学期望的性质(1)得

$$D(C) = E\left[C - E(C)\right]^2 = E\left(C - C\right)^2 = E(0) = 0$$

$$D(X+C) = E\left[(X+C) - E\left(X+C\right)\right]^2 = E\left[X + C - E(X) - C\right]^2$$
$$= E\left[(X - E(X))\right]^2 = D(X)$$

(2) 利用数学期望的性质(2)得

$$D(CX) = E\left[CX - E(CX)\right]^2 = E\left[CX - CE(X)\right]^2$$
$$= E\left\{C^2\left[X - E(X)\right]^2\right\}$$
$$= C^2 E\left[X - E(X)\right]^2 = C^2 D(X)$$

(3) 利用数学期望的性质(2)与性质(4)得

$$D(X+Y) = E\left[X + Y - E(X+Y)\right]^2 = E\left\{\left[X - E(X)\right] + \left[Y - E(Y)\right]\right\}^2$$
$$= E\left[X - E(X)^2\right] + E\left[Y - E(Y)\right]^2 + 2E\left\{\left[X - E(X)\right]\left[Y - E(Y)\right]\right\}$$
$$= E\left[X - E(X)\right]^2 + E\left[Y - E(Y)\right]^2 +$$
$$2E\left[XY - XE(Y) - YE(X) + E(X)E(Y)\right]$$
$$= E\left[X - E(X)\right]^2 + E\left[Y - E(Y)\right]^2 + 2\left[E(XY) - E(X)E(Y)\right]$$

因为 X 与 Y 相互独立,有 $E(XY) = E(X)E(Y)$,因而上式有

$$D(X+Y) = D(X) + D(Y)$$

这一性质也可推广到 n 个相互独立的随机变量情形:若 $X_1, X_2, \cdots, X_n$ 相互独立,则

$$D(X_1 + X_2 + \cdots + X_n) = D(X_1) + D(X_2) + \cdots + D(X_n)$$

【例 4 - 18】设 $X_1, X_2, \cdots, X_n$ 相互独立,$E(X_i) = \mu, D(X_i) = \sigma^2 (i = 1, 2, \cdots, n)$,求 $Y = \frac{1}{n}\sum_{i=1}^{n} X_i$ 的期望和方差。

解　　　　$$E(Y) = E\left(\frac{1}{n}\sum_{i=1}^{n} X_i\right) = \frac{1}{n}\sum_{i=1}^{n} E(X_i) = \frac{1}{n} \cdot n\mu = \mu$$

$$D(X) = D\left(\frac{1}{n}\sum_{i=1}^{n} X_i\right) = \frac{1}{n^2}D\left(\sum_{i=1}^{n} X_i\right) = \frac{1}{n^2}\sum_{i=1}^{n} D(X_i) = \frac{1}{n^2} \cdot n\sigma^2 = \frac{\sigma^2}{n}$$

【例 4 - 19】设随机变量 X, Y 相互独立,$D(X) = 8, D(Y) = 6$,试求 $D(X - 2Y)$。

解　由方差的性质可知

$$D(X - 2Y) = D(X) + D(-2Y) = D(X) + (-2)^2 D(Y) = 32$$

几种重要的随机变量的分布及其数字特征汇总于表 4.1。

表 4.1　几种重要的随机变量的分布及其数字特征

重要的随机变量的分布	分布律或概率密度	期　望	方　差
0-1 分布 $B(1,p)$	$P\{X=0\}=q,P\{X=1\}=p;$ $0<p<1,q=1-p$	p	$p(1-p)$
二项分布 $B(n,p)$	$P\{X=k\}=C_n^k p^k q^{n-k},$ $k=0,1,2,\cdots,n,0<p<1,q=1-p$	np	$np(1-p)$
泊松分布 $P(\lambda)$	$P\{X=k\}=\dfrac{\lambda^k e^{-\lambda}}{k!},k=0,1,2,\cdots,\lambda>0$	λ	λ
均匀分布 $U(a,b)$	$f(x)=\begin{cases}\dfrac{1}{b-a},&a\leqslant x\leqslant b,\\0,&\text{其他}\end{cases}$	$\dfrac{a+b}{2}$	$\dfrac{(b-a)^2}{12}$
指数分布 $e(\lambda)$	$f(x)=\begin{cases}\lambda e^{-\lambda x},&x>0,\\0,&x\leqslant 0\end{cases},\lambda>0$	$\dfrac{1}{\lambda}$	$\dfrac{1}{\lambda^2}$
正态分布 $N(\mu,\sigma^2)$	$f(x)=\dfrac{1}{\sqrt{2\pi}\sigma}e^{-\frac{(x-\mu)^2}{2\sigma^2}},\quad\sigma>0$	μ	σ^2

习　题

1. 设离散型随机变量 X 的分布律为

X	-1	0	0.5	1	2
P	0.1	0.5	0.1	0.1	0.2

试求 $E(X),D(X)$.

2. 某班级有 60 人,其中有男生 38 人、女生 22 人,从中任意选 3 人,求选到女生的期望和方差.

3. 设随机变量 X 的概率密度为

$$f_x(x)=\frac{1}{2}e^{-|x|},\ -\infty<x<+\infty,$$

试求 $E(X),D(X)$.

4. 设随机变量 X 的概率密度为

$$f(x)=\begin{cases}a\sqrt{x},&0\leqslant x\leqslant 1,\\0,&\text{其他}.\end{cases}$$

试求 a 及 $D(X)$.

5. 设随机变量 X、Y 相互独立,它们的概率密度分别为

$$f_X(x)=\begin{cases}5e^{-5x},&x>0,\\0,&x\leqslant 0,\end{cases}\qquad f_Y(y)=\begin{cases}\dfrac{1}{4},&0<y<1,\\0,&y\leqslant 0.\end{cases}$$

试求 $D(X+Y), D(3X-2Y)$.

6. 若连续型随机变量 X 的概率密度为

$$f_X(x) = \begin{cases} ax^2 + bx + c, & 0 < x < 1, \\ 0, & \text{其他} \end{cases}$$

且 $E(X)=0.5, D(X)=0.15$, 求 (1) 常数 a, b, c; (2) $P\{-5 < x < 0.5\}$.

4.3　协方差与相关系数

对于二维随机变量 (X, Y), 除了讨论 X 与 Y 的期望和方差外, 还需要讨论 X 与 Y 之间相互关系的数字特征。

4.3.1　协方差

定义 4.4　设有二维随机变量 (X, Y), 且 $E(X)$、$E(Y)$ 存在, 如果 $E\{[X-E(X)][Y-E(Y)]\}$ 存在, 则称此值为 X 与 Y 的协方差, 记为 $\mathrm{Cov}(X, Y)$, 即

$$\mathrm{Cov}(X, Y) = E\{[X-E(X)][Y-E(Y)]\} \tag{4.18}$$

当 (X, Y) 为二维随机离散型随机变量时, 其分布律为

$$p_{ij} = P\{X=x_i, Y=y_j\} \quad i=1,2,\cdots; j=1,2,\cdots$$

则

$$\mathrm{Cov}(X, Y) = \sum_i \sum_j [x_i - E(X)][y_j - E(Y)] p_{ij} \tag{4.19}$$

当 (X, Y) 为二维连续型随机变量时, $f(x, y)$ 为 (X, Y) 的概率密度, 则

$$\mathrm{Cov}(X, Y) = \int_{-\infty}^{+\infty} \int_{-\infty}^{+\infty} [x - E(X)][y - E(Y)] f(x, y) \mathrm{d}x \mathrm{d}y \tag{4.20}$$

协方差有下列计算公式：

$$\mathrm{Cov}(X, Y) = E(XY) - E(X)E(Y) \tag{4.21}$$

证明　$\mathrm{Cov}(X, Y) = E\{[X-E(X)][Y-E(Y)]\}$

$$= E[XY - XE(Y) - YE(X) + E(X)E(Y)]$$

$$= E(XY) - E(X)E(Y) - E(Y)E(X) + E(X)E(Y)$$

$$= E(XY) - E(X)E(Y)$$

此公式是计算协方差的重要公式, 特别地取 $X=Y$, 有

$$\mathrm{Cov}(X, Y) = E(XY) - E(X)E(Y)$$

$$= E(X^2) - E(X)E(X) = D(X)$$

【例 4-20】设 (X, Y) 的密度函数为

$$f(x, y) = \begin{cases} 6x, & 0 \leqslant x \leqslant y \leqslant 1, \\ 0, & \text{其他} \end{cases}$$

求 $\mathrm{Cov}(X, Y)$。

解　由题意有

$$f_X(x) = \int_{-\infty}^{+\infty} f(x,y)\,\mathrm{d}y = \int_x^1 6x\,\mathrm{d}y = 6x(1-x)$$

$$f_Y(y) = \int_{-\infty}^{+\infty} f(x,y)\,\mathrm{d}y = \int_0^y 6x\,\mathrm{d}x = 3y^2$$

$$E(X) = \int_{-\infty}^{+\infty} xf_X(x)\,\mathrm{d}x = \int_0^1 x6x(1-x)\,\mathrm{d}x = (2x^3 - 1.5x^4)\Big|_0^1 = \frac{1}{2}$$

$$E(Y) = \int_{-\infty}^{+\infty} yf_Y(y)\,\mathrm{d}y = \int_0^1 y3y^2\,\mathrm{d}y = \frac{3}{4}y^4\Big|_0^1 = \frac{3}{4}$$

$$E(XY) = \int_{-\infty}^{+\infty}\int_{-\infty}^{+\infty} f(x,y)xy\,\mathrm{d}y\,\mathrm{d}x = \int_0^1\int_x^1 6x\cdot xy\,\mathrm{d}y\,\mathrm{d}x$$

$$= \int_0^1 (3x^2 - 3x^4)\,\mathrm{d}x = 1 - \frac{3}{5} = \frac{2}{5}$$

则

$$\mathrm{Cov}(X,Y) = E(XY) - E(X)E(Y) = \frac{2}{5} - \frac{1}{2}\times\frac{3}{4} = \frac{1}{40}$$

【例 4-21】设二维连续型随机变量的概率密度

$$f(x,y) = \begin{cases} \dfrac{1}{8}(x+y), & 0\leqslant x\leqslant 2,\, 0\leqslant y\leqslant 2, \\ 0, & \text{其他} \end{cases}$$

求 $\mathrm{Cov}(X,Y)$。

解

$$E(X) = \int_0^2 x\left[\int_0^2 \frac{1}{8}(x+y)\,\mathrm{d}y\right]\mathrm{d}x = \frac{7}{6}$$

$$E(Y) = \int_0^2 \left[\int_0^2 y\cdot\frac{1}{8}(x+y)\,\mathrm{d}y\right]\mathrm{d}x = \frac{7}{6}$$

$$E(XY) = \int_0^2 xy\left[\int_0^2 \frac{1}{8}(x+y)\,\mathrm{d}y\right]\mathrm{d}x = \frac{4}{3}$$

$$\mathrm{Cov}(X,Y) = E(XY) - E(X)E(Y) = \frac{4}{3} - \frac{7}{6}\times\frac{7}{6} = -\frac{1}{36}$$

协方差具有下列性质：

(1) $\mathrm{Cov}(X,Y) = \mathrm{Cov}(Y,X)$；

(2) $\mathrm{Cov}(aX,bY) = ab\mathrm{Cov}(X,Y)$，其中 a,b 为任意常数；

(3) $\mathrm{Cov}(X_1+X_2,Y) = \mathrm{Cov}(X_1,Y) + \mathrm{Cov}(X_2,Y)$；

(4) 若 X 与 Y 相互独立，则 $\mathrm{Cov}(X,Y) = 0$。

下面选择性质(2)和性质(4)加以证明。

证明 性质(2)：

$$\mathrm{Cov}(aX,bY) = E(aXbY) - E(aX)E(bY)$$

$$= abE(XY) - abE(X)E(Y)$$

$$= ab[E(XY) - E(X)E(Y)] = ab\mathrm{Cov}(X,Y)$$

性质(4)：由于 X 与 Y 相互独立，则

$$E(XY) = E(X)E(Y)$$

$$\mathrm{Cov}(X,Y) = E(XY) - E(X)E(Y)$$

$$= E(X)E(Y) - E(X)E(Y) = 0$$

4.3.2　相关系数

定义 4.5　若 $D(X)>0,D(Y)>0$，称 $\dfrac{\mathrm{Cov}(X,Y)}{\sqrt{D(X)}\sqrt{D(Y)}}$ 为 X 与 Y 的相关系数，记为 ρ_{xy}，即

$$\rho_{xy}=\frac{\mathrm{Cov}(X,Y)}{\sqrt{D(X)}\sqrt{D(Y)}}$$

【例 4-22】设随机变量有 $D(X)=16,D(Y)=36,\mathrm{Cov}(X,Y)=12$，求相关系数 ρ_{xy}。

解

$$\rho_{xy}=\frac{\mathrm{Cov}(X,Y)}{\sqrt{D(X)}\sqrt{D(Y)}}=\frac{12}{\sqrt{16}\sqrt{36}}=\frac{12}{4\times6}=0.5$$

相关系数具有以下性质：

(1) $|\rho_{xy}|\leqslant1$；

(2) $|\rho_{xy}|=1$ 的充分必要条件是存在常数 a,b，使 $P\{Y=aX+b\}=1$ 且 $a\neq0$。

两个随机变量的相关系数是两个随机变量间线性联系密切程度的度量。$|\rho_{xy}|$ 越接近 1，X 与 Y 之间的线性关系越密切。当 $|\rho_{xy}|=1$ 时，Y 与 X 存在完全的线性关系，即 $Y=aX+b$；当 $\rho_{xy}=0$ 时，X 与 Y 之间无线性关系。

定义 4.6　若相关系数 $\rho_{xy}=0$，则称 X 与 Y 不相关。

很明显，当 $D(X)>0,D(Y)>0$ 时，随机变量 X 与 Y 不相关的充分必要条件是 $\mathrm{Cov}(X,Y)=0$。

若随机变量 X 与 Y 相互独立，则 $\mathrm{Cov}(X,Y)=0$，因此 X 与 Y 不相关；反之，随机变量 X 与 Y 不相关，但 X 与 Y 不一定相互独立。

若二维随机变量 (X,Y) 服从二维正态分布 $N(\mu_1,\mu_2;\sigma_1^2,\sigma_2^2;\rho)$，可以证明 X 与 Y 的相关系数 $\rho_{xy}=\rho$，从而 X 与 Y 不相关的充分必要条件是 X 与 Y 相互独立。因为 X 与 Y 不相关和 X 与 Y 相互独立都等价于 $\rho=0$。

【例 4-23】随机变量 (X,Y) 的分布律为

Y\X	−1	1
−1	0.25	0.5
1	0	0.25

求：$E(X),E(Y),D(X),D(Y),\mathrm{Cov}(X,Y),\rho_{xy}$。

解　X 与 Y 的分布律分别为

X	−1	1
P	0.25	0.75

Y	−1	1
P	0.75	0.25

$$E(X)=-1\times0.25+1\times0.75=0.5$$
$$E(X^2)=(-1)^2\times0.25+1^2\times0.75=1$$
$$D(X)=E(X^2)-E^2(X)=1-0.25=0.75$$

$$E(Y) = -1 \times 0.75 + 1 \times 0.25 = -0.5$$

$$E(Y^2) = (-1)^2 \times 0.75 + 1^2 \times 0.25 = 1$$

$$D(Y) = E(Y^2) - E^2(Y) = 1 - 0.25 = 0.75$$

$$E(XY) = -1 \times (-1) \times 0.25 + 1 \times (-1) \times 0.5 + 1 \times 1 \times 0.25 = 0$$

$$\mathrm{Cov}(X,Y) = E(XY) - E(X)E(Y) = 0.25$$

$$\rho_{xy} = \frac{\mathrm{Cov}(X,Y)}{\sqrt{D(X)}\,\sqrt{D(Y)}} = \frac{0.25}{\sqrt{0.75}\,\sqrt{0.75}} = \frac{1}{3}$$

【例 4-24】设 (X,Y) 的密度函数为

$$f(x,y) = \begin{cases} 6x, & 0 \leqslant x \leqslant y \leqslant 1, \\ 0, & \text{其他} \end{cases}$$

求：$E(X),E(Y),D(X),D(Y),\mathrm{Cov}(X,Y),\rho_{xy}$。

解 由题意有随机变量 X、Y 的边缘密度分别为

$$f_X(x) = \int_{-\infty}^{+\infty} f(x,y)\mathrm{d}y = \int_x^1 6x\,\mathrm{d}y = 6x(1-x)$$

$$f_Y(y) = \int_{-\infty}^{+\infty} f(x,y)\mathrm{d}y = \int_0^y 6x\,\mathrm{d}x = 3y^2$$

$$E(X) = \int_{-\infty}^{+\infty} x f_X(x)\mathrm{d}x = \int_0^1 x 6x(1-x)\mathrm{d}x = (2x^3 - 1.5x^4)\Big|_0^1 = \frac{1}{2}$$

$$E(X^2) = \int_{-\infty}^{+\infty} x^2 f_X(x)\mathrm{d}x = \int_0^1 x^2 6x(1-x)\mathrm{d}x = \frac{3}{10}$$

$$E(Y) = \int_{-\infty}^{+\infty} y f_Y(y)\mathrm{d}y = \int_0^1 y 3y^2\mathrm{d}y = \frac{3}{4}y^4\Big|_0^1 = \frac{3}{4}$$

$$E(Y^2) = \int_{-\infty}^{+\infty} y^2 f_Y(y)\mathrm{d}y = \int_0^1 y^2 3y^2\mathrm{d}y = \frac{3}{5}$$

$$E(XY) = \int_{-\infty}^{+\infty}\int_{-\infty}^{+\infty} f(x,y)xy\mathrm{d}y\mathrm{d}x = \int_0^1\int_x^1 6xxy\mathrm{d}y\mathrm{d}x$$

$$= \int_0^1 (3x^2 - 3x^4)\mathrm{d}x = 1 - \frac{3}{5} = \frac{2}{5}$$

$$D(X) = E(X^2) - E^2(X) = \frac{3}{10} - \frac{1}{4} = \frac{1}{20}$$

$$D(Y) = E(Y^2) - E^2(Y) = \frac{3}{5} - \frac{9}{16} = \frac{3}{80}$$

$$\mathrm{Cov}(X,Y) = E(XY) - E(X)E(Y) = \frac{2}{5} - \frac{1}{2} \times \frac{3}{4} = \frac{1}{40}$$

$$\rho_{xy} = \frac{\mathrm{Cov}(X,Y)}{\sqrt{D(X)}\,\sqrt{D(Y)}} = \frac{1/40}{\sqrt{1/20}\,\sqrt{3/80}} = \frac{\sqrt{3}}{3}$$

【例 4-25】证明 $D(X+Y) = D(X) + D(Y) + 2\mathrm{Cov}(X,Y)$。

证明
$$\begin{aligned}
D(X+Y) &= E\left[(X+Y) - E(X+Y)\right]^2 \\
&= E\left\{[X-E(X)] + [Y-E(Y)]\right\}^2 \\
&= E\left\{[X-E(X)]^2\right\} + E\left\{[Y-E(Y)]^2\right\} + \\
&\quad 2E[X-E(X)]E[Y-E(Y)]
\end{aligned}$$

$$= D(X) + D(Y) + 2\text{Cov}(X, Y)$$

【例 4 - 26】已知 $D(X) = 25$，$D(Y) = 36$，$\rho_{xy} = 0.4$，求 $D(X - Y)$。

解　由 $D(X) = 25$，$D(Y) = 36$，$\rho_{xy} = 0.4$，得

$$\text{Cov}(X, Y) = \rho_{xy}\sqrt{D(X)}\sqrt{D(Y)} = 0.4\sqrt{25}\sqrt{36} = 12$$

$$D(X - Y) = D(X) + D(-Y) + 2\text{Cov}(X, -Y)$$

$$= D(X) + (-1)^2 D(Y) - 2\text{Cov}(X, Y)$$

$$= 25 + 36 - 2 \times 12 = 37$$

4.3.3　矩

数学期望和方差可以纳入一个更一般的概念范畴中，那就是随机变量的矩。

定义 4.7　设 X 为随机变量，k 为正整数，如果 $E(X^k)$ 存在，则称 $E(X^k)$ 为 X 的 k 阶原点矩，记为 v_k，即

$$v_k = E(X^k)$$

如果 $E[X - E(X)]^k$ 存在，则称 $E[X - E(X)]^k$ 为 X 的 k 阶中心矩，记为 μ_k，即

$$\mu_k = E[X - E(X)]^k$$

当 X 为离散型随机变量时，设其概率密度分布律为 $P\{X = x_i\} = p_i (i = 1, 2, \cdots)$，则

$$v_k = E(X^k) = \sum_i x_i^k p_i$$

$$\mu_k = E[X - E(X)]^k = \sum_i [x_i - E(X)^k] p_i$$

当 X 为连续型随机变量时，其概率密度为 $f(x)$，则

$$v_k = E(X^k) = \int_{-\infty}^{+\infty} x^k f(x) \mathrm{d}x$$

$$\mu_k = E[X - E(X)]^k = \int_{-\infty}^{+\infty} [x - E(X)]^k f(x) \mathrm{d}x$$

显然，一阶原点矩就是数学期望 $E(X)$，二阶中心矩就是方差 $D(X)$。

定义 4.8　设 X、Y 为随机变量，若 $E(X^k Y^l)(k = 1, 2, \cdots, l = 1, 2, \cdots)$ 存在，则称它为 X 和 Y 的 $k + l$ 阶混合原点矩；若 $E\{[X - E(X)]^k [Y - E(Y)]^l\}$ 存在，则称它为 X 和 Y 的 $k + l$ 阶混合中心矩。

可见，协方差 $\text{Cov}(X, Y)$ 是 X、Y 的二阶混合中心矩。

习　题

1. 设二维连续随机变量 (X, Y) 的概率密度为

$$f(x, y) = \begin{cases} 12\mathrm{e}^{-(2x+3y)}, & x > 0, y > 0, \\ 0, & \text{其他}. \end{cases}$$

求：$E(X), E(Y), D(X), D(Y), \text{Cov}(X, Y), \rho_{xy}$.

2. 设二维连续随机变量 (X, Y) 的概率密度为

$$f(x, y) = \begin{cases} \mathrm{e}^{-y}, & 0 < x < y, \\ 0, & \text{其他}. \end{cases}$$

求：$E(X), E(Y), D(X), D(Y), \text{Cov}(X, Y), \rho_{xy}$.

3. 设二维连续随机变量 (X, Y) 的概率密度为

$$f(x,y)=\begin{cases}4xy, & 0<x<1,0<y<1,\\ 0, & 其他.\end{cases}$$

求$:E(X),E(Y),D(X),D(Y),\mathrm{Cov}(X,Y),\rho_{xy}.$

4. 设二维连续随机变量(X,Y)服从二维正态分布,且$E(X)=0,E(Y)=0,D(X)=16,$$D(Y)=25,\mathrm{Cov}(X,Y)=12,$求$(X,Y)$的联合概率密度函数$f(x,y).$

本章小结

本章主要讨论随机变量的数字特征。数字特征有效地揭示了随机变量某个侧面的特性,对于它的讨论将有助于对随机变量取值规律及本质特征的深入了解。本章应该掌握如下知识点。

(1) 数字特征中最基本的就是数学期望,由于概率的特性又分为离散型随机变量和连续型随机变量,其计算公式如下:

① 离散型一维随机变量为$E(X)=\sum\limits_{i=1}^{n}x_ip_i$,二维随机变量为

$$E(X)=\sum_{i=1}^{n}\sum_{j=1}^{m}x_ip_{ij}, \quad E(Y)=\sum_{i=1}^{n}\sum_{j=1}^{m}y_ip_{ij}$$

② 连续型一维随机变量为$E(X)=\int_{-\infty}^{+\infty}xf(x)\mathrm{d}x$,二维随机变量为

$$E(X)=\int_{-\infty}^{+\infty}\int_{-\infty}^{+\infty}xf(x,y)\mathrm{d}x\,\mathrm{d}y, \quad E(Y)=\int_{-\infty}^{+\infty}\int_{-\infty}^{+\infty}yf(x,y)\mathrm{d}x\,\mathrm{d}y$$

同时我们应该掌握随机变量期望的性质。

(2) 随机变量方差的定义、计算,掌握公式$D(X)=E(X^2)-E^2(X)$,同时掌握方差的性质。

(3) 二维随机变量协方差为

$$\mathrm{Cov}(X,Y)=E\{[X-E(X)][Y-E(Y)]\}$$

相关系数为

$$\rho_{xy}=\frac{\mathrm{Cov}(X,Y)}{\sqrt{D(X)}\,\sqrt{D(Y)}}$$

掌握协方差与相关系数的性质,知道协方差和相关系数均是随机变量间线性联系密切程度的度量,会求相关系数。

复习题

1. 选择题:

(1) 设X是一随机变量,x_0为任意实数,$E(X)$是X的数学期望,则(　　).

A. $E(X-x_0)^2=E[X-E(X)]^2$ 　　　　　　B. $E(X-x_0)^2\geqslant E[X-E(X)]^2$

C. $E(X-x_0)^2<E[X-E(X)]^2$ 　　　　　　D. $E(X-x_0)^2=0$

(2) 设随机变量服从参数为的泊松分布,则$D^2(kx)\cdot E(X)=(\quad)$.

A. $k^2\lambda^2$ 　　　　B. $k^2\lambda^3$ 　　　　C. $k^4\lambda^2$ 　　　　D. $k^4\lambda^3$

(3) 设随机变量 X 服从参数为 0.5 的指数分数,则下列各项中正确的是(　　).

A. $E(X)=0.5,D(X)=0.25$　　　　B. $E(X)=2,D(X)=4$

C. $E(X)=0.5,D(X)=4$　　　　D. $E(X)=2,D(X)=0.25$

(4) 已知 $D(X)=25,D(Y)=1,\rho_{xy}=0.4$,则 $D(X-Y)=(\quad)$.

A. 6　　　　　B. 22　　　　　C. 30　　　　　D. 46

(5) 设二维随机变量 $(X,Y)\sim N\left(1,1;4,9;\dfrac{1}{2}\right)$,则 $\mathrm{Cov}(X,Y)=(\quad)$.

A. $\dfrac{1}{2}$　　　　B. 3　　　　　C. 18　　　　　D. 36

2. 填空题

(1) 若二维随机变量 $(X,Y)\sim N(\mu_1,\mu_2;\sigma_1^2,\sigma_2^2;\rho)$,且 X 与 Y 相互独立,则 $\rho=$_____.

(2) 已知随机变量 X 服从泊松分布,且 $D(X)=1$,则 $P\{X=1\}=$_____.

(3) 设随机变量 X 服从参数为 4 的泊松分布,$E(X^2)=$_____.

(4) 设 X 为随机变量,且 $E(X)=2,D(X)=4$,则 $E(X^2)=$_____.

(5) 设随机变量 X 与 Y 相互独立,且 $D(X)=16,D(Y)=12$,则 $D(X+3Y)=$_____.

3. 设随机变量 X 的概率密度为

$$f(x)=\begin{cases}\alpha x^{\alpha-1}, & 0<x<1,\\ 0, & 其他.\end{cases}$$

求:$\alpha,E(X),D(X)$.

4. 设随机变量 X 的概率密度为

$$f(x)=\begin{cases}\dfrac{x}{2}, & 0\leqslant x\leqslant 2,\\ 0, & 其他.\end{cases}$$

试求:$(1)E(X),D(X)$;　$(2)D(2-3X)$.

5. 设随机变量 X 的概率密度为

$$f(x)=\begin{cases}3\mathrm{e}^{-3x}, & x>0,\\ 0, & x\leqslant 0.\end{cases}$$

(1)试求 $E(X),D(X)$;　(2)令 $Y=\dfrac{X-E(X)}{\sqrt{D(X)}}$,求 Y 的概率密度 $f_Y(y)$.

6. 设二维连续随机变量 (X,Y) 的概率密度为

$$f(x,y)=\begin{cases}1, & |y|<x,0<y<1,\\ 0, & 其他.\end{cases}$$

求:$E(X),E(Y),D(X),D(Y),\mathrm{Cov}(X,Y),\rho_{xy}$.

7. 设二维随机变量 (X,Y) 的概率密度为

$$f(x,y)=\begin{cases}2, & 0\leqslant x\leqslant 2,0\leqslant y\leqslant x,\\ 0, & 其他.\end{cases}$$

求:$E(X),E(Y),D(X),D(Y),\mathrm{Cov}(X,Y),\rho_{xy}$.

第5章 大数定律和中心极限定理

研究随机变量统计规律性是概率论的基本内涵,大数定律和中心极限定理为我们提供了很好的理论依据。本章主要在引入切比雪夫不等式的基础上,详细解读大数定律和中心极限定理。为符合学生的实际情况,满足部分学生自学的实际需要,本章只讨论其中最基本的内容。

5.1 切比雪夫不等式

为了更好地解决后面的问题及定量讨论的需要,首先引入一个重要的不等式——切比雪夫不等式。

定理 5.1(切比雪夫不等式) 设随机变量 X 具有有限期望 $E(X)$ 和方差 $D(X)$,则对任一正数 ε,有

$$P\left\{|X - E(X)| \geqslant \varepsilon\right\} \leqslant \frac{D(X)}{\varepsilon^2} \tag{5.1}$$

或

$$P\left\{|X - E(X)| < \varepsilon\right\} \geqslant 1 - \frac{D(X)}{\varepsilon^2} \tag{5.2}$$

证明 这里仅就连续型场合来证明式(5.1),设随机变量 X 有分布密度 $p(x)$,于是

$$
\begin{aligned}
P\left\{|X - E(X)| \geqslant \varepsilon\right\} &= \int_{|X-E(X)| \geqslant \varepsilon} \varepsilon p(x)\mathrm{d}x \quad \text{(放大被积函数)} \\
&\leqslant \int_{|X-E(X)| \geqslant \varepsilon} \frac{[x - E(X)]^2}{\varepsilon^2} p(x)\mathrm{d}x \quad \text{(放大积分区域)} \\
&\leqslant \int_{-\infty}^{+\infty} \frac{[x - E(X)]^2}{\varepsilon^2} p(x)\mathrm{d}x \\
&= \frac{1}{\varepsilon^2}\int_{-\infty}^{+\infty} [x - E(X)]^2 p(x)\mathrm{d}x \\
&= \frac{D(X)}{\varepsilon^2}
\end{aligned}
$$

该不等式表明,当方差 $D(X)$ 越来越小时,事件 $\{|X-E(X)| \geqslant \varepsilon\}$ 发生的概率将会变得更小,此时,X 落入 $E(X)$ 的小邻域 $(E(X) - \varepsilon, E(X) + \varepsilon)$ 内的可能性相当大,由此说明,ε 的取值将集中在期望 $E(X)$ 的附近。这正是方差概念的本意。由此也可以说明,当 $D(X)$ 很小时,X 落入 $E(X)$ 的小邻域 $(E(X) - \varepsilon, E(X) + \varepsilon)$ 之外是小概率事件,落入区间 $(E(X) - \varepsilon, E(X) + \varepsilon)$ 之内几乎是必然发生事件。

【例 5-1】某大型住宅小区共有 100 000 盏电灯,每盏灯亮灯的概率为 0.8,求亮灯数在 78 000~82 000 之间的概率。

解 由题意,该分布属于 $X \sim B(100\,000, 0.8)$,由此得出:

$$E(X)=np=100\,000\times0.8=80\,000$$
$$D(X)=npq=100\,000\times0.8\times0.2=16\,000$$

由切比雪夫不等式有：

$$p(78\,000<x<82\,000)=p(|x-80\,000|<2\,000)$$
$$\geq1-\frac{D(X)}{\varepsilon^2}=1-\frac{16\,000}{2\,000^2}=0.996$$

由此可知,该小区亮灯数在 78 000～82 000 之间的概率至少为 0.996。

习　题

1. 选择题：

(1) 设随机变量 X 的方差 $D(X)=2$,则利用切比雪夫不等式估计概率 $P\{|X-E(X)|\geq8\}$ 的值为(　　).

A. $P\{|X-E(X)|\geq8\}\geq\frac{31}{32}$　　　　　B. $P\{|X-E(X)|\geq8\}\leq\frac{1}{32}$

C. $P\{|X-E(X)|\geq8\}\geq\frac{1}{32}$　　　　　D. $P\{|X-E(X)|\geq8\}\leq\frac{31}{32}$

(2) 设随机变量 X 有期望 $E(X)$ 与方差 $D(X)$ 则对任意正数 ε,有(　　).

A. $P\{|X-E(X)|<\varepsilon\}=\frac{D(X)}{\varepsilon^2}$　　　　B. $P\{|X-E(X)|\geq\varepsilon\}\leq1-\frac{D(X)}{\varepsilon^2}$

C. $P\{|X-E(X)|<\varepsilon\}>\frac{D(X)}{\varepsilon^2}$　　　　D. $P\{|X-E(X)|\geq\varepsilon\}\leq\frac{D(X)}{\varepsilon^2}$

2. 已知正常男性成人血液,记每毫升中白细胞数为 X。设 $E(X)=7\,300,D(X)=700$,利用切比雪夫不等式估计每毫升白细胞数在 5 200～9 400 之间的概率.

3. 在某科技成果的每次试验中,事件 A 发生的概率为 0.5,利用切比雪夫不等式估计,在 2 000 次独立实验中,事件 A 发生的次数在 900～1 100 之间的概率.

5.2　大数定律

在第 1 章随机事件与概率中,我们知道随机现象总是在大量重复试验中才能呈现出明显的规律性,集中体现这个规律的是频率的稳定性,可是至今确切的数学含义尚不清晰,大数定律将为此提供理论依据。

凡是用以说明随机现象平均结果稳定性的定理统称为大数定律,其内容非常丰富,本节介绍两个最简形式。

5.2.1　伯努利大数定理

定理 5.2(伯努利大数定理)　设事件 A 在一重复伯努利实验中发生的概率为 p,记随机变量为 n_A 在 n 重伯努利实验中发生的次数,则对于任一正数 ε,有

$$\lim_{n\to\infty}P\left\{\left|\frac{n_A}{n}-p\right|<\varepsilon\right\}=1$$

证明略。

伯努利大数定理表明,当 n 充分大时,频率 $\dfrac{n_A}{n}$ 接近事件的概率 p 几乎必然发生,同时可以用事件的频率 $\dfrac{n_A}{n}$ 来代替该概率,即 $\lim\limits_{n\to\infty}\dfrac{n_A}{n}=p$。

5.2.2　独立同分布随机变量序列的切比雪夫大数定理

在研究独立同分布大数定理之前,先介绍独立同分布随机变量序列的概念。

若随机变量序列 $X_1,X_2,\cdots,X_n,\cdots$ 是相互独立的,当 $n>1$ 时,则称 $X_1,X_2,\cdots,X_n,\cdots$ 是相互独立的随机变量;此时,如果对任意的随机变量 $X_i(i=1,2,3,\cdots n)$ 又具有相同的分布,则称 $X_1,X_2,\cdots,X_n,\cdots$ 是独立同分布随机变量序列。

定理 5.3（独立同分布大数定理）　设 $X_1,X_2,\cdots,X_n,\cdots$ 是独立同分布随机变量序列,其中 $E(X_i)=\mu,D(X_i)=\sigma^2(i=1,2,3,\cdots)$ 均存在,则对任意 $\varepsilon>0$ 有

$$\lim_{n\to\infty}P\left\{\left|\frac{1}{n}\sum_{i=1}^{n}X_i-\mu\right|<\varepsilon\right\}=1$$

这一定理表明:随机变量 $\overline{X}=\dfrac{1}{n}\sum\limits_{i=1}^{n}X_i$ 在统计上具有一种稳定性,当 n 无限增大时,它的取值将比较紧密地聚集在它的期望附近,这也是大数定理的内涵所在。

通过定理 5.2 和定理 5.3 可以看出,伯努利大数定理是独立同分布大数定理的特殊情况。事实上,设 $X_i(i=1,2,3,\cdots,n)$ 相互独立且服从相同的 $0-1$ 分布:

X_i	0	1
P	$1-p$	p

其中,$p=p(A),q=1-p$,则 $\sum\limits_{i=1}^{n}X_i$ 是 n 次独立重复试验中事件 A 发生的次数 m,即 $\dfrac{1}{n}\sum\limits_{i=1}^{n}X_i$ 为频率 $\dfrac{m}{n}$,而 $E(\overline{X})$ 即为 p。

5.3　中心极限定理

由伯努利大数定理可知:频率 $\dfrac{n_A}{n}$ 在 $n\to\infty$ 的条件下,以极大的可能性接近于概率 p,进一步了解频数 n_A 所服从的分布,是本节所讨论的问题。

在现实中,经常遇到的随机变量大都是服从正态分布的,即使原来并不服从正态分布的随机变量,它们的和的分布也随着随机变量的个数无限增大时而趋于正态分布。在概率中,主要研究的是大量数据的特征,本节我们主要介绍中心极限定理。

5.3.1　独立同分布下的中心极限定理

定理 5.4　假设 $X_1,X_2,\cdots,X_n,\cdots$ 是相互独立且服从相同分布的随机变量序列,记为

$$E(X_i)=\mu,\quad D(X_i)=\sigma^2\neq0,\quad i=1,2,3,\cdots$$

随机变量 $Y_n = \dfrac{\sum\limits_{i=1}^{n} X_i - n\mu}{\sqrt{n}\,\sigma}$ 的分布函数为 $F_n(x)$，则对于任意实数 x，有

$$\lim_{n \to \infty} F_n(x) = \lim_{n \to \infty} P\{Y_n \leqslant x\}$$

$$= \lim_{n \to \infty} P\left\{ \frac{\sum\limits_{i=1}^{n} X_i - n\mu}{\sqrt{n}\,\sigma} \leqslant x \right\}$$

$$= \int_{-\infty}^{x} \frac{1}{\sqrt{2\pi}} e^{-\frac{t^2}{2}} \mathrm{d}t = \Phi(x)$$

这就是独立同分布下的中心极限定理，凡满足该式的随机变量序列，都称为服从中心极限定理。随着概率论的发展，18 世纪中叶，作为它的特例，应用更加广泛的棣莫弗-拉普拉斯中心极限定理应运而生。

5.3.2　棣莫弗-拉普拉斯中心极限定理及其应用

定理 5.5　假设随机变量 n_A 是服从以 $n, p\,(0 < p < 1)$ 为参数的二项分布，即有 $E(n_A) = np$，$D(n_A) = np(1-p)$。对于任意实数 $a, b\,(a < b)$，有

$$\lim_{n \to \infty} P\left\{ a \leqslant \frac{n_A - np}{\sqrt{np(1-p)}} \leqslant b \right\} = \frac{1}{\sqrt{2\pi}} \int_a^b e^{-\frac{t^2}{2}} \mathrm{d}t = \Phi(b) - \Phi(a)$$

其中，$\Phi(x) = \dfrac{1}{\sqrt{2\pi}} \displaystyle\int_{-\infty}^{x} e^{-\frac{t^2}{2}} \mathrm{d}t$ 为标准正态分布函数。

经验表明，应用中大量的独立同分布随机变量的和，都可以看成是近似地服从正态分布的，例如，高考成绩分布、婴儿出生率、汽车保险、人类寿命、遗传分布等均属此列。这样，由于中心极限定理的出现和应用，更加显示出正态分布的重要。

对于独立同分布的随机变量序列 $x_1, x_2, \cdots, x_n, \cdots$，在 $E(x_i) = \mu$，$D(x_i) = \sigma^2 \neq 0\,(i = 1, 2, 3, \cdots)$ 的假设下，和变量 $n_A = \sum\limits_{i=1}^{n} x_i$ 近似地服从以 $n\mu, n\sigma^2$ 为参数的正态分布 $N(n\mu, n\sigma^2)$。

【例 5 - 2】 某种电器元件的寿命服从均值为 100（单位：h）的指数分布，现随机抽出 16 只，设它们的寿命是相互独立的，求这 16 只元件的寿命的总和大于 1 920 h 的概率。

解　设第 i 只电器元件的寿命为 $X_i\,(i = 1, 2, \cdots, 16)$，$E(X_i) = 100$，$D(X_i) = 100^2 = 10\,000$，$Y = \sum\limits_{i=1}^{16} X_i$ 是这 16 只元件的寿命总和，$E(Y) = 100 \times 16 = 1\,600$，$D(Y) = 160\,000$，则所求概率为

$$P\{Y \geqslant 1\,920\} = P\left\{ \sum_{i=1}^{16} X_i \geqslant 1\,920 \right\}$$

$$= P\left\{ \frac{\sum\limits_{i=1}^{16} X_i - 1\,600}{\sqrt{16} \times 100} \geqslant \frac{1\,920 - 1\,600}{400} \right\}$$

$$\approx 1 - \Phi\left(\frac{1\ 920 - 1\ 600}{400}\right)$$
$$= 1 - \Phi(0.8) = 0.211\ 9$$

【例 5 - 3】 已知相互独立的随机变量 $X_1, X_2, \cdots, X_{100}$ 都在区间 $[-1, 1]$ 上服从均匀分布，试求这些随机变量总和的绝对值不超过 10 的概率。

解 由均匀分布的题设可知

$$E(X_i) = 0, \quad D(X_i) = \frac{\left[1 - (-1)\right]^2}{12} = \frac{1}{3}, \quad i = 1, 2, \cdots, 100$$

于是，对于它们的总和 $n_A = \sum_{i=1}^{100} X_i$，有 $E(n_A) = 0, D(n_A) = \frac{100}{3}$，且

$$n_A \xrightarrow[(n \to \infty)]{\sim} N\left(0, \frac{100}{3}\right)$$

故
$$P\{|n_A| < 10\} = P\{-10 < n_A < 10\} = \Phi\left(\frac{10}{\sqrt{100/3}}\right) - \Phi\left(\frac{-10}{\sqrt{100/3}}\right)$$
$$= \Phi(1.73) - \Phi(-1.73) = 2\Phi(1.73) - 1 = 0.916\ 4$$

【例 5 - 4】 某工厂有 150 台机床，开工率为 0.85，每台机床在一个工作日内正常耗电量为 10 kW·h，假定每台机床开工与否是相互独立的，试问：供电部门至少供应多少电力，才能以 95% 的概率确保不因供电不足而影响生产？

解 把每台机床开工与否看作是一次试验，并设第 i 台机床开工台数为 $X_i (i = 1, 2, \cdots, 150)$，于是，$X_i \sim B(1, 0.85)$，若记 150 台机床的开工台数为 Y，故

$$Y = X_1 + X_2 + \cdots + X_{150}$$

易知
$$E(X_i) = np = 0.85, \quad D(X_i) = npq = 0.127\ 5, \quad i = 1, 2, 3, \cdots, 150$$
$$E(Y) = 150 \times 0.85 = 127.5, \quad D(Y) = 150 \times 0.127\ 5 = 19.125$$

于是，由中心极限定理，可知 $Y \sim N(127.5, 19.125)$。

另设 d 为电力供应充足下确保能正常工作的机床最多台数，按题意，应是满足不等式
$$P\{0 \leqslant Y \leqslant d\} \geqslant 0.95$$

的最小正整数。而上述不等式左边为

$$P\{0 \leqslant Y \leqslant d\} = \Phi\left(\frac{d - 127.5}{\sqrt{19.125}}\right) - \Phi\left(\frac{0 - 127.5}{\sqrt{19.125}}\right)$$
$$= \Phi\left(\frac{d - 127.5}{\sqrt{19.125}}\right)$$

综上，有 $\Phi\left(\frac{d - 127.5}{\sqrt{19.125}}\right) \geqslant 0.95$，即

$$\frac{d - 127.5}{\sqrt{19.125}} \geqslant 1.645$$

得 $d \geqslant 1.645\sqrt{19.125} + 127.5 = 134.69$。

这就是说，正常工作机床的最多台数 $d = 135$，即供电部门至少要向该厂供电 1 350 kW·h，才能以 95% 的概率保证不因供电不足影响生产。

习　题

1. 100 台车床彼此独立地工作,每台车床的实际工作时间占全部工作时间的 80%,求任一时刻有 70～86 台车床在工作的概率.

2. 对敌人的防御地段进行 100 次射击,在每次射击中,炮弹命中数的数学期望为 2,而命中数的均方差为 1.5,求当射击 100 次时,有 180～220 颗炮弹命中目标的概率.

3. 已知某工厂生产一批无线电元件,合格品占 $\dfrac{1}{6}$,某商店从该厂任意选购 6 000 个这种元件,问:在这 6 000 个元件中合格品的比例与 $\dfrac{1}{6}$ 之差小于 1% 的概率是多少?

4. 一生产线生产的产品成箱包装,每箱的重量是随机的,假设每箱平均重 50 kg,标准差为 5 kg,若用最大载重量为 5 t 的汽车承运,试用中心极限定理说明每辆车最多可以装多少箱,才能保障不超载的概率大于 0.977 0?

5. 某工厂有 400 台同类机器,各台机器发生故障的概率都是 0.02.假设各台机器工作是相互独立的,试求机器出故障的台数不少于 2 的概率.

6. 某保险公司多年的统计资料表明,在索赔户中被盗索赔占 20%,以 X 表示在随意抽查的 100 个索赔户中因被盗向保险公司索赔的户数.求被盗索赔户不少于 14 户且不多于 30 户的概率的近似值.

7. 一个复杂的系统,由 n 个相互独立的部件组成.每个部件的可靠性都为 0.9,在整个运行期间,至少需要 80% 的部件工作,才能保证整个系统正常运行.问:n 至少为多大时,才能使系统的可靠度(即系统正常工作的概率)为 0.95.

本章小结

本章主要利用随机变量序列的极限性质来讨论大数定律和中心极限定理。我们需要了解切比雪夫不等式、伯努利大数定理、切比雪夫大数定理的重要意义。

切比雪夫不等式只能进行估计计算,无法准确计算随机现象的概率值。我们要了解独立同分布序列的中心极限定理及棣莫弗–拉普拉斯中心极限定理,并能熟练计算其应用问题.

复习题

1. 选择题:

(1) 设 $\Phi(x)$ 为标准正态分布函数,$X_i=\begin{cases}1,\text{事件 } A \text{ 发生},\\0,\text{事件 } A \text{ 不发生},\end{cases}$ $i=1,2,\cdots,100$,且 $P(A)=$ 0.8,$X_1,X_2,\cdots,X_{100}$ 相互独立.令 $Y=\sum\limits_{i=1}^{100}X_1$,则由中心极限定理可知 Y 的分布函数 $F(y)$ 近似于(　　).

　A. $\Phi(y)$　　　　　B. $\Phi\left(\dfrac{y-80}{4}\right)$　　　　　C. $\Phi(16y+80)$　　　　　D. $\Phi(4y+80)$

(2) 设随机变量 $X_1,X_2,\cdots,X_n,\cdots$ 相互独立同分布,且 X_i 的分布律为

X_i	0	1
P	$1-p$	p

$i=1,2,\cdots,n$，$\Phi(x)$ 为标准正态分布函数，则 $\lim\limits_{n\to\infty}\left\{\dfrac{\sum\limits_{i=1}^{n}X_i-np}{\sqrt{np(1-p)}}\geqslant 2\right\}=(\qquad)$.

A. 0   B. $\Phi(2)$ C. 1   D. $1-\Phi(2)$

2. 填空题：

（1）设 X 的期望和方差分别为 μ 和 σ^2，则由切比雪夫不等式可估计 $P\{|X-\mu|<2\sigma\}$_____.

（2）设随机变量 X 和 Y 的数学期望分别为 -2 和 2，方差分别为 1 和 4，而相关系数为 -0.5，则根据切比雪夫不等式，有 $P\{|X+Y|\geqslant 6\}\leqslant$_____.

（3）已知随机变量 ξ 的均值 $\mu=12$，标准差 $\sigma=3$，试用切比雪夫不等式估计 ξ 落在 $3\sim21$ 之间的概率为_____.

（4）用切比雪夫不等式估计下题的概率：废品率为 0.03，求 $1\,000$ 个产品中废品多于 20 个且少于 40 个的概率为_____.

3. 已知生男孩的概率为 0.515，求在 $10\,000$ 个新生婴儿中女孩不少于男孩的概率.

4. 有一批建筑房屋用的木柱，其中 80% 的长度不小于 3 m，现从这批木材中随机抽取 100 根，问：其中至少有 30 根短于 3 m 的概率是多少？

5. 某车间有同型号机床 800 台，它们独立地工作着，每台开动的概率均为 0.7，开动时耗电均 1.2 kW，问：电厂至少要供给该车间多少电力，才能以 99.9% 的概率保证用电需求？

第6章 样本与样本统计分布

本书前5章主要讨论的是概率论的内容,在研究时一般都是以已知随机变量分布为前提的,例如,要开发某汽车保险产品,需要对其相关数据进行检测和计算,就需要借助概率论知识,对随机变量的各种特征进行分析和研究。所以,从本章开始将学习数理统计知识。首先引入样本及其统计分布相关概念,同时对样本矩及数字特征进行研究,最后介绍三类重要的抽样分布。

6.1 总体与样本

6.1.1 随机样本

1. 总体与个体

在数理统计中,首先确定考察对象的范围,将进入考察对象范围的全体称为总体,而将构成总体的每个成员称为个体。

在实际问题中,某一样本可能具有多种特征,我们需要依据主次来研究样本的特征规律,比如研究学生的学习情况,必须就学生各科如数学、语文、英语等进行分析,所有学生的成绩就构成一个总体,每个学生就是一个个体;如果研究各类汽车事故对保险赔付的影响,需要收集大量保险事故数据进行分析,所有保单数据就构成一个总体,每份保单就是一个个体,等等。

在实际问题中,研究对象的某个指标在考察范围内,其取值往往是变化的,这样的样本就构成一个随机变量。因此,今后凡提到总体都是指体现某项特征指标的随机变量 X,并记为总体 X。

2. 样本与样本特征

为了了解总体的情况,常常会从总体中随机抽取部分个体,其某一样本指标分别记为 x_1, $x_2, x_3, \cdots, x_n$,并称 $x_1, x_2, x_3, \cdots, x_n$ 为总体 X 的样本,据此对总体特征进行探索和考察。其中 $x_i(i=1,2,3,\cdots,n)$ 称为样本的第 i 个样品。样本中所含样品个数 n 称为样本容量。

在实践中其统计规律主要由所取得的样本而来,所以其样本的真实性和抽样规律直接对结果产生影响,因此在取样时,必须满足下述两条:

(1) 独立性——样本中所有样品 $x_1, x_2, x_3, \cdots, x_n$ 都是相互独立的随机变量;

(2) 随机性——样本中每个样品 $x_1, x_2, x_3, \cdots, x_n$ 都有同等机会被选入,即每一样本和总体都具有相同分布。

基于独立性和随机性的考虑,样本 $(x_1, x_2, x_3, \cdots, x_n)$ 是一个与总体 X 独立同分布的 n 维随机变量,这是本章研究中需要确立的另一个基本观念。这样,总体的概率特性对于样本中的每个样品也应具备;反之,样本所具有的特性在一定程度上也能体现总体的概率特性。数理统计中所有课题的讨论都是在上述观念下进行的。

在某一次具体试验中,样本 $(x_1, x_2, x_3, \cdots, x_n)$ 的一组观测值 $(\varepsilon_1, \varepsilon_2, \varepsilon_3, \cdots, \varepsilon_n)$ 称为样本值。而在不同的试验中,样本值往往是不同的。这样,对于容量为 n 的样本,所有样本值的全体便构成一个样本值空间,在一次观测下的样本值空间,其中的样本值可以看成是这个空间的一个样本点,数理统计的讨论通常是从某一个样本点出发的。

6.1.2 样本的联合分布

假设样本$(x_1,x_2,x_3,\cdots,x_n)$来自总体X,记X的分布函数为$F(x)$,于是,从独立同分布的条件出发,可求得样本$(x_1,x_2,x_3,\cdots,x_n)$的联合分布函数为

$$F(x_1,x_2,x_3,\cdots,x_n)=\prod_{i=1}^{n}F_{\xi_i}(x_i)$$

显然,上式适用于一切随机变量,但实际应用时通常是从离散型的分布列或连续型的分布密度出发的。

1. 总体为离散型分布

假设总体X为离散型随机变量,其分布列为

$$X \sim P\{X=a_j\}=p_j, \quad j=1,2,3,\cdots$$

于是,在独立同分布的条件下,可求得样本$(x_1,x_2,x_3,\cdots,x_n)$的联合分布列为

$$P(x_1,x_2,x_3,\cdots,x_n)=\prod_{i=1}^{n}P\{X=x_i\}$$

其中:$x_1,x_2,x_3,\cdots,x_n$中的每个x_i取遍$a_j(j=1,2,3,\cdots)$的任一可能值。

【例 6 - 1】设总体$X \sim B(k,p)$,即有分布列

$$P\{X=m\}=C_k^m p^m q^{k-m}, \quad m=0,1,2,\cdots,k$$

试求样本$(x_1,x_2,x_3,\cdots,x_n)$的联合分布列。

解 设$(x_1,x_2,x_3,\cdots,x_n)$为总体X的一组样本值,则其联合分布列为

$$P(x_1,x_2,x_3,\cdots,x_n)=\prod_{i=1}^{n}P\{X=x_i\}$$

$$=\prod_{i=1}^{n}C_k^{x_i} p^{x_i} q^{k-x_i}$$

$$=\Big(\prod_{i=1}^{n}C_k^{x_i}\Big) p^{\sum_{i=1}^{n}x_i} q^{nk-\sum_{i=1}^{n}x_i}$$

2. 总体为连续型分布

假设总体X为连续型随机变量,其分布密度为$X \sim f(x)$,于是,在独立同分布的条件下,可求得样本$(x_1,x_2,x_3,\cdots,x_n)$的联合密度函数为

$$f(x_1,x_2,x_3,\cdots,x_n)=\prod_{i=1}^{n}f(x_i)$$

【例 6 - 2】已知总体X服从威布尔(Weibull)分布,其分布密度为

$$f(x)=\begin{cases}\alpha\beta x^{\alpha-1}e^{-\beta x^{\alpha}}, & x \geqslant 0, \\ 0, & x < 0,\end{cases} \quad \alpha>0,\beta>0$$

试求样本$(x_1,x_2,x_3,\cdots,x_n)$的联合密度。

解 设$(x_1,x_2,x_3,\cdots,x_n)$为一组样本值,于是,在$x_1>0,x_2>0,\cdots,x_n>0$的公共区域上的联合密度为

$$f(x_1,x_2,x_3,\cdots,x_n)=\prod_{i=1}^{n}f(x_i)$$

$$= \prod_{i=1}^{n} \alpha \beta x_i^{\alpha-1} \mathrm{e}^{-\beta x_i^{\alpha}}$$

$$= (\alpha\beta)^n \left(\prod_{i=1}^{n} x_i\right)^{\alpha-1} \mathrm{e}^{-\beta \sum\limits_{i=1}^{n} x_i^{\alpha}}$$

习　题

1. 设某种电灯泡的寿命 X 服从指数分布,其概率密度为

$$f(x) = \begin{cases} \lambda \mathrm{e}^{-\lambda x}, & x > 0, \\ 0, & x \leqslant 0. \end{cases}$$

求来自这一总体的简单随机样本 $x_1, x_2, x_3, \cdots, x_n$ 的样本分布.

2. 考虑电话交换台 1 h 的呼叫次数,求来自这一总体的简单随机样本 $x_1, x_2, x_3, \cdots, x_n$ 的样本分布.

6.2　样本的数字特征

样本来自总体,样本观测值中含有总体的各种信息。数理统计研究的最终目的是从样本信息出发,了解总体的特性,通过对观测值信息的分析,可有效地了解样本特征。但是,样本本身有时并不能提供有效的信息。例如,为检验某地区的高考情况,如果随机抽取一部分学生的学习成绩进行通报,而不对其结果加以处理分析,就得不到不同个体想要的信息。可见,对样本进行加工的目的是从中提取了解总体所需的信息,所谓样本加工集中体现在计算它的样本矩及由此形成的数字特征。

6.2.1　样本的原点矩与样本均值

假设$(x_1, x_2, x_3, \cdots, x_n)$是总体 X 的样本,则称

$$\nu_k = \frac{1}{n} \sum_{i=1}^{n} x_i^k$$

为 k 阶样本原点矩,其中 k 为正整数。

特别,当 $k=1$ 时,一阶样本原点矩称为样本均值,记样本均值为 $\bar{x}$,于是

$$\nu_1 = \bar{x} = \frac{1}{n} \sum_{i=1}^{n} x_i$$

定义 6.1　设 $x_1, x_2, x_3, \cdots, x_n$ 为取自某总体的样本,其算术平均值称为样本均值,一般用 $\bar{x}$ 表示,即

$$\bar{x} = \frac{x_1 + x_2 + \cdots + x_n}{n} = \frac{1}{n} \sum_{i=1}^{n} x_i$$

对于样本均值,有如下两个性质:

(1) 若把样本中的数据与样本均值之差称为偏差,则样本所有偏差之和为 0,即

$$\sum_{i=1}^{n} (x_i - \bar{x}) = 0$$

证明　$\displaystyle\sum_{i=1}^{n} (x_i - \bar{x}) = \sum_{i=1}^{n} x_i - n\bar{x} = \sum_{i=1}^{n} x_i - n \cdot \frac{\sum\limits_{i=1}^{n} x_i}{n} = \sum_{i=1}^{n} x_i - \sum_{i=1}^{n} x_i = 0$

（2）数据观测值与均值的偏差平方和最小，即在形如 $\sum\limits_{i=1}^{n}(x_i-c)^2$ 的函数中，$\sum\limits_{i=1}^{n}(x_i-\bar{x})^2$ 最小，其中 c 为任意给定常数。

证明 对任意给定的常数 c

$$
\begin{aligned}
\sum_{i=1}^{n}(x_i-c)^2 &= \sum_{i=1}^{n}(x_i-\bar{x}+\bar{x}-c)^2 \\
&= \sum_{i=1}^{n}(x_i-\bar{x})^2 + n(\bar{x}-c)^2 + 2\sum_{i=1}^{n}(x_i-\bar{x})(\bar{x}-c) \\
&= \sum_{i=1}^{n}(x_i-\bar{x})^2 + n(\bar{x}-c)^2 \geqslant \sum_{i=1}^{n}(x_i-\bar{x})^2
\end{aligned}
$$

对于样本均值 $\bar{x}$ 的抽样分布，有下面的定理。

定理 6.1 设 $x_1,x_2,x_3,\cdots,x_n$ 是来自某个总体 X 的样本，$\bar{x}$ 为样本均值。

（1）若总体 X 的分布为 $N(\mu,\sigma^2)$，则 $\bar{x}$ 的精确分布为 $N(\mu,\sigma^2/n)$；

（2）若总体 X 的分布未知（或不是正态分布），且 $E(x)=\mu$，$D(x)=\sigma^2$，则当样本容量 n 较大时，$\bar{x}=\dfrac{1}{n}\sum\limits_{i=1}^{n}x_i$ 的渐近分布为 $N(\mu,\sigma^2/n)$。这里的渐近分布是指 n 较大时的近似分布。

证明 （1）由于 $\bar{x}$ 为独立正态变量的线性组合，故 $\bar{x}$ 仍服从正态分布，另外

$$
E(\bar{x}) = \frac{1}{n}\sum_{i=1}^{n}E(x_i) = \mu
$$

$$
D(\bar{x}) = \frac{1}{n^2}\sum_{i=1}^{n}D(x_i) = \frac{\sigma^2}{n}
$$

故 $\bar{x}\sim N(\mu,\sigma^2/n)$。

（2）易知 $\bar{x}=\dfrac{1}{n}\sum\limits_{i=1}^{n}x_i$ 为独立同分布的随机变量之和，且

$$
E(\bar{x})=\mu, \quad D(\bar{x})=\frac{\sigma^2}{n}
$$

由中心极限定理，得

$$
\lim_{x\to\infty}P\left\{\frac{\bar{x}-\mu}{\sigma/\sqrt{n}}\right\} = \Phi(x)
$$

其中 $\Phi(x)$ 为标准正态分布函数。这表明当 n 较大时 $\bar{x}$ 的渐近分布为 $N(\mu,\sigma^2/n)$。

6.2.2 样本的中心矩与样本方差

假设 $(x_1,x_2,x_3,\cdots,x_n)$ 为总体 X 的样本，则称

$$
u_k = \frac{1}{n}\sum_{i=1}^{n}(x_i-\bar{x})^k
$$

为 k 阶样本中心矩，其中 k 为正整数。

特别，当 $k=1$ 时，易知一阶样本中心矩恒为零，即

$$
u_1 = \frac{1}{n}\sum_{i=1}^{n}(x_i-\bar{x})^1 = 0
$$

当 $k=2$ 时,称为二阶样本中心矩,记为 s_n^2,即

$$u_2 = s_n^2 = \frac{1}{n} \sum_{i=1}^{n} (x_i - \bar{x})^2$$

定义 6.2　设 $x_1, x_2, x_3, \cdots, x_n$ 为取自某总体的样本,则

$$s^2 = \frac{1}{n-1} \sum_{i=1}^{n} (x_i - \bar{x})^2$$

称为样本方差。其算术平方根 $s = \sqrt{s^2}$ 表示样本标准差。

样本方差的意义在于:样本方差的值表示样本对于均值 $\bar{x}$ 的偏离程度。

定理 6.2　设总体 X 具有二阶样本中心矩,且 $E(X) = \mu, D(X) = \sigma^2 < +\infty, x_1, x_2,$ $x_3, \cdots, x_n$ 为该总体得到的样本,$\bar{x}$ 和 s^2 分别是样本均值和样本方差,则 $E(\bar{x}) = \mu, D(\bar{x}) = \frac{\sigma^2}{n}, E(s^2) = \sigma^2$。

证明　由题意有

$$E(\bar{x}) = E\left(\frac{1}{n} \sum_{i=1}^{n} x_i\right) = \frac{1}{n} E\left(\sum_{i=1}^{n} x_i\right) = \frac{n\mu}{n} = \mu$$

$$D(\bar{x}) = D\left(\frac{1}{n} \sum_{i=1}^{n} x_i\right) = \frac{1}{n^2} D\left(\sum_{i=1}^{n} x_i\right) = \frac{n\sigma^2}{n^2} = \frac{\sigma^2}{n}$$

对于 $E(s^2) = \sigma^2$,首先注意到

$$\sum_{i=1}^{n} (x_i - \bar{x})^2 = \sum_{i=1}^{n} x_i^2 - n(\bar{x})^2$$

而 $E(x_i^2) = [E(x_i)]^2 + D(x_i) = \mu^2 + \sigma^2, E(\bar{x}^2) = E^2(\bar{x}) + D(\bar{x}) = \mu^2 + \sigma^2/n$,于是

$$E\left[\sum_{i=1}^{n} (x_i - \bar{x})^2\right] = n(\mu^2 + \sigma^2) - n(\mu^2 + \sigma^2/n) = (n-1)\sigma^2$$

此式两边同时除以 $n-1$,即得 $E(s^2) = \sigma^2$。

【例 6-3】 来自某总体的样本如下:

$$19.1 \quad 20.0 \quad 21.2 \quad 18.8 \quad 19.6$$
$$20.5 \quad 22.0 \quad 21.6 \quad 19.4 \quad 20.3$$

求样本平均值 $\bar{x}$、样本方差 s^2、二阶样本中心矩 s_n^2。

解　样本平均值 $\bar{x} = \frac{1}{n} \sum_{i=1}^{n} x_i = \frac{1}{10}(19.1 + \cdots + 20.3) = 20.25$;

样本方差 $s^2 = \frac{1}{n-1} \sum_{i=1}^{n} (x_i - \bar{x})^2 = \frac{1}{9} \sum_{i=1}^{10} (x_i - 20.25)^2 = 1.165$;

二阶样本中心矩 $s_n^2 = \frac{1}{n} \sum_{i=1}^{n} (x_i - \bar{x})^2 = \frac{1}{10} \sum_{i=1}^{10} (x_i - 20.25)^2 = 1.0485$。

【例 6-4】 某单位收集到 20 名青年人某月的娱乐支出费用数据:

79	84	84	88	92	93	94	97	98	99
100	101	101	102	102	108	110	113	118	125

求该样本的均值及方差。

解 由题意有 $\bar{x} = \dfrac{1}{n} \sum\limits_{i=1}^{n} x_i = \dfrac{1}{20}(79 + \cdots + 125) = 99.4$

$$s^2 = \frac{1}{n-1} \sum_{i=1}^{n} (x_i - \bar{x})^2 = \frac{1}{19} \sum_{i=1}^{10} (x_i - 99.4)^2 = 133.94$$

习　题

1. 从一批机器零件毛坯中随机抽取 8 件,测得其质量(单位:kg)如下:

　　　　230　243　185　240　228　196　246　200

(1)写出总体、样本、样本值、样本容量;

(2)求样本的均值、方差及二阶原点矩.

2. 从个自动机床加工的同类零件中任取 16 件测得长度(单位:mm)如下:

12.15　　12.12　　12.01　　12.28　　12.09　　12.16　　12.03　　12.01

12.06　　12.13　　12.07　　12.11　　12.08　　12.01　　12.03　　12.06

求样本均值、样本方差.

6.3　统计量及其分布

6.3.1　统计量及其抽样分布

样本来自总体,样本观测值中含有总体的各种信息,但这些信息较为分散,有时显得杂乱无章,为将这些分散在样本中的有关总体的信息集中起来以反映总体的各种特征,需要对样本进行加工,数表和图是一类加工形式,它使人们从中获得对总体的初步认识。当人们需要从样本获得对总体各种参数的认识时,最常用的加工方法是构造样本的函数,不同的函数反映总体的不同特征。

定义 6.3　设 $x_1, x_2, x_3, \cdots, x_n$ 为取自某总体的样本,若样本函数 $T = T(x_1, x_2, x_3, \cdots, x_n)$ 中不含有任何未知参数,则称 T 为统计量,统计量的分布称为抽样分布。

按照这一定义,若 $x_1, x_2, x_3, \cdots, x_n$ 为样本,则 $\sum\limits_{i=1}^{n} x_i$, $\sum\limits_{i=1}^{n} x_i^2$ 都是统计量,而当 μ, σ^2 未知时,$\sum\limits_{i=1}^{n} (x_i - \mu)^2$, $\dfrac{x_i}{\sigma}$ 等均不是统计量。

6.3.2　经验分布函数

定义 6.4　设 $x_1, x_2, x_3, \cdots, x_n$ 是取自总体分布函数为 $F(x)$ 的样本,若将样本观测值由小到大进行排列,为 $x_{(1)}, x_{(2)}, x_{(3)}, \cdots, x_{(n)}$,则称 $x_{(1)}, x_{(2)}, x_{(3)}, \cdots, x_{(n)}$ 为有序样本,用有序样本定义如下函数:

$$F_n(x) = \begin{cases} 0, & x < x_{(1)}, \\ \vdots & \vdots \\ k/n, & x_{(k)} < x < x_{(k+1)}, k = 1, \cdots, n-1 \\ \vdots & \vdots \\ 1, & x \geqslant x_{(n)} \end{cases}$$

则 $F_n(x)$ 是一非减右连续函数,且满足 $F_n(-\infty)=0$ 和 $F_n(+\infty)=0$。

由此可见,$F_n(x)$ 是一个分布函数,并称 $F_n(x)$ 为经验分布函数。

【例 6 - 5】 某听装饮料厂生产的某品牌听装饮料,现从生产线上随机抽取 5 听饮料,秤得其净重(单位:mL)如下:

$$592 \qquad 596 \qquad 598 \qquad 605 \qquad 596$$

求该样本的经验分布函数。

解　这是一个容量为 5 的样本,经排序可得有序样本:

$$x_{(1)}=592,\quad x_{(2)}=596,\quad x_{(3)}=596,\quad x_{(4)}=598,\quad x_{(5)}=605$$

则其经验分布函数(见图 6.1)为

$$F_n(x)=\begin{cases}0, & x<592,\\ 0.2, & 592\leqslant x<596,\\ 0.6, & 596\leqslant x<598,\\ 0.8, & 598\leqslant x<605,\\ 1, & x\geqslant605\end{cases}$$

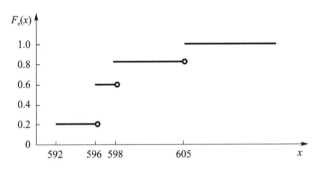

图 6.1　经验分布函数

6.3.3　极大顺序统计量和极小顺序统计量

定义 6.5　设总体 X 具有分布函数 $F(x)$、分布密度 $f(x)$,$x_1,x_2,x_3,\cdots,x_n$ 为其样本,我们分别称 $x(1)\triangleq\min\{x_1,x_2,x_3,\cdots,x_n\}$,$x(n)\triangleq\max\{x_1,x_2,x_3,\cdots,x_n\}$ 为极小顺序统计量和极大顺序统计量。

定理 6.3　若 $x(1),x(n)$ 分别为极小、极大顺序统计量,则 $x(1)$ 具有分布密度 $f_1(x)=n[1-F(x)]^{n-1}f(x)$,$x(n)$ 具有分布密度 $f_n(x)=nF(x)^{n-1}f(x)$。

证明　先求出 $x(1)$ 及 $x(n)$ 的分布函数 $F_1(x),F_n(x)$:

$$\begin{aligned}F_1(x)&=P\{x(1)\leqslant x\}=1-P\{x(1)>x\}\\ &=1-P\{x_1>x,x_2>x,\cdots,x_n>x\}\\ &=1-\prod_{i=1}^n P\{x_i>x\}=1-[1-F(x)]^n\\ F_n(x)&=P\{x(n)\leqslant x\}=1-P\{x_1\leqslant x,x_2\leqslant x,\cdots,x_n\leqslant x\}\\ &=\prod_{i=1}^n P\{x_i\leqslant x\}=[F(x)]^n\end{aligned}$$

分别对 $F_1(x),F_n(x)$ 求导可得 $f_1(x)$ 及 $f_n(x)$。

6.3.4 正态总体的抽样分布

很多统计推断都是基于正态总体的假设。以标准正态变量为基础构造出的三个著名统计量在实际生产中均有着广泛的应用。因为这三个统计量不仅有明确的背景，而且其抽样分布的密度函数也有明确的表达式，它们被称为统计中的"三大抽样分布"。

若设 $x_1, x_2, x_3, \cdots, x_n$ 和 $y_1, y_2, y_3, \cdots, y_m$ 是来自标准正态分布的两个相互独立的样本，则此三个统计量的构造及其抽样分布如表 6.1 所列。

表 6.1　三个著名统计量的构造及其抽样分布

抽样分布	统计量	分布密度函数	期　望	方　差
χ^2 分布	$\chi^2 = x_1^2 + x_2^2 + \cdots + x_n^2$	$f(y) = \dfrac{1}{\Gamma\left(\frac{n}{2}\right) 2^{\frac{n}{2}}} y^{\frac{n}{2}-1} e^{-\frac{y}{2}}$ $(y > 0)$	n	$2n$
F 分布	$F = \dfrac{(y_1^2 + y_2^2 + \cdots + y_m^2)/m}{(x_1^2 + x_2^2 + \cdots + x_n^2)/n}$	$f(y) = \dfrac{\Gamma\left(\frac{m+n}{2}\right)\left(\frac{m}{n}\right)^{\frac{m}{2}}}{\Gamma\left(\frac{m}{2}\right)\Gamma\left(\frac{n}{2}\right)} \cdot$ $y^{\frac{m}{2}-1}\left(1 + \frac{m}{n}y\right)^{-\frac{m+n}{2}}$ $(y > 0)$	$\dfrac{n}{n-2}$ $(n>2)$	$\dfrac{2n^2(m+n-2)}{m(n-2)^2(n-4)}$ $(n>4)$
t 分布	$t = \dfrac{y_1}{\sqrt{(x_1^2 + x_2^2 + \cdots + x_n^2)/n}}$	$f(y) = \dfrac{\Gamma\left(\frac{n+1}{2}\right)}{\sqrt{n\pi}\,\Gamma\left(\frac{n}{2}\right)}\left(1 + \frac{y^2}{n}\right)^{-\frac{n+1}{2}}$ $(-\infty < y < +\infty)$	0 $(n>1)$	$\dfrac{n}{n-2}$ $(n>2)$

1. χ^2 分布

定义 6.6　设随机变量 $x_1, x_2, \cdots, x_n$ 相互独立且分布于标准正态分布 $N(0,1)$，则 $\chi^2 = x_1^2 + x_2^2 + \cdots + x_n^2$ 的分布称为自由度为 n 的 χ^2 分布，又称为卡方分布，记为 $\chi^2 \sim \chi^2(n)$，且 $\chi^2(n)$ 分布的密度函数为

$$f(y) = \begin{cases} \dfrac{1}{2^{\frac{n}{2}} \Gamma\left(\frac{n}{2}\right)} y^{\frac{n}{2}-1} e^{-\frac{y}{2}}, & y > 0 \\ 0, & y \leqslant 0 \end{cases}$$

式中，自由度 n 是它唯一的参数。

该密度函数的图像是一个只取非负值的偏态分布，其期望等于自由度，方差等于自由度的 2 倍，即 $E(\chi^2) = n, D(\chi^2) = 2n$。

当随机变量 $\chi^2 \sim \chi^2(n)$ 时，对给定的 $\alpha(0 < \alpha < 1)$，称满足 $P\{\chi^2 > \chi_\alpha^2(n)\} = \alpha$ 的 $\chi_\alpha^2(n)$ 是自由度为 n 的 χ^2 分布的 α 分位数，分位数 $\chi_\alpha^2(n)$ 可以从附录表 B.3 中查到，如 $n = 16$，

$\alpha = 0.01$，那么从附录表 B.3 上查得 $\chi^2_{0.01}(16) = 32.000$。

2. F 分布

定义 6.7　设 $X_1 \sim \chi^2(m)$，$X_2 \sim \chi^2(n)$，X_1 与 X_2 相互独立，则称 $F = \dfrac{X_1/m}{X_2/n}$ 的分布是自由度为 m 与 n 的 F 分布，记为 $F \sim F(m, n)$，其中 m 称为分子自由度，n 称为分母自由度，且随机变量 F 具有密度函数

$$f_F(y) = \begin{cases} \dfrac{\Gamma\left(\dfrac{m+n}{2}\right)\left(\dfrac{m}{n}\right)^{\frac{m}{2}}}{\Gamma\left(\dfrac{m}{2}\right)\Gamma\left(\dfrac{n}{2}\right)} y^{\frac{m}{2}-1}\left(1+\dfrac{m}{n}y\right)^{-\frac{m+n}{2}}, & y > 0 \\ 0, & y \leqslant 0 \end{cases}$$

同样，该密度函数的图像也是一个只取非负值的偏态分布。

当随机变量 $F \sim F(m, n)$ 时，对给定的 $\alpha(0 < \alpha < 1)$，称满足 $P\{F > F(m, n)\} = \alpha$ 的数 $F_\alpha(m, n)$ 是自由度为 m 与 n 的 F 分布的 α 分位数。

由 F 分布的构造可知，若 $F \sim F(m, n)$，则有 $\dfrac{1}{F} \sim F(m, n)$，故对给定 $\alpha(0 < \alpha < 1)$，有

$$1 - \alpha = P\left\{\frac{1}{F} \leqslant F_\alpha(m, n)\right\} = P\left\{F \geqslant \frac{1}{F_\alpha(m, n)}\right\}$$

从而

$$P\left\{F \geqslant \frac{1}{F_{1-\alpha}(n, m)}\right\} = \alpha$$

这说明

$$F_\alpha(m, n) = \frac{1}{F_{1-\alpha}(n, m)}$$

对于小的 α，分位数 $F_\alpha(m, n)$ 可以从附录表 B.4 中查到，而分位数 $F_{1-\alpha}(n, m)$ 则可以通过 $F_\alpha(m, n) = \dfrac{1}{F_{1-\alpha}(n, m)}$ 求出。

【例 6-6】 若取 $m = 12$，$n = 8$，$\alpha = 0.1$，分别计算 $F_{0.1}(12, 8)$，$F_{0.9}(8, 12)$。

解　利用附录表 B.4 得 $F_{0.1}(12, 8) = 2.50$。

又因为 $F_\alpha(m, n) = \dfrac{1}{F_{1-\alpha}(n, m)}$，所以有 $F_{0.9}(8, 12) = \dfrac{1}{2.5} = 0.4$。

3. t 分布

定义 6.8　设随机变量 X_1 与 X_2 相互独立且 $X_1 \sim N(0, 1)$，$X_2 \sim \chi^2(n)$，则称 $t = \dfrac{X_1}{\sqrt{X_2/n}}$ 的分布为自由度为 n 的 t 分布，记为 $t \sim t(n)$，且其分布密度为

$$f_t(y) = \frac{\Gamma\left(\dfrac{n+1}{2}\right)}{\sqrt{n\pi}\,\Gamma\left(\dfrac{n}{2}\right)}\left(1+\frac{y^2}{n}\right)^{-\frac{n+1}{2}}, \quad -\infty < y < +\infty$$

t 分布的密度函数的图像是一个关于纵轴对称的分布，与标准正态分布 $N(0, 1)$ 的密度函

数形状类似。

关于 t 分布的一些重要事实：

- 自由度为 1 的 t 分布就是标准的柯西分布，它不存在均值；
- 当 $n>1$ 时，t 分布的数学期望存在且为 0；
- 当 $n>2$ 时，t 分布的方差存在且为 $n/(n-2)$；
- 当自由度较大（如 $n \geqslant 30$）时，t 分布可以用 $N(0,1)$ 分布近似。

t 分布临界值表（见附录表 B.5）的结构和使用 t 分布临界值表是按表达式 $P\{t>t_\alpha\}=\alpha$ 构成的，通常把与 α, n 有关的临界值表示成 $t_\alpha = t(\alpha; k)$。由于 t 分布密度函数曲线的对称性，因而满足

$$P\{t \leqslant -t_\alpha\} = \alpha$$

的临界值 $-t_\alpha$ 恰是 t_α 的相反数。

【例 6-7】对于事先给出的临界概率 $\alpha=0.10$ 及自由度 $n=15$，在分布下求：

(1) 右、左侧临界值 t_α、$-t_\alpha$，使 $P\{t \geqslant t_\alpha\} = P\{t \leqslant -t_\alpha\} = \alpha$；

(2) 右、左侧临界值 $t_{\alpha/2}$、$-t_{\alpha/2}$，使 $P\{t \geqslant t_{\alpha/2}\} = P\{t \leqslant -t_{\alpha/2}\} = \alpha/2$。

解 (1) $t_\alpha = t_\alpha(n) = t_{0.1}(15) = 1.3406$, $-t_\alpha = -1.3406$；

(2) $t_{\alpha/2} = t_{\alpha/2}(n) = t_{0.05}(15) = 1.7531$, $-t_{\alpha/2}(n) = -1.7531$。

4. 一些重要结论

来自一般正态总体的样本均值 $\bar{x}$ 和样本方差 s^2 的抽样分布是应用最广的抽样分布，下面加以介绍。

定理 6.4 设 $x_1, x_2, x_3, \cdots, x_n$ 是来自正态总体 $N(\mu, \sigma^2)$ 的样本，其样本均值和样本方差分别为 $\bar{x} = \dfrac{1}{n}\sum_{i=1}^{n} x_i$ 和 $s^2 = \dfrac{1}{n-1}\sum_{i=1}^{n}(x_i - \bar{x})^2$，则有

(1) $\bar{x}$ 与 s^2 相互独立；

(2) $\dfrac{(n-1)s^2}{\sigma^2} \sim \chi^2(n-1)$。

证明略。

推论 1 $t = \dfrac{\sqrt{n}(\bar{x}-\mu)}{s} \sim t(n-1)$。

证明 由 6.2 节定理 6.1 可以推出

$$\frac{\bar{x}-\mu}{\sigma/\sqrt{n}} \sim N(0,1)$$

从而有

$$\frac{\sqrt{n}(\bar{x}-\mu)}{s} = \frac{\dfrac{\bar{x}-\mu}{\sigma/\sqrt{n}}}{\sqrt{\dfrac{(n-1)s^2/\sigma^2}{n-1}}}$$

由于分子是标准正态变量，分母的根号里是自由度为 $n-1$ 的 χ^2 变量除以它的自由度，且分子与分母相互独立，由 t 分布定义可知 $t \sim t(n-1)$，推论证毕。

推论 2 设 $x_1, x_2, x_3, \cdots, x_m$ 是来自 $N(\mu_1, \sigma_1^2)$ 的样本，$y_1, y_2, y_3, \cdots, y_n$ 是来自

$N(\mu_2,\sigma_2^2)$ 的样本,且两样本相互独立,记

$$s_x^2 = \frac{1}{m-1}\sum_{i=1}^{m}(x_i-\bar{x})^2, \quad s_y^2 = \frac{1}{n-1}\sum_{i=1}^{n}(y_i-\bar{y})^2$$

其中

$$\bar{x} = \frac{1}{m}\sum_{i=1}^{m}x_i, \quad \bar{y} = \frac{1}{n}\sum_{i=1}^{n}y_i$$

则有

$$F = \frac{s_x^2/\sigma_1^2}{s_y^2/\sigma_2^2} \sim F(m-1,n-1)$$

特别,若 $\sigma_1^2=\sigma_2^2$,则 $F = \dfrac{s_x^2}{s_y^2} \sim F(m-1,n-1)$。

证明 由两样本独立可知,s_x^2 与 s_y^2 相互独立,且

$$\frac{(m-1)s_x^2}{\sigma_1^2} \sim \chi^2(m-1), \quad \frac{(n-1)s_y^2}{\sigma_2^2} \sim \chi^2(n-1)$$

由 F 分布定义可知 $F \sim F(m-1,n-1)$。

推论 3 在推论 2,设 $\sigma_1^2=\sigma_2^2=\sigma^2$,并记

$$s_w^2 = \frac{(m-1)s_x^2+(n-1)s_y^2}{m+n-2} = \frac{\displaystyle\sum_{i=1}^{m}(x_i-\bar{x})^2+\sum_{i=1}^{n}(y_i-\bar{y})^2}{m+n-2}$$

则

$$\frac{(\bar{x}-\bar{y})-(\mu_1-\mu_2)}{s_w\sqrt{\dfrac{1}{m}+\dfrac{1}{n}}} \sim t(m+n-2)$$

证明 由 $\bar{x} \sim N(\mu_1,\sigma^2/m)$,$\bar{y} \sim N(\mu_2,\sigma^2/n)$,$\bar{x}$ 与 $\bar{y}$ 相互独立,故有

$$\bar{x}-\bar{y} \sim N\left(\mu_1-\mu_2,\left(\frac{1}{m}+\frac{1}{n}\right)\sigma^2\right)$$

所以

$$\frac{(\bar{x}-\bar{y})-(\mu_1-\mu_2)}{\sigma\sqrt{\dfrac{1}{m}+\dfrac{1}{n}}} \sim N(0,1)$$

由定理 6.4 知,$\dfrac{(m-1)s_x^2}{\sigma^2} \sim \chi^2(m-1)$,$\dfrac{(n-1)s_y^2}{\sigma^2} \sim \chi^2(n-1)$,且它们相互独立,则由 χ^2 的定义可知

$$\frac{(m+n-2)s_w^2}{\sigma^2} = \frac{(m-1)s_x^2+(n-1)s_y^2}{\sigma^2} \sim \chi^2(m+n-2)$$

由于 $\bar{x}-\bar{y}$ 与 s_w^2 相互独立,根据 t 分布的定义即可得到

$$\frac{(\bar{x}-\bar{y})-(\mu_1-\mu_2)}{s_w\sqrt{\dfrac{1}{m}+\dfrac{1}{n}}} \sim t(m+n-2)$$

习 题

1.下面是某统计员统计的某地夏至这天连续十年的温度(单位:℃):

$$35.0 \quad 36.7 \quad 37.1 \quad 36.0 \quad 36.7$$
$$37.5 \quad 37.1 \quad 36.7 \quad 36.7 \quad 38.0$$

求该地区夏至气温的经验分布函数.

2. 设总体 $X \sim N(\mu, \sigma^2)$，抽取容量为 20 的样本 $x_1, x_2, x_3, \cdots, x_{20}$，求：

(1) $P\left\{ 1.9 \leqslant \dfrac{1}{\sigma^2} \sum_{i=1}^{20} (x_i - \mu)^2 \leqslant 37.6 \right\}$；

(2) $P\left\{ 11.7 \leqslant \dfrac{1}{\sigma^2} \sum_{i=1}^{20} (x_i - \mu)^2 \leqslant 38.6 \right\}$.

3. 设总体 $X \sim N(\mu, \sigma^2)$，已知样本容量 $n = 24$，样本方差 $s^2 = 12.5227$，求总体标准差 σ 大于 3 的概率.

4. 设 $x_1, x_2, x_3, \cdots, x_n$ 是来自 $U(-1, 1)$ 的样本，试求 $E(\bar{x})$ 和 $D(\bar{x})$.

5. 设总体 $X \sim N(52, 6.3^2)$，从总体抽得容量为 36 的样本，求 $P\{50.8 \leqslant \bar{x} \leqslant 53.8\}$.

6. 设总体 $X \sim N(10, 3.8^2)$，从总体抽得容量为 100 的样本，求 $P\{8.8 \leqslant \bar{x} \leqslant 11.2\}$.

7. 设总体 $X \sim N(40, 5^2)$，

(1) 抽取容量为 36 的样本，求 $P\{38 \leqslant \bar{x} \leqslant 43\}$.

(2) 抽取容量为 64 的样本，求 $P\{|\bar{x} - 40| < 1\}$.

(3) 取样本容量 n 为多大时，才能使 $P\{|\bar{x} - 40| < 1\} = 0.95$.

8. 设总体 $X \sim N(\mu_1, \sigma^2)$，总体 $Y \sim N(\mu_2, \sigma^2)$，$x_1, x_2, x_3, \cdots, x_m$ 为来自总体 X 的样本，$y_1, y_2, y_3, \cdots, y_n$ 是来自总体 Y 的样本，设两个样本独立，μ_1、μ_2 已知，令

$$\hat{\sigma}_1^2 = \frac{1}{m} \sum_{i=1}^{m} (x_i - \mu_1)^2, \quad \hat{\sigma}_2^2 = \frac{1}{n} \sum_{i=1}^{n} (y_i - \mu_2)^2$$

求 $F = \dfrac{\hat{\sigma}_1^2}{\hat{\sigma}_2^2}$ 的抽样分布.

本章小结

本章是数理统计的续篇，是从概率论到数理统计过渡的必要准备，由于数理统计的所有问题要从总体、样本以及统计量的抽样分布讨论开始，这些自然就成了本章的重点。

本章的基本内容和要求如下：

(1) 了解总体、样本的概念，理解样本 $x_1, x_2, x_3, \cdots, x_n$ 的随机性和独立性，从而在具体场合能准确写出其相应的表达式，例如，若总体 X 具有分布函数 $F(x)$、分布密度 $f(x)$、均值 μ、方差 σ^2，则样本的联合密度为 $f(x_1, \cdots, x_n) = \prod_{i=1}^{n} f(x_i)$（能够区分离散型和连续型变量的相同与不同之处），$E(\bar{x}) = \mu, D(\bar{x}) = \dfrac{\sigma^2}{n}$ 等。

(2) 对服从某总体的样本 $x_1, x_2, x_3, \cdots, x_n$，必须清楚样本的数字特征（样本均值 $\bar{x} = \dfrac{1}{n} \sum_{i=1}^{n} x_i$、方差 $s^2 = \dfrac{1}{n-1} \sum_{i=1}^{n} (x_i - \bar{x})^2$、二阶中心矩 $u_2 = \dfrac{1}{n} \sum_{i=1}^{n} (x_i - \bar{x})^2$ 等）及与总体相应数字特征的关系，必要时能够计算其特征。

（3）了解样本数据的经验分布函数，熟练掌握正态总体的抽样分布，特别是可化为 $N(0,1),\chi^2(n),t(n),F(m,n)$ 及诸分布的常见的统计量的生成结构，例如：$x_1,x_2,x_3,\cdots,x_n$ 若为来自 $N(\mu,\sigma^2)$ 的样本，则 $\dfrac{\bar{x}-\mu}{\sigma/\sqrt{n}}\sim N(0,1),\ \dfrac{1}{\sigma^2}\sum_{i=1}^{n}(x_i-\bar{x})^2\sim\chi^2(n-1),\ \dfrac{\bar{x}-\mu}{s/\sqrt{n}}\sim t(n-1)$ 等。

（4）了解三大抽样分布 χ^2 分布、t 分布及 F 分布的定义和简单性质，并会查 α 分位数表。

复习题

1. 选择题：

（1）设 $x_1,x_2,x_3,\cdots,x_n$ 是从正态总体 $N(\mu,\sigma^2)$ 中抽取的一个样本，记为 $\bar{x}=\dfrac{1}{n}\sum_{i=1}^{n}x_i$，则 $\bar{x}$ 服从（　　）分布．

A. $N(\mu,\sigma^2)$　　　　B. $N\left(\dfrac{\mu}{n},\sigma^2\right)$　　　　C. $N\left(\dfrac{\mu}{n},\dfrac{\sigma^2}{n}\right)$　　　　D. $N\left(\mu,\dfrac{\sigma^2}{n}\right)$

（2）设 $x_1,x_2,x_3,\cdots,x_n$ 是来自正态总体 $N(\mu,\sigma^2)$ 的样本，则 $\dfrac{1}{\sigma^2}\sum_{i=1}^{n}(x_i-\mu)^2$ 服从的分布为（　　）．

A. $\chi^2(n)$　　　　B. $\chi^2(n-1)$　　　　C. $N\left(\mu,\dfrac{\sigma^2}{n}\right)$　　　　D. $t(n-1)$

（3）设 $x_1,x_2,x_3,\cdots,x_m$ 是来自正态总体 $N(\mu_1,\sigma^2)$ 的样本，$y_1,y_2,y_3,\cdots,y_n$ 是来自正态总体 $N(\mu_2,\sigma^2)$ 的样本，且 $x_1,x_2,x_3,\cdots,x_m$ 与 $y_1,y_2,y_3,\cdots,y_n$ 相互独立，则

$$T=\frac{(\bar{x}-\bar{y})-(\mu_1-\mu_2)}{\sqrt{(m-1)s_x^2+(n-1)s_y^2}}\sqrt{\frac{mn(m+n-2)}{m+n}}$$

服从的分布为（　　）．

A. $t(m+n)$　　　B. $t(m+n-1)$　　　C. $t(m+n-2)$　　　D. $t(m+n+2)$

2. 设总体服从泊松分布，随机变量的分布列为

$$P\{x=k\}=\frac{\lambda^k}{k!}\mathrm{e}^{-\lambda},\quad \lambda>0,k=0,1,2,\cdots$$

试求样本 $(x_1,x_2,\cdots,x_n)$ 的联合分布列．

3. 设总体 X 有分布密度

$$f(x)=(1+\theta)x^\theta,\quad 0<x<1,\theta>-1$$

试求样本 $(x_1,x_2,\cdots,x_n)$ 的联合密度．

4. 设总体 X 有分布密度

$$f(x)=\frac{4x^2}{\alpha^3\sqrt{\pi}}\mathrm{e}^{-x^2/\alpha^2},\quad x\geqslant 0,\alpha>0$$

试求样本 $(x_1,x_2,\cdots,x_n)$ 的联合密度．

5. 在血球计数器的 400 个方格的一次抽样检验中，清点每个方格中的红细胞数如下：

红细胞数(x_i)	0	1	2	3	4	5	Σ
方格数(n_i)	213	128	37	18	3	1	400

试计算样本均值、样本方差.

6. 对某型号飞机的飞行速度进行了 15 次试验,测得飞行速度(单位:m/s)如下:

422.2, 417.2, 425.6, 420.3, 425.8, 423.1, 418.7, 428.2,

438.3, 434.0, 412.3, 431.5, 413.5, 441.3, 423.0

求样本均值、样本方差及样本二阶中心矩.

7. 设总体 $X \sim N(\mu_1, \sigma^2)$,总体 $Y \sim N(\mu_2, \sigma^2)$,从两个总体中分别抽取样本,得如下结果:

$n_1 = 7$,$\bar{x} = 54$,$s_1^2 = 116.667$;

$n_2 = 8$,$\bar{y} = 42$,$s_2^2 = 85.714$.

求概率 $P\{0.82 < \mu_1 - \mu_2 < 7.5\}$.

8. 从正态总体 $X \sim N(\mu, \sigma^2)$ 中抽取容量 $n = 20$ 的样本 $x_1, x_2, \cdots, x_{20}$,求概率:

(1) $P\left\{0.62\sigma^2 \leqslant \dfrac{1}{n} \sum_{i=1}^{n} (x_i - \mu)^2 \leqslant 2\sigma^2\right\}$;

(2) $P\left\{0.4\sigma^2 \leqslant \dfrac{1}{n} \sum_{i=1}^{n} (x_i - \bar{x})^2 \leqslant 2\sigma^2\right\}$.

9. 设总体 X 和 Y 相互独立,而且都是服从正态分布 $N(30, 3^2)$. $x_1, x_2, \cdots, x_{20}$ 和 $y_1, y_2, \cdots, y_{25}$ 分别来自 X 和 Y 的样本,求 $|\bar{x} - \bar{y}| < 0.4$ 的概率.

第7章 参数估计

参数估计是统计推断的基本内容之一,也是数理统计研究的主要方法。对于参数估计,主要采用点估计和区间估计。本章首先介绍参数估计。

这里所说的参数是指以下三类未知参数:

(1) 分布函数中所含的未知参数,如泊松分布 $P(\lambda)$ 中的参数 λ、指数分布中的参数 λ 及正态分布 $N(\mu,\sigma^2)$ 中的 μ 和 σ^2。

(2) 分布中所含有的未知参数 θ 的函数,如:设总体 X 的分布函数为 $F(x;\theta)$,其中参数 θ 为未知。

(3) 在有些实际问题中,事先并不知道随机变量 X 服从什么分布,而要对其数字特征,如均值 $E(X)$、方差 $D(X)$ 等作出估计。

参数估计有点估计和区间估计两方面的问题。参数点估计有许多方法,这里主要讨论矩法、极大似然法;区间估计只在正态总体范围内进行。

7.1 矩法和极大似然法

设总体 X 的分布函数为 $F(x;\theta)$,其中 θ 为未知参数,θ 的取值范围记为 Ω,Ω 称为参数空间。利用样本观察值建立参数 θ 的统计量 $T(x_1,x_2,\cdots,x_n)$,并且把统计量 $T(x_1,x_2,\cdots,x_n)$ 作为 θ 的估计量,这样的方法称为参数 θ 的点估计。

下面讨论参数的矩法和极大似然法。

7.1.1 矩 法

皮尔逊所引入的矩法是较早提出的求参数点估计的方法,其前提条件就是皮尔逊提出的替换原理。

1. 替换原理

(1) 用样本矩去替换总体矩,这里的矩可以是原点矩也可以是中心矩;

(2) 用样本矩的函数去替换相应的总体矩的函数。

根据这个替换原理,在总体分布形式未知场合也可对各种参数作出估计,例如:

● 用样本均值 $\bar{x}$ 估计总体均值 $E(X)$,即 $\hat{E}(X)=\bar{x}$;

● 用样本二阶中心矩 s_n^2 估计总体方差 $D(X)$,即 $D(X)=s_n^2$;

● 用事件 A 出现的频率估计事件 A 发生的概率。

这些都是在矩法估计中常见的,其中

$$s_n^2 = \frac{1}{n}\sum_{i=1}^{n}(x_i-\bar{x})^2$$

【例 7-1】下面是某高三年级学生的身高统计(单位:cm)数据:

$$161 \quad 176 \quad 182 \quad 165 \quad 170 \quad 172 \quad 168 \quad 165 \quad 180 \quad 163$$

这 10 个样本观测值所处的分布形式尚不清楚,可以用矩法估计其均值、方差等,本例中经计算有:

$$\bar{x} = \frac{161 + 176 + \cdots + 163}{20} = \frac{1\ 702}{10} = 170.2$$

$$s_n^2 = \frac{(161 - 170.2)^2 + \cdots + (163 - 170.2)^2}{10} = 46.76$$

由此给出总体均值、方差的估计分别为 170.2,46.76。

替换原理十分简单明确,其实质是用经验分布函数去替换总体分布,在众多的统计研究中都有应用。

2. 概率函数 $p(x;\theta)$ 已知时未知参数的矩法估计

设总体具有已知的概率函数 $p(x;\theta_1, \theta_2, \cdots, \theta_k)$,$(x;\theta_1, \theta_2, \cdots, \theta_k) \in \Theta$ 是未知参数或参数向量,$(x_1, x_2, x_3, \cdots, x_n)$ 是样本,假定总体的 k 阶原点矩 μ_k 存在,则对所有的 j($0 < j < k$),μ_j 都存在,若假设 $\theta_1, \theta_2, \cdots, \theta_k$ 能够表示成 $\mu_1, \mu_2, \cdots, \mu_k$ 的函数 $\theta_j = \theta_j(\mu_1, \mu_2, \cdots, \mu_k)$,则可以给出诸如 θ_j 的矩法估计:

$$\hat{\theta}_j = \theta_j(a_1, a_2, \cdots, a_k), \quad j = 1, 2, \cdots, k \tag{7.1}$$

其中,$a_1, a_2, \cdots, a_k$ 是前 k 个样本原点矩:

$$a_j = \frac{1}{n} \sum_{i=1}^{n} x_i^j$$

进一步,如果要估计 $\theta_1, \theta_2, \cdots \theta_k$ 的函数 $\eta = g(\theta_1, \theta_2, \cdots, \theta_k)$,则可直接得到 η 的矩法估计为

$$\hat{\eta} = g(\hat{\theta}_1, \hat{\theta}_2, \cdots, \hat{\theta}_k) \tag{7.2}$$

当 $k = 1$ 时,通常可以由样本均值出发对未知参数进行估计;当 $k = 2$ 时,可以由一阶、二阶原点矩(或二阶中心矩)出发估计未知参数。

【例 7 - 2】 设总体 X 有分布密度

$$p(x;\lambda) = \begin{cases} \lambda x^{\lambda-1} & 0 < x < 1, \\ 0, & \text{其他} \end{cases}$$

其中 $\lambda > 0$ 为待估参数,现有一组样本 $(0.11, 0.24, 0.09, 0.43, 0.38, 0.07)$,试估计参数 λ。

解 由题意易知,$E(X) = \int_0^1 x p(x;\lambda) \mathrm{d}x = \int_0^1 x \lambda x^{\lambda-1} \mathrm{d}x = \frac{\lambda}{\lambda - 1}$,由矩法的替换原理有 $E(X) = \bar{x}$,故有

$$\frac{\lambda}{\lambda - 1} = \bar{x}$$

由此,$\hat{\lambda} = \bar{x}/(1 - \bar{x})$。

由样本数据可知,$\bar{x} = \frac{1}{6}(0.11 + \cdots + 0.07) = 0.22$,故 λ 的估计值为

$$\hat{\lambda} = \bar{x}/(1 - \bar{x}) = 0.22/(1 - 0.22) = 0.282\ 1$$

【例 7 - 3】 设 $x_1, x_2, \cdots, x_n$ 是来自服从区间 $(0, \theta)$ 内的均匀分布 $\mu(0, \theta)$ 的样本,$\theta > 0$ 为未知参数,求 θ 的矩估计 $\hat{\theta}$。

解 易知总体 X 的均值为

$$E(X) = \int_{-\infty}^{+\infty} x f(x) \mathrm{d}x = \int_0^\theta x \cdot \frac{1}{\theta} \mathrm{d}x = \frac{\theta}{2}$$

由矩法，应有 $\dfrac{\theta}{2} = \bar{x}$，由此解得 θ 的矩估计为

$$\hat{\theta} = 2\bar{x}$$

例如，若取样本值为 0.1，0.7，0.2，1，1.9，1.3，1.8，则 θ 的估计值

$$\hat{\theta} = 2 \times \frac{1}{7}(0.1 + 0.7 + 0.2 + 1 + 1.9 + 1.3 + 1.8) = 2$$

7.1.2 极大似然法

极大似然法是参数点估计用得最多的方法，它最早是由高斯在 1821 年提出的，但未予证明；费希尔在 1922 年再次提出了这种想法，并证明了它的一些性质，从而使极大似然法得到了广泛应用。这种估计方法，是利用总体 X 的分布函数 $F(x;\lambda)$ 的表达式及子样所提供的信息来建立参数 λ 的估计量 $\lambda(x_1, \cdots, x_n)$ 的，这将在后面的章节中介绍。

在随机变量中一般分为离散型随机变量和连续型随机变量，首先看一个离散型随机变量。

【例 7-4】设产品分为合格品与不合格品两类，用一个随机变量 X 来表示某个产品是否合格，$X=0$ 表示合格品，$X=1$ 表示不合格品，则 X 服从二项分布 $B(1,p)$，其中 p 是未知的不合格品率，现抽取 n 个产品看其是否合格，得到样本 $x_1, x_2, x_3, \cdots, x_n$，这批观测值发生的概率为

$$p\{X=x_1, X=x_2, \cdots, X=x_n; p\} = \prod_{i=1}^n p^{x_i}(1-p)^{1-x_i} = p^{\sum x_i} p^{n-\sum x_i} \tag{7.3}$$

其中 p 是未知的，根据极大似然原理，应选择 p 使得式（7.3）表示的概率尽可能大，将式（7.3）看做未知参数 p 的函数，用 $L(p)$ 表示，称为似然函数，亦即

$$L(p) = p^{\sum x_i}(1-p)^{n-\sum x_i} \tag{7.4}$$

要求式（7.4）的最大值点不是难事，将式（7.4）两端取对数并关于 p 求导且令其为 0，即得如下方程：

$$\frac{\partial \ln L(p)}{\partial p} = \frac{\sum x_i}{p} - \frac{n - \sum x_i}{1-p} = 0 \tag{7.5}$$

解得 p 的极大似然估计为

$$\hat{p} = \hat{p}(x_1, x_2, \cdots, x_n) = \frac{\sum x_i}{n} = \bar{x}$$

由例 7-4 可以看到求极大似然估计的基本思路。对离散型总体，设有样本观测值 x_1，$x_2, \cdots, x_n$，写出该观测值出现的概率，它一般依赖于某个或某些参数，用 λ（或者 θ）表示，将该概率看成 λ（或者 θ）的函数，用 $L(\lambda)$ 表示，即

$$L(\lambda) = P(X_1 = x_1, \cdots, X_n = x_n; \lambda)$$

求极大似然估计就是找 λ 的估计值 $\hat{\lambda} = \hat{\lambda}(x_1, \cdots, x_n)$ 使得上式的 $L(\lambda)$ 达到最大。

对连续型总体，样本观测值 $x_1, x_2, \cdots, x_n$ 出现的概率总是为 0，但可用联合概率密度函

数来表示随机变量在观测值附近出现的可能性大小,也将之称为似然函数,由此,我们给出如下定义。

定义 7.1 设总体 X 的密度函数为 $f(x;\theta)$,其中 θ 是一个未知参数或几个未知参数组成的参数向量,Θ 是参数 θ 可能取值的参数空间,$x_1, x_2, \cdots, x_n$ 是来自该总体 X 的样本,它的联合密度函数为 $f(x_1, \cdots, x_n; \theta)$,用 $L(x_1, x_2, \cdots, x_n; \theta)$ 表示,简记为 $L(\theta)$,有

$$L(\theta) = L(x_1, x_2, \cdots, x_n; \theta) = f(x_1; \theta) f(x_2; \theta) \cdots f(x_n; \theta) = \prod_{i=1}^{n} f(x_i; \theta) \qquad (7.6)$$

$L(\theta)$ 称为样本的似然函数,如果某统计量 $\hat{\theta} = \hat{\theta}(x_1, x_2, \cdots, x_n)$ 满足

$$L(\hat{\theta}) = \max_{\theta \in \Theta} L(\theta) \qquad (7.7)$$

则 $\hat{\theta}$ 称为 θ 的极大似然估计,简记为 MLE。

由于 $\ln x$ 是 x 的单调增函数,因此,使对数似然函数 $\ln L(\theta)$ 达到极大与使 $L(\theta)$ 达到极大是等价的。人们通常更习惯于由 $\ln L(\theta)$ 出发寻找 θ 的极大似然估计,当 $L(\theta)$ 是可微函数时,求导是求极大似然函数估计最常用的方法,此时对对数似然函数求导更简单些。

【例 7-5】 设一个试验有三种可能结果,其发生概率分别为 $p_1 = \theta^2$,$p_2 = 2\theta(1-\theta)$,$p_3 = (1-\theta)^2$,现做了 n 次试验,观测到三种结果发生的次数分别为 n_1, n_2, n_3,$(n_1 + n_2 + n_3 = n)$,则似然函数为

$$L(\theta) = (\theta^2)^{n_1} \left[2\theta(1-\theta)\right]^{n_2} \left[(1-\theta)^2\right]^{n_3} = 2^{n_2} \theta^{2n_1+n_2} (1-\theta)^{2n_3+n_2}$$

对似然函数两边同时取对数有

$$\ln L(\theta) = n_2 \ln 2 + (2n_1 + n_2) \ln\theta + (2n_3 + n_2) \ln(1-\theta)$$

再对对数似然函数求关于 θ 的导数有

$$\frac{\mathrm{d}\ln L(\theta)}{\mathrm{d}\theta} = \frac{\mathrm{d}\left[n_2 \ln 2 + (2n_1 + n_2) \ln\theta + (2n_3 + n_2) \ln(1-\theta)\right]}{\mathrm{d}\theta}$$

$$\frac{\mathrm{d}\ln L(\theta)}{\mathrm{d}\theta} = \frac{2n_1 + n_2}{\theta} + \frac{2n_3 + n_2}{1-\theta} = 0$$

解得:

$$\hat{\theta} = \frac{2n_1 + n_2}{2(n_1 + n_2 + n_3)} = \frac{2n_1 + n_2}{2n}$$

由于

$$\frac{\mathrm{d}^2 \ln L(\theta)}{\mathrm{d}\theta^2} = -\frac{2n_1 + n_2}{\theta^2} - \frac{2n_3 + n_2}{(1-\theta)^2} < 0$$

故 $\hat{\theta}$ 是极大值点,即 $\hat{\theta}$ 为 θ 的极大似然估计。

【例 7-6】 $x_1, \cdots, x_n$ 为来自总体 X 的样本,其密度函数为

$$f(x) = \begin{cases} \theta x^{\theta-1}, & 0 < x < 1, \\ 0, & \text{其他} \end{cases}$$

试估计参数 λ。

解 由题意其联合密度函数为

$$L(\theta) = \prod_{i=1}^{n} f(x_i;\theta) = \theta x_1^{\theta-1} \theta x_2^{\theta-1} \cdots \theta x_n^{\theta-1}$$

$$L(\theta) = \theta^n (x_1 \cdots x_n)^{\theta-1}$$

$$\ln L(\theta) = \ln \theta^n + \ln (x_1 \cdots x_n)^{\theta-1}$$

$$\ln L(\theta) = n \ln \theta + (\theta - 1) \ln(x_1 \cdots x_n)$$

利用极值原理对该式求关于 θ 导数有

$$\frac{\mathrm{d}\ln L(\theta)}{\mathrm{d}\theta} = \frac{n}{\theta} + \ln(x_1 \cdots x_n) = 0$$

则参数估计 θ 的估计值为 $\hat{\theta} = -\dfrac{n}{\displaystyle\sum_{i=1}^{n} \ln x_i}$ 。

【**例 7 - 7**】总体 $X \sim N(\mu, \sigma^2)$，设有样本 $x_1, x_2, \cdots, x_n$，试求其参数 μ、σ^2 的似然估计值。

解　由题意得似然函数为

$$\ln L(\mu, \sigma^2) = -\frac{1}{2\sigma^2} \sum_{i=1}^{n} (x_i - \mu)^2 - \frac{n}{2}\ln \sigma^2 - \frac{n}{2}\ln(2\pi)$$

将分别对两个分量求偏导数，并令其为 0，得到似然方程组：

$$\frac{\partial \ln L(\mu, \sigma^2)}{\partial \mu} = \frac{1}{\sigma^2} \sum_{i=1}^{n} (x_i - \mu) = 0 \tag{7.8}$$

$$\frac{\partial \ln L(\mu, \sigma^2)}{\partial \sigma^2} = \frac{1}{2\sigma^4} \sum_{i=1}^{n} (x_i - \mu)^2 - \frac{n}{2\sigma^2} = 0 \tag{7.9}$$

解此方程组，由式(7.8)可得 μ 的极大似然估计为

$$\hat{\mu} = \frac{1}{n} \sum_{i=1}^{n} x_i = \bar{x}$$

将其代入式(7.9)得到 σ^2 的极大似然估计为

$$\hat{\sigma}^2 = \frac{1}{n} \sum_{i=1}^{n} (x_i - \bar{x})^2 = s_n^2$$

【**例 7 - 8**】(1)设总体 X 服从泊松分布 $p(\lambda)$，求 λ 的极大似然估计；(2)设总体 X 服从指数分布 $E(\lambda)$，求 λ 的极大似然估计。

解　(1)由题设，似然函数为

$$L(\lambda) = \prod_{i=1}^{n} p(x_i;\lambda) = \prod_{i=1}^{n} \frac{\lambda^{x_i}}{x_i!} \mathrm{e}^{-\lambda} = \frac{\lambda^{\sum\limits_{i=1}^{n} x_i}}{x_1! \ x_2! \ \cdots x_n!} \mathrm{e}^{-n\lambda}$$

$$\ln L(\lambda) = \left(\sum_{i=1}^{n} x_i\right)\ln \lambda - n\lambda - \ln(x_1! \ x_2! \ \cdots x_n!)$$

$$\frac{\mathrm{d}\ln L(\lambda)}{\mathrm{d}\lambda} = \frac{\sum\limits_{i=1}^{n} x_i}{\lambda} - n = 0$$

解得 λ 的极大似然估计为

$$\hat{\lambda} = \frac{1}{n} \sum_{i=1}^{n} x_i = \bar{x}$$

易知 λ 的矩估计亦为 $\bar{x}$。

（2）由于总体 $X \sim E(\lambda)$，故其样本值 $x_1, x_2, \cdots, x_n$ 大于 0，似然函数为

$$L(\lambda) = \lambda^n e^{-\lambda \sum\limits_{i=1}^{n} x_i}$$

$$\ln L(\lambda) = n \ln \lambda - \lambda \sum\limits_{i=1}^{n} x_i$$

$$\frac{\mathrm{d}\ln L(\lambda)}{\mathrm{d}\lambda} = \frac{n}{\lambda} - \sum\limits_{i=1}^{n} x_i = 0$$

解得 $\hat{\lambda} = \dfrac{n}{\sum\limits_{i=1}^{n} x_i} = \dfrac{1}{\bar{x}}$，由例 7-2 可知，$\lambda$ 的矩估计也为 $\dfrac{1}{\bar{x}}$。

虽然求导数是求极大似然估计量最常用的方法，但并非在所有场合求导都是有效的，下面的例子就说明了这个问题。

【例 7-9】设 $x_1, x_2, \cdots, x_n$ 是来自均匀总体 $u(0, \theta)$ 的样本，试求 θ 的极大似然估计。

解 由总体 $X \sim u(0, \theta)$ 知其分布密度为

$$f(x) = \begin{cases} \dfrac{1}{\theta}, & 0 \leqslant x \leqslant \theta, \\ 0, & \text{其他} \end{cases} \quad (\theta > 0)$$

且样本值满足 $0 \leqslant x_1, x_2, \cdots, x_n \leqslant \theta$，似然函数为

$$L = (\theta) \begin{cases} \dfrac{1}{\theta}, & \text{当 } x_i \in [0, \theta] \text{ 时}, i = 1, 2, \cdots, n; \\ 0, & \text{其他} \end{cases}$$

易知，按照前面的方法建立的似然方程是无解的，此时只能直接用极大似然估计的定义解之：因为对所有 $x_i \in [0, \theta]$ $(i = 1, 2, \cdots, n)$，必有

$$0 \leqslant \max\{x_1, x_2, \cdots, x_n\} \leqslant \theta$$

若令 $\hat{\theta} = \max\{x_1, x_2, \cdots, x_n\}$，则必有 $\hat{\theta} \leqslant \theta$，从而有

$$L(\hat{\theta}) = \frac{1}{\hat{\theta}^n} \geqslant \frac{1}{\theta^n} = L(\theta)$$

即 θ 的极大似然估计为

$$\hat{\theta} = x_{(n)}$$

类似地，当总体 $X \sim u(a, b)$ 时，参数 a、b 的极大似然估计为

$$\hat{a} = x_{(1)}, \quad \hat{b} = x_{(n)}$$

最后，介绍极大似然估计的一个简单且有用的性质：如果 $\hat{\theta}$ 是 θ 的极大似然估计，则对任一 θ 的函数 $g(\theta)$，其极大似然估计为 $g(\hat{\theta})$。该性质称为似然估计的不变性，它使得求一些复杂结构的参数的极大似然估计变得容易了。

【例 7-10】设 $x_1, x_2, \cdots, x_n$ 是来自正态总体 $N(\mu, \sigma^2)$ 的样本，求标准差 σ 和概率 $P\{X \leqslant 3\}$ 的最大似然估计。

解 由例 $7-7$ 知 μ 和 σ^2 的极大似然估计分别为

$$\hat{\mu}=\frac{1}{n}\sum_{i=1}^{n}x_i=\bar{x},\quad \hat{\sigma}^2=\frac{1}{n}\sum_{i=1}^{n}(x_i-\bar{x})^2=s_n^2$$

则由极大似然估计的不变性知,σ 的极大似然估计为

$$\hat{\sigma}=\left[\frac{1}{n}\sum_{i=1}^{n}(x_i-\bar{x})^2\right]^{\frac{1}{2}}=s_n$$

而概率 $P\{X\leqslant 3\}$（作为未知参数）的极大似然估计为

$$P\{X\leqslant 3\}=\Phi\left(\frac{3-\mu}{\sigma}\right)=\Phi\left(\frac{3-\bar{x}}{s_n}\right)=\Phi\left\{\frac{3-\bar{x}}{\sqrt{\frac{1}{n}\sum_{i=1}^{n}(x_i-\bar{x})^2}}\right\}$$

习 题

1. 使用一测量仪对同一值进行了 12 次独立测量,测量值为（单位:min）:

| 232.48 | 232.05 | 232.50 | 232.48 | 232.45 | 232.15 |
| 232.53 | 232.60 | 232.24 | 232.30 | 232.47 | 232.30 |

试用矩法估计测量值的真值及方差.

2. 设总体 X 服从指数分布

$$f(x;\theta)=\begin{cases}\theta e^{-\theta x}, & x\geqslant 0,\theta>0;\\ 0, & x<0\end{cases}$$

试求 θ 的极大似然估计.若某电子元件的使用寿命服从该指数分布,现随机抽取 18 个电子元件,测得寿命数据如下（单位：h）:

| 16 | 19 | 50 | 68 | 100 | 130 | 140 | 270 | 280 |
| 340 | 410 | 450 | 520 | 620 | 190 | 210 | 800 | 1 100 |

求 θ 的估计值.

3. 设总体 X 具有泊松分布,分布列为

$$p_k=\frac{\lambda^k}{k!}e^{-\lambda},\quad k=0,1,2,\cdots.$$

（1）求 λ 的矩估计;

（2）求 λ 的极大似然估计.

4. 设总体 X 的密度函数为 $f(x)=(\theta+1)x^\theta,0<x<1$.

（1）求 θ 的矩估计;

（2）求 θ 的极大似然估计.

7.2 点估计的评价准则

从上面已经看到,对于总体 X 的数学期望 $E(X)$,根据矩法估计可用样本的算术平均值 $\bar{x}$ 作为它的估计量。也可以用另一种方法,例如利用样本的加权平均值 $\sum_{i=1}^{n}c_ix_i$ 作为它的估计量。现在的问题在于哪个估计量是"最佳"估计,且最佳估计的准则又怎样确定？这是必须考

虑的问题。

下面将从估计量 $T(x_1,x_2,\cdots,x_n)$ 的数学期望及方差这两个重要的数字特征出发,引进无偏性、有效性、相合性等概念,从不同的角度来衡量估计量 $T(x_1,x_2,\cdots,x_n)$ 作为参数 θ 的"最佳"准则。

7.2.1 无偏性

定义 7.2 设 $\hat{\theta}=\hat{\theta}(x_1,x_2,\cdots,x_n)$ 是待估参数 θ 的一个估计量,θ 的参数空间为 Θ,若对任意的 $\theta\in\Theta$,有

$$E(\hat{\theta})=\theta$$

则称 $\hat{\theta}$ 是 θ 的无偏估计,否则称 $\hat{\theta}$ 是 θ 的有偏估计。

无偏性要求可以改写为 $E(\hat{\theta}-\theta)=0$,这表示无偏估计没有系统偏差,当使用 $\hat{\theta}$ 估计 θ 时,由于样本的随机性,$\hat{\theta}$ 与 θ 总是有偏差的,这种偏差时而(对某些样本观测值)为正,时而(对另一些观测值)为负,时而大,时而小。无偏性表示,把这些偏差平均起来其值为 0,这就是无偏估计的含义。而若估计不具有无偏性,则无论使用多少次,其平均值也会与参数真值有一定的距离,这个距离就是系统误差。

【例 7-11】 设总体 X 有 $\mu=E(X)$,$\sigma^2=D(X)$,$(x_1,x_2,\cdots,x_n)$ 为样本,$\bar{x}$、s_n^2、s^2 分别为样本均值、二阶中心矩、样本方差。

(1) $\bar{x}$ 作为 μ 的估计,试考察这一估计的无偏性;

(2) s_n^2、s^2 作为 σ^2 的估计,试考察它们的无偏性。

解 (1)因为 $E(\bar{x})=\mu$,所以样本均值 $\bar{x}$ 作为总体均值 μ 的估计是无偏的。

(2) 因为 $E(s_n^2)=\dfrac{n-1}{n}\sigma^2\neq\sigma^2$,所以二阶中心矩 s_n^2 作为总体方差的估计是有偏的;但由于 $E(s^2)=\sigma^2$,故样本方差 s^2 作为总体方差的估计是无偏的。

对此,我们需要指出:当样本量趋于无穷时,有 $E(s_n^2)\to\sigma^2$,s_n^2 称为 σ^2 的渐近无偏估计,这表明当样本量较大时,s_n^2 可近似看做 σ^2 的无偏估计。

估计量 $\hat{\theta}$ 作为样本函数是一个随机变量,$E(\hat{\theta})=\theta$ 说明 $\hat{\theta}$ 在历次试验中观测值总是围绕 θ 的真值对称地摆动。这便是无偏性的直观意义所在。在无偏性的讨论中,一个参数的无偏估计也可以不唯一。例如对于泊松分布中的参数 λ,$\hat{\lambda}=\bar{x}$ 及 $\hat{\lambda}=s^2$ 都是无偏估计,此时有必要对无偏性作出进一步的比较。

7.2.2 有效性

定义 7.3 设 $\hat{\theta}_1=\theta_1(x_1,x_2,\cdots,x_n)$ 和 $\hat{\theta}_2=\theta_2(x_1,x_2,\cdots,x_n)$ 是 θ 的两个无偏估计,如果对任意的 $\theta\in\Theta$ 有

$$D(\hat{\theta}_1)\leqslant D(\hat{\theta}_2)$$

且至少有一个 $\theta\in\Theta$ 使得上述不等号严格成立,则称 $\hat{\theta}_1$ 比 $\hat{\theta}_2$ 有效。

作为无偏估计量,$\hat{\theta}_1$ 和 $\hat{\theta}_2$ 在历次试验中的观测值都是围绕 θ 的真值左右对称摆动;而 $\hat{\theta}_1$ 较 $\hat{\theta}_2$ 有效是指 $\hat{\theta}_1$ 的摆动幅度比 $\hat{\theta}_2$ 的更小些,即 $\hat{\theta}_1$ 的观测值较 $\hat{\theta}_2$ 更集中在真值 θ 的附近。有效性表明:这样的估计量除了无系统估计偏差外,还有较高的估计精度。

【例 7-12】设 $x_1,x_2,\cdots,x_n$ 是取自某总体的样本,记总体均值为 μ,总体方差为 σ^2,则 $\hat{\mu}_1=x_1,\hat{\mu}_2=\bar{x}$ 都是 μ 的无偏估计,但

$$D(\hat{\mu}_1)=\sigma^2,\quad D(\hat{\mu}_2)=\frac{\sigma^2}{n}$$

显然,只要 $n>1,\hat{\mu}_2$ 就比 $\hat{\mu}_1$ 有效。这表明,用全部数据的平均估计总体均值要比只使用部分数据更为有效。

【例 7-13】设 $x_1,x_2,\cdots,x_n$ 是来自均匀总体 $u(0,\theta)$ 的样本,根据例 7-9 给出了 θ 极大似然估计值是 $x_{(n)}$,由于 $E(x_{(n)})=\frac{n}{n+1}\theta$,所以 $x_{(n)}$ 不是 θ 的无偏估计,而是 θ 的渐近无偏估计,将其修正后可以得到 θ 的一个无偏估计 $\hat{\theta}_1=\frac{n+1}{n}x_{(n)}$,且

$$D(\hat{\theta}_1)=\left(\frac{n+1}{n}\right)^2 D(x_{(n)})=\left(\frac{n+1}{n}\right)^2\frac{n}{(n+1)^2(n+2)}\theta^2=\frac{\theta^2}{n(n+2)}$$

另一方面,由矩阵可得 θ 的另一个无偏估计 $\hat{\theta}_2=2\bar{x}$,且

$$D(\hat{\theta}_2)=4D(\bar{x})=\frac{4}{n}D(x)=\frac{4}{n}\cdot\frac{\theta^2}{12}=\frac{\theta^2}{3n}$$

可见,当 $n>1$ 时,$\hat{\theta}_1$ 比 $\hat{\theta}_2$ 有效。

7.2.3　相合性

在无偏估计类中,以估计量的方差大小作为衡量估计量是否为"最优"的准则,已作了比较充分的讨论。但是,无偏估计类中方差为最小或较小的估计量,不一定比某个有偏差的估计量的方差来得小。无偏与有偏反映估计量 $\hat{\theta}(x_1,\cdots,x_n)$ 的数学期望是否等于被估计的真参数值 θ;方差 $D(\hat{\theta})$ 的大小反映 $\hat{\theta}$ 的观察值以真参数值 θ 为中心的离散程度。一个估计量,它基于样本观察值而求得的数值,即使其平均值等于 θ,但离散程度很大,那么用这个估计量来估计 θ 时,仍然不太理想。因此,人们希望在偏差性(有偏或无偏)与离散性(方差的大小)两者兼顾的原则下来建立估计量为"最优"的准则,为此引入相合性的概念。

定义 7.4　设 $\theta\in\Theta$ 为未知参数,$\hat{\theta}_n=\hat{\theta}_n(x_1,x_2,\cdots,x_n)$ 是 θ 的一个估计量,n 是样本容量,若对任何一个 $\varepsilon>0$,有

$$\lim_{n\to\infty}P\left\{|\hat{\theta}_n-\theta|>\varepsilon\right\}=0$$

则 $\hat{\theta}_n$ 称为参数 θ 的相合估计。

【例 7-14】设 $x_1,x_2,\cdots,x_n$ 是来自正态总体 $N(\mu,\sigma^2)$ 的样本,则由大数定律及相合性定

义可知：

（1）$s_n^2 = \dfrac{1}{n}\sum\limits_{i=1}^{n}(x_i - \bar{x})^2$ 是 σ^2 用的相合估计；

（2）s^2 也是 σ^2 的相合估计。

由此可见，参数的相合估计不止一个。

为了避开判断估计的相合性验证的困难，下面不加证明地给出很有用的定理。

定理 7.1　设 $\hat{\theta}_n = \hat{\theta}_n(x_1, x_2, \cdots, x_n)$ 是 θ 的一个估计量，若

$$\lim_{n \to +\infty} E(\hat{\theta}_n) = \theta, \quad \lim_{n \to +\infty} D(\hat{\theta}_n) = 0$$

则 $\hat{\theta}_n$ 是 θ 的相合估计。

【例 7-15】 设 $x_1, x_2, \cdots, x_n$ 是来自均匀总体 $u(0, \theta)$ 的样本，证明 θ 的极大似然估计是相合估计。

证明　在例 7-9 中已经给出 θ 的极大似然估计是 $x_{(n)}$，由定理 6.3 可知，$\hat{\theta} = x_{(n)}$ 的分布密度函数为

$$f(y) = \frac{ny^{n-1}}{\theta^n}, \quad y < 0$$

故有

$$E(\hat{\theta}) = \int_0^\theta y\, \frac{ny^{n-1}}{\theta^n}\,\mathrm{d}y = \frac{n}{n+1}\theta \to \theta \quad (\theta \to \infty)$$

$$E(\hat{\theta}^2) = \int_0^\theta y^2\, \frac{ny^{n-1}}{\theta^n}\,\mathrm{d}y = \frac{n}{n+2}\theta^2$$

$$D(\hat{\theta}) = E(\hat{\theta}^2) - E^2(\hat{\theta}) = \frac{n}{n+2}\theta^2 - \left(\frac{n}{n+2}\theta\right)^2$$

$$= \frac{n}{(n+1)^2(n+2)}\theta^2 \to 0 \quad (n \to +\infty)$$

由定理 7.1 可知，$x_{(n)}$ 是 θ 的相合估计。

习　题

1. 证明样本均值 $\bar{x}$ 是总体均值 μ 的相合估计.

2. 设 $x_1, x_2, \cdots, x_n$ 是来自总体 X 的一个样本，又设 $E(X) = \mu, D(X) = \sigma^2$，试求总体均值 μ 和总体方差 σ^2 的无偏估计.

3. 设总体 $X \sim N(\mu, \sigma^2)$，(x_1, x_2, x_3) 为其样本，下面为参数 μ 的三个估计量：

（1）$\hat{\mu}_1 = \dfrac{1}{3}x_1 + \dfrac{1}{3}x_2 + \dfrac{1}{3}x_3$；

（2）$\hat{\mu}_2 = \dfrac{1}{2}x_1 + \dfrac{1}{3}x_2 + \dfrac{1}{6}x_3$；

（3）$\hat{\mu}_3 = \dfrac{3}{5}x_1 + \dfrac{2}{5}x_2$.

试问：三个变量是否都是参数 μ 的无偏估计，如果都是，哪个变量最为有效？

4. 设总体 $X \sim u(\theta, 2\theta)$，其中 $\theta > 0$ 是未知参数，又 $x_1, x_2, \cdots, x_n$ 为取自该总体的样本，$\bar{x}$

为样本均值.

(1) 证明 $\hat{\theta} = \dfrac{2}{3}\bar{x}$ 是参数 θ 的无偏估计和相合估计；

(2) 求 θ 的极大似然估计.

7.3　区间估计

在参数的点估计中,对待估参数 θ 的近似值给出了明确的数量描述,但其精度如何没有明确的描述,因为点估计没有给出这种近似的精确程度和可信程度,实际中,给出度量一个点估计的精度最直观的方法是给出未知参数的一个区间,这便产生了参数的区间估计概念。

7.3.1　置信区间概念

定义 7.5　设 θ 为总体的未知参数,$\hat{\theta}_1 = \hat{\theta}_1(x_1, x_2, \cdots, x_n)$,$\hat{\theta}_2 = \hat{\theta}_2(x_1, x_2, \cdots, x_n)$ 是由样本 $x_1, x_2, \cdots, x_n$ 定出的两个统计量,若对于给定的概率 $1 - \alpha (0 < \alpha < 1)$,有

$$P(\hat{\theta}_1 \leqslant \theta \leqslant \hat{\theta}_2) = 1 - \alpha$$

则随机区间 $[\hat{\theta}_1, \hat{\theta}_2]$ 称为参数 θ 的置信度为 $1 - \alpha$ 的置信区间,$\hat{\theta}_1$ 称为置信下限,$\hat{\theta}_2$ 称为置信上限。

置信区间的意义可作如下解释:在大量试验下所得到的一系列定值区间中 θ 包含在随机区间 $[\hat{\theta}_1, \hat{\theta}_2]$ 中的概率为 $100(1 - \alpha)\%$；或者说,随机区间 $[\hat{\theta}_1, \hat{\theta}_2]$ 以 $100(1 - \alpha)\%$ 的概率包含 α。简单地说,若 α 等于 0.1,在 100 次抽样中,大约有 90 次包含在 $[\hat{\theta}_1, \hat{\theta}_2]$ 中,而其余次可能不在该区间中。

α 常取的数值为 0.05,0.01,此时置信度分别为 0.95,0.99。

置信区间的长度可视为区间估计的精度。下面分析置信度与精度的关系。

(1) 在样本容量 n 固定,当置信度 $1 - \alpha$ 增大时,置信区间长度增大,即区间估计精度降低；当置信度 $1 - \alpha$ 减小时,置信区间长度减小,即区间估计精度提高。

(2) 在置信度 $1 - \alpha$ 固定,当样本容量 n 增大时,置信区间长度减小,区间估计精度提高。

7.3.2　单个正态总体均值的区间估计

在正态总体假设中,有两个参数 μ、σ^2,在对均值估计时,需要把方差已知和方差未知分开讨论。

1. 方差 σ^2 已知时 μ 的区间估计

设总体 X 服从正态分布 $N(\mu, \sigma^2)$,其中 σ^2 已知,而 μ 未知,求 μ 的置信度为 $1 - \alpha$ 的置信区间。

在题设的条件下,选用估计样本函数为

$$U = \frac{\bar{x} - \mu}{\sigma / \sqrt{n}} \sim N(0, 1)$$

在置信度为 $1 - \alpha$ 下,其相应的临界值为 $u_{\frac{\alpha}{2}}$,由此可知

$$P\{|U| \leqslant u_{\frac{\alpha}{2}}\} = 1 - \alpha$$

$$P\left\{\left|\frac{\bar{x} - \mu}{\sigma/\sqrt{n}}\right| \leqslant u_{\frac{\alpha}{2}}\right\} = 1 - \alpha$$

$$P\left\{\bar{x} - u_{\frac{\alpha}{2}}\frac{\sigma}{\sqrt{n}} \leqslant \mu \leqslant \bar{x} + u_{\frac{\alpha}{2}}\frac{\sigma}{\sqrt{n}}\right\} = 1 - \alpha$$

所以,μ 的置信度为 $1-\alpha$ 时的置信区间为 $\left[\bar{x} - u_{\frac{\alpha}{2}}\dfrac{\sigma}{\sqrt{n}}, \bar{x} + u_{\frac{\alpha}{2}}\dfrac{\sigma}{\sqrt{n}}\right]$,当 $\alpha = 0.05$ 时,$u_{\frac{\alpha}{2}} = 1.96$;当 $\alpha = 0.01$ 时,$u_{\frac{\alpha}{2}} = 2.576$。

【例 7-16】某地区在学科测试中,学科成绩服从 $X \sim N(\mu, 1.35^2)$ 分布,其中 μ 为未知参数,在考试结束后,随机抽取 10 份试卷的成绩为

| 74 | 52 | 95 | 81 | 43 | 62 | 86 | 78 | 74 | 67 |

试求该学科平均成绩的置信区间($\alpha = 0.05$)。

解 由题意可知 $\sigma^2 = 13.5^2$,其样本函数为 $U = \dfrac{\bar{x} - \mu}{\sigma/\sqrt{n}}$,在置信度为 $1-\alpha$ 时的置信区间为 $\left[\bar{x} - u_{\frac{\alpha}{2}}\dfrac{\sigma}{\sqrt{n}}, \bar{x} + u_{\frac{\alpha}{2}}\dfrac{\sigma}{\sqrt{n}}\right]$。

由样本数据可知,$\bar{x} = \dfrac{1}{10}(74 + 95 + \cdots + 67) = 71.2$,在 $\alpha = 0.05$ 时,$u_{\frac{\alpha}{2}} = u_{0.025} = 1.96$。由此可得其 μ 的置信区间为 $[60.21, 82.19]$。

【例 7-17】设总体为正态分布 $N(\mu, 1)$,为使 μ 的置信水平为 0.95 的置信区间长度不超过 1.2,样本容量应为多大?

解 由题设条件知 μ 的 0.95 置信区间为 $\left[\bar{x} - u_{\frac{\alpha}{2}}\dfrac{\sigma}{\sqrt{n}}, \bar{x} + u_{\frac{\alpha}{2}}\dfrac{\sigma}{\sqrt{n}}\right]$,其区间长度为 $2u_{\frac{\alpha}{2}}\dfrac{\sigma}{\sqrt{n}}$,它仅依赖于样本容量 n,而与样本具体取值无关。现要求 $2u_{\frac{\alpha}{2}}\dfrac{\sigma}{\sqrt{n}} \leqslant 1.2$,立即有 $n \geqslant \left(\dfrac{2}{1.2}\right)^2 u_{\frac{\alpha}{2}}^2$,现 $1-\alpha = 0.95$,故 $u_{\frac{\alpha}{2}} = 1.96$,从而 $n \geqslant \left(\dfrac{5}{3}\right)^2 \times 1.96^2 \approx 10.67 \approx 11$,即当样本容量至少为 11 时,才能使 μ 的置信水平为 0.95 的置信区间长度不超过 1.2。

2. 方差 σ^2 未知时 μ 的区间估计

当方差未知时,U 统计量已经无法适用了,这时可用 t 统计量,因为 $t = \dfrac{\sqrt{n}(\bar{x} - \mu)}{s} \sim t(n-1)$ $\left(\text{注意此时 } s \text{ 应该为无偏估计 } s^2 = \dfrac{1}{n-1}\sum_{i=1}^{n}(x_i - \bar{x})^2\right)$,在置信度为 $1-\alpha$ 下有

$$P\{|t| \leqslant t_{\frac{\alpha}{2}}(n-1)\} = 1 - \alpha$$

$$P\left\{\left|\frac{\sqrt{n}(\bar{x} - \mu)}{s}\right| \leqslant t_{\frac{\alpha}{2}}(n-1)\right\} = 1 - \alpha$$

则当方差未知时 μ 的置信区间为 $\left[\bar{x} - t_{\frac{\alpha}{2}}(n-1)\dfrac{s}{\sqrt{n}}, \bar{x} + t_{\frac{\alpha}{2}}(n-1)\dfrac{s}{\sqrt{n}}\right]$。

【例 7 - 18】随机地从一批钉子中抽取 16 枚,测得其长度为

| 2.14 | 2.10 | 2.13 | 2.15 | 2.13 | 2.12 | 2.13 | 2.10 |
| 2.15 | 2.12 | 2.14 | 2.10 | 2.13 | 2.11 | 2.14 | 2.11 |

设钉子长度服从正态分布,试求总体均值 μ 的置信区间($\alpha=0.1$)。

解　由题意可知方差未知,则选用估计函数为 $t=\dfrac{\sqrt{n}\,(\bar{x}-\mu)}{s}$,根据样本数据,有:

$$\bar{x}=\frac{1}{16}(2.14+\cdots+2.11)=2.125$$

$$s^2=\frac{1}{16-1}\sum_{i=1}^{16}\,(x_i-\bar{x})^2=0.017^2$$

在 $\alpha=0.1$ 时,查附录表 B.5 可知 $t_{\frac{\alpha}{2}}(n-1)=t_{0.05}(15)=1.7531$。此时置信区间为

$$\left[\bar{x}-t_{\frac{\alpha}{2}}(n-1)s\Big/\sqrt{n}\,,\bar{x}+t_{\frac{\alpha}{2}}(n-1)s\Big/\sqrt{n}\,\right]$$

$$=\left[2.125-1.7531\times0.017\Big/\sqrt{16}\,,2.125+1.7531\times0.017\Big/\sqrt{16}\,\right]$$

$$=\left[2.117,2.130\right]$$

7.3.3　单个正态总体方差的区间估计

设 $x_1,x_2,\cdots,x_n$ 为来自总体 X 的样本,且 $X\sim N(\mu,\sigma^2)$,总体方差 σ^2 为待估参数。由于有

$$\chi^2=\frac{(n-1)s^2}{\sigma^2}\sim\chi^2(n-1)$$

在置信水平 $1-\alpha$ 下,有两个相应的临界值 $\chi^2_{1-\frac{\alpha}{2}}(n-1)$、$\chi^2_{\frac{\alpha}{2}}(n-1)$,满足

$$P\{\chi^2_{1-\frac{\alpha}{2}}(n-1)\leqslant\chi^2\leqslant\chi^2_{\frac{\alpha}{2}}(n-1)\}=1-\alpha$$

$$P\left\{\chi^2_{1-\frac{\alpha}{2}}(n-1)\leqslant\frac{(n-1)s^2}{\sigma^2}\leqslant\chi^2_{\frac{\alpha}{2}}(n-1)\right\}=1-\alpha$$

由此给出 σ^2 的 $1-\alpha$ 置信区间为 $\left[(n-1)s^2\Big/\chi^2_{\frac{\alpha}{2}}(n-1),(n-1)s^2\Big/\chi^2_{1-\frac{\alpha}{2}}(n-1)\right]$。

【例 7 - 19】某厂生产的零件质量服从正态分布 $N(\mu,\sigma^2)$。现从该厂生产的零件中抽取 9 个,测得其质量为(单位:g)

45.3　45.4　45.1　45.3　45.5　45.7　45.4　45.3　45.6

试求总体标准差 σ 的 0.95 置信区间。

解　由数据可算得 $s^2=0.0325$,$(n-1)s^2=8\times0.0325=0.26$,这里 $\alpha=0.05$,查附录表 B.3 知 $\chi^2_{0.025}(8)=17.534$,$\chi^2_{0.975}(8)=2.1797$ 代入可得 σ^2 的 0.95 置信区间为

$$\left[\frac{0.26}{17.534},\frac{0.26}{2.1797}\right]=[0.0148,0.1193]$$

从而 σ 的 0.95 置信区间为 $[0.1218,0.3454]$。

以上关于正态总体参数的区间估计表如表 7.1 所列。

表 7.1　正态总体参数的区间估计表

所估参数	条　件	估计函数	置信区间
μ	σ^2 已知	$u=\dfrac{(\bar{x}-\mu)}{s}\sqrt{n}$	$\left[\bar{x}-u_{\frac{\alpha}{2}}\dfrac{\sigma}{\sqrt{n}},\bar{x}+u_{\frac{\alpha}{2}}\dfrac{\sigma}{\sqrt{n}}\right]$
	σ^2 未知	$t=\dfrac{(\bar{x}-\mu)}{s}\sqrt{n}$	$\left[\bar{x}-t_{\frac{\alpha}{2}}(n-1)\dfrac{s}{\sqrt{n}},\bar{x}+t_{\frac{\alpha}{2}}(n-1)\dfrac{s}{\sqrt{n}}\right]$
σ^2	μ 未知	$\chi^2=\dfrac{(n-1)s^2}{\sigma^2}$	$\left[(n-1)s^2\Big/\chi^2_{\frac{\alpha}{2}}(n-1),(n-1)s^2\Big/\chi^2_{1-\frac{\alpha}{2}}(n-1)\right]$

习　题

1. 某车间生产滚珠,从长期实践知道,滚珠直径 X 服从正态分布.从某天产品中随机抽取 6 个,测得直径为(单位:mm)

$$14.6 \qquad 15.1 \qquad 14.9 \qquad 14.8 \qquad 15.2 \qquad 15.1$$

若总体方差 σ^2,求总体均值 μ 的置信区间($\alpha=0.05,\alpha=0.01$).

2. 从某同类零件中抽取 9 件,测得其长度为(单位:mm)

$$6.0 \quad 5.7 \quad 5.8 \quad 6.5 \quad 7.0 \quad 6.3 \quad 5.6 \quad 6.1 \quad 5.0$$

设零件长度 X 服从正态分布 $N(\mu,1)$.求 μ 的置信度为 0.95 的置信区间.

3. 两台车床生产同一型号的滚珠,已知两车床生产的滚珠直径 X、Y 分别服从$N(\mu_1,\sigma_1^2)$,$N(\mu_2,\sigma_2^2)$,其中 $\mu_i,\sigma_i^2(i=1,2)$未知,现从甲、乙两车床的产品中分别抽出 25 个和 15 个,测得 $s_1^2=6.38,s_2^2=5.15$,求两总体方差比 σ_1^2/σ_2^2 的置信度 0.90 的置信区间.

4. 某工厂生产滚珠,从某日生产的产品中随机抽取 9 个,测得直径(单位：mm)如下:

$$14.6 \quad 14.8 \quad 15.1 \quad 14.9 \quad 14.8 \quad 15.1 \quad 15.0 \quad 14.9 \quad 14.8$$

设滚珠直径服从正态分布,若

(1) 已知滚珠直径的标准差 $\sigma=0.15$ mm;

(2) 未知标准差 σ.

求直径均值 μ 的置信度 0.95 置信区间.

5. 设总体 $\xi\sim N(\mu,\sigma^2)$,σ^2 为待估参数.$(\xi_1,\xi_2,\cdots,\xi_6)$的样本值为$(20.1,22.0,21.5,21.3,$ $20.8,20.9)$,置信水平$(1-\alpha)=0.95$.试在 μ 未知条件下求 σ^2 与 σ 的置信区间.

6. 设灯泡厂生产的灯泡的寿命服从正态分布,其中 μ,σ^2 未知.今随机地抽取 16 只灯泡进行寿命试验,测得寿命数据如下(单位：h):

$$1\ 480 \quad 1\ 485 \quad 1\ 502 \quad 1\ 511 \quad 1\ 527 \quad 1\ 603 \quad 1\ 480 \quad 1\ 514$$
$$1\ 508 \quad 1\ 490 \quad 1\ 480 \quad 1\ 470 \quad 1\ 486 \quad 1\ 520 \quad 1\ 540 \quad 1\ 530$$

(1) 试求该批灯泡平均寿命 μ 的置信度 0.95 的置信区间.

(2) 试求灯泡寿命方差 σ^2 的置信度 0.95 的置信区间.

7. 从一批同类保险丝中随机抽取 10 根,测试其熔化时间(单位:min),其结果为

$$42 \quad 65 \quad 75 \quad 78 \quad 71 \quad 59 \quad 57 \quad 68 \quad 54 \quad 55$$

若熔化时间 $X\sim N(\mu,\sigma^2)$,μ 为未知参数,则分别求熔化时间的方差 σ^2、标准差 σ 的置信度为 0.95 与 0.99 下的置信区间.

本章小结

参数估计是统计推断的核心内容之一,它所包括的点估计和区间估计都是借助样本$(x_1,$ $x_2,\cdots,x_n)$所提供的信息,为未知参数作出预定要求且又尽可能合理的估计。本章的主要知识点概括如下:

(1) 用一个样本函数估计未知参数的方法称为点估计,其中使用较为普遍的是矩估计法和极大似然估计法。

1) 矩法估计的基本思路就是利用英国统计学家皮尔逊提出的替换原则,即

● $\bar{x}=E(X)=\hat{\mu}$——用样本均值 $\bar{x}$ 作为总体均值 $\hat{\mu}$ 的估计;

● $s^2(s_n^2)=D(X)=\hat{\sigma}^2$——用样本方差(修正方差)$s^2(s_n^2)$作为总体方差 $\hat{\sigma}^2$ 的估计。

2) 极大似然法估计就是基于极大似然原理的估计方法,对于其计算过程可概括为以下四步:

① 在样本点$(x_1,x_2,\cdots,x_n)$上建立有联合分布列(概率密度)表出的似然函数 $L(x_1,x_2,\cdots,x_n;\lambda)$;

② 为计算方便引入对数似然函数 $\ln L(x_1,x_2,\cdots,x_n;\lambda)$;

③ 为使似然函数达到最大,通常就是对对数似然函数中的未知参数 λ 求导(或偏导数)得似然函数方程$\dfrac{\mathrm{d}\ln L}{\mathrm{d}\lambda}=0$ 并求解;

④ 将解中的 x_i 改写成 ξ_i 便可获得所求的最大似然估计量。

(2) 对参数估计量的优劣的评价,主要从无偏性、有效性和相合性三方面去衡量,会简单应用即可。但这一过程中往往遇到求期望、求方差以及求依概率收敛的问题,这对一些同学可能是一个难点(但非重点)。

(3) 参数的区间估计,主要是紧密结合第 6 章,以与正态分布相关的统计量在某区域上取值的概率为置信度,从而该统计量中的参数也就确定了其取值的"范围",这"范围"就是它的区间估计。

复习题

1. 选择题:

(1)设总体 $X\sim E(\lambda)$,则 λ 的矩估计和极大似然估计分别为(　　　).

A. 矩估计 $\hat{\lambda}=\bar{x}$,极大似然估计 $\hat{\lambda}=\bar{x}$

B. 矩估计 $\hat{\lambda}=\dfrac{1}{\bar{x}}$,极大似然估计 $\hat{\lambda}=\bar{x}$

C. 矩估计 $\hat{\lambda}=\dfrac{1}{\bar{x}}$,极大似然估计 $\hat{\lambda}=\dfrac{1}{\bar{x}}$

D. 矩估计 $\hat{\lambda}=\bar{x}$,极大似然估 $\hat{\lambda}=\dfrac{1}{\bar{x}}$

(2) 设总体 X 服从正态分布 $N(\mu,\sigma^2)$,x_1,x_2,x_3 为取自的容量为 3 的样本,则 μ 的三个

估计量 $\hat{\mu}_1=\frac{1}{3}(x_1+x_2+x_3)$，$\hat{\mu}_2=\frac{3}{5}x_1+\frac{2}{5}x_2$，$\hat{\mu}_3=\frac{1}{2}x_1+\frac{1}{3}x_2+\frac{1}{6}x_3$ 为（　　）.

A. 三个都不是 μ 的无偏估计

B. 三个都是 μ 的无偏估计，$\hat{\mu}_1$ 最有效

C. 三个都是 μ 的无偏估计，$\hat{\mu}_2$ 最有效

D. 三个都是 μ 的无偏估计，$\hat{\mu}_3$ 最有效

2. 填空题：

(1) 设总体 $X\sim B(1,p)$，则 p 的矩估计为_____，极大似然估计为_____.

(2) 设 $x_1,x_2,\cdots,x_n$ 是来自总体 X 的一个样本，又设 $E(X)=\mu$，$D(X)=\sigma^2$，则总体均值 μ 的无偏估计为_____；总体方差 σ^2 的无偏估计为_____.

(3) 设总体 $X\sim(\mu,\sigma^2)$，x_1,x_2,x_3 是来自 X 的样本，则当常数 $a=$_____时，$\hat{\mu}=\frac{1}{3}x_1+ax_2+\frac{1}{6}x_3$ 是未知参数 μ 的无偏估计.

3. 对某一距离进行五次独立测量，得到下面的结果（单位：m）：

$$2\,781 \qquad 2\,836 \qquad 2\,807 \qquad 2\,763 \qquad 2\,858$$

已知测量仪器没有系统误差，试用矩法估计这一距离的真值和方差.

4. 设总体密度函数为 $f(x,\theta)=(\theta+1)x^\theta$，$0<x<1$.

(1) 求 θ 的矩估计.

(2) 求 θ 的极大似然估计.

5. 设总体 $X\sim(\mu,\sigma^2)$ 抽取样本 $x_1,x_2,\cdots,x_n$，$\bar{x}=\frac{1}{n}\sum_{i=1}^{n}x_i$ 为样本均值.

(1) 已知 $\sigma=4$，$\bar{x}=12$，$n=144$，求 μ 的置信度为 0.95 的置信区间；

(2) 已知 $\sigma=10$，问：要使 μ 的置信度为 0.95 的置信区间长度不超过 5，样本容量至少应取多大？（$u_{0.025}=1.96$，$u_{0.05}=1.645$）

6. 某啤酒厂从一批产品中随机抽取 20 瓶啤酒，其净含量统计结果如下（单位：mL）：

| 595 | 596 | 598 | 601 | 603 | 601 | 597 | 598 | 597 | 602 |
| 597 | 598 | 605 | 604 | 603 | 604 | 598 | 597 | 596 | 601 |

其分布应该服从正态分布.试求方差 σ^2 和均方差 σ 在置信度为 0.99 下的置信区间.

第8章 假设检验

在掌握参数估计后,需要继续学习数理统计的另一个重要内容——假设检验,它是利用总体样本中所提供的信息以及运用适当的统计量,对总体特性的某些"假设"作出拒绝或接受的判断。本章主要介绍统计假设检验的基本思想和概念以及各种参数的假设检验方法,并简单介绍非参数的统计假设检验的一些方法。

8.1 假设检验的基本思想

8.1.1 基本思想

假设检验作为数理统计的基本内容之一,解决问题的思路和方法远没有参数估计那样直观便捷,那么,应该如何完整地理解这一推断方法的基本思想呢?下面来看一个具体问题。

【**例 8 - 1**】某工厂用自动包装机包装葡萄糖,规定标准质量为每袋净重 $500\mathrm{g}$,现在随机地抽取 16 袋,测得各袋净重为

487	500	512	491	501	509	490	492
490	498	505	497	500	492	488	489

设每袋净重服从正态分布,问包装机工作是否正常?(取显著性水平 $\alpha = 0.05$)

此例中,随机抽取的 16 袋葡萄糖的质量除两袋外都不是 $500\mathrm{\,g}$,这种实际质量和标准质量不完全一致的现象,在实际生活中是经常出现的。造成这种差异有两个原因:一是偶然因素的影响;二是条件因素的影响。由于偶然因素而发生的(例如衡量仪器误差而引起的、电网电压的波动、金属部件的不时伸缩)差异称为随机误差,由于条件因素(生产设备的缺陷、机械部件的过度损耗)而产生的差异称为条件误差。若只存在随机误差,就没有理由怀疑标准质量不是 $500\mathrm{\,g}$;如果有充足的理由断定标准质量已不是 $500\mathrm{\,g}$,那么造成这种现象的主要原因是条件误差,即包装机工作不正常。怎样判断包装机工作不正常呢?由数学问题的反证法知道,欲证明命题 A 正确,首先假设对立命题 $\bar{A}$ 正确,在此假设下根据某种原理,找出矛盾,然后把产生矛盾的原因归结为假设错误,从而证明了命题 A 正确。借助这一思想,下面来解答例 8 - 1 提出的问题。

解 已知袋装葡萄糖重服从正态分布 $X \sim N(\mu, \sigma^2)$,假设现在包装机工作正常,即提出如下假设:

$$H_0: \mu = \mu_0 = 500, \quad H_1: \mu \neq \mu_0$$

这是两个对立的假设,我们的任务就是要依据样本对这样的假设之一作出是否拒绝的判断。

由于样本均值 $\overline{X} = \dfrac{1}{n}\sum_{i=1}^{n} X_i$ 是 μ 的一个很好的估计,故当 H_0 为真时,$|\bar{x} - 500|$ 应很小(其中 $\bar{x}$ 为 $\overline{X}$ 的观测值);当 $|\bar{x} - 500|$ 过分大时,就应当怀疑 H_0 不正确而拒绝 H_0。怎样给出 $|\bar{x} - 500|$ 的具体界限值 c_0 呢?

当 H_0 为真时，由于 $t=\dfrac{\bar{x}-\mu_0}{s/\sqrt{n}}\sim N(0,1)$，对于给定的很小的数 $0<\alpha<1$，例如取 $\alpha=0.05$，考虑

$$P\{|t|>t_{\frac{\alpha}{2}}\}=P\left\{\left|\dfrac{\bar{x}-\mu_0}{s/\sqrt{n}}\right|>t_{\frac{\alpha}{2}}\right\}=\alpha$$

其中 $t_{\frac{\alpha}{2}}$ 是标准正态分布上侧 $\dfrac{\alpha}{2}$ 分位数，而事件

$$\left|\dfrac{\bar{x}-\mu_0}{s/\sqrt{n}}\right|>t_{\frac{\alpha}{2}} \tag{8.1}$$

是一个小概率事件。小概率事件在一次试验中几乎不可能发生。

查附录表 B.5 得 $t_{\frac{\alpha}{2}}(n-1)=t_{0.025}(15)=2.131\,5$，又 $n=16$，由样本计算得出

$$\bar{x}=496.312\,5$$

$$s^2=\frac{1}{n-1}\sum_{i=1}^{16}(x_i-\bar{x})^2=\frac{889.437\,5}{16-1}=59.295\,8，\quad s=7.700\,4$$

又由式(8.1)得

$$\left|\dfrac{\bar{x}-\mu_0}{s/\sqrt{n}}\right|=\left|\dfrac{496.321\,5-500}{7.7/\sqrt{16}}\right|=1.915\,5<2.131\,5$$

小概率事件没有发生，于是推理正确，接受 H_0，从而可以认为包装机是正常的。

下面引进与假设检验相关的概念和基本术语。

8.1.2　假设检验的相关概念

在许多实际问题中，常需根据理论与经验对总体 X 的分布函数或所含有的一些参数作出某种假设 H_0。这种假设 H_0 称为统计假设（简称假设）。当统计假设 H_0 仅仅涉及总体分布的未知参数时，称为参数假设（如例 8-1）；而当统计假设 H_0 涉及分布函数的形式（例如假设 H_0：总体 X 服从泊松分布）时，称为非参数假设。

判断统计假设 H_0 成立与否的方法称为统计假设检验（简称统计检验或检验）；判断参数假设成立与否的方法称为参数检验；判断非参数假设成立与否的方法称为非参数检验；如果只对一个假设提出检验，判断它是否成立，而不同时研究其他假设，那么这种检验称为显著性检验。本章将集中讨论显著性检验方法。

我们要问：作出"拒绝 H_0"这一判断是否可能犯错误？为此，我们考察概率

$$P\{|u|>u_{\frac{\alpha}{2}}\}=\alpha$$

"$|u|>u_{\frac{\alpha}{2}}$"这个事件是小概率事件，它仍然可能发生（发生概率为 α）。因此，若根据"$|u|>u_{\frac{\alpha}{2}}$"就拒绝 H_0，有可能犯错误，但犯错误的概率很小，仅为 α；换句话说，"当 $|u|>u_{\frac{\alpha}{2}}$ 时，拒绝 H_0"这一判断的可信度为 $1-\alpha$。

这个例子可一般化，设总体 X 的分布是 $N(\mu,\sigma^2)$，且 σ^2 已知，作假设

$$H_0:\mu=\mu_0 \quad (\mu_0 \text{ 是已知数})$$

当给定 α（α 是小概率事件）时，可得 $u_{\frac{\alpha}{2}}$，进行一次抽样得样本均值 $\bar{x}$。若 H_0 为真，则 $u=\dfrac{\bar{x}-\mu_0}{\sigma/\sqrt{n}}\sim N(0,1)$，且 $\bar{x}$ 应在 μ_0 的两侧附近取值；否则，若 $\bar{x}$ 较 μ_0 的偏离度较大，应视为小概

率事件发生了,即 $P\{|u|\geqslant u_{\frac{\alpha}{2}}\}=P\left\{\dfrac{\bar{x}-\mu_0}{\sigma/\sqrt{n}}\geqslant u_{\frac{\alpha}{2}}\right\}=\alpha$,故认为原假设 H_0 有问题,应拒绝 H_0,而接受 H_1。这样,对这一假设检验的判别,转化为视 u 在哪一个范围内取值:若 $|u|\geqslant u_{\frac{\alpha}{2}}$,则拒绝 H_0;若 $|u|<u_{\frac{\alpha}{2}}$,则不拒绝 H_0。$u=\dfrac{\bar{x}-\mu_0}{\sigma/\sqrt{n}}\left(\text{或 }t=\dfrac{\bar{x}-\mu_0}{s/\sqrt{n}}\right)$ 称为检验统计量,而称区域 $\{(x_1,x_2\cdots x_n):|u|\geqslant u_{\frac{\alpha}{2}}\}$ 为拒绝域,简记为 $W=\{|u|\geqslant u_{\frac{\alpha}{2}}\}$。

在假设检验中,通常需要确定显著性水平,也即是小概率事件 α 的取值。显著性水平会影响检验的结果,如在例 8-1 中,若取 $\alpha=0.05$,$\left|\dfrac{\bar{x}-\mu_0}{s/\sqrt{n}}\right|=1.915\,5<2.131\,5$,则接受 H_0;若取 $\alpha=0.1$,$t_{\frac{\alpha}{2}}(15)=1.753\,1$,$\left|\dfrac{\bar{x}-\mu_0}{s/\sqrt{n}}\right|=1.915\,5>1.753\,1$,则拒绝 H_0。同时,$-u_{\frac{\alpha}{2}}$,$u_{\frac{\alpha}{2}}$,$-t_{\frac{\alpha}{2}}$,$t_{\frac{\alpha}{2}}$ 等是拒绝域的边界数值,称为临界值。

8.1.3　假设检验中的两类错误

假设检验中统计判断的唯一依据是样本信息,鉴于样本信息的不完备性,判断结果有错误常常是不可避免的。可能发生的错误有以下两类:

第一类错误是指本来 H_0 是正确的,却被拒绝了,这类错误也称为**弃真错误**。显著性水平 α 就是犯这类错误的概率。

第二类错误是指本来 H_0 不正确,却被接受了,这类错误也称为**存伪错误**。通常,犯第二类错误的概率记为 β。

现列表说明这两类错误,见表 8-1。

表 8-1　两类错误

判断 真实情况	接受 H_0 $(x_1,x_2\cdots x_n)\notin W$	拒绝 H_0 $(x_1,x_2\cdots x_n)\in W$
H_0 成立	正确	第一类错误
H_0 成立	第二类错误	正确

作为检验者,当然希望在假设检验问题中犯两类错误的概率 α、β 都尽可能小,然而这在样本容量固定时是做不到的。事实上:

(1) 这两类错误的概率是相互关联的,当样本容量固定时,一类错误的概率的减少导致另一类错误的概率增加。

(2) 要同时降低这两类错误的概率,需要增加样本容量 n。

在此背景下,只能采取折中方案,统计学家 Neyman 和 Pearson 提出假设检验理论的基本思想:先控制住 α 的值(即实现选定 α 的值),再尽可能减少 β 的值,并把这一假设检验方法称为显著性水平为 α 的**显著性检验**,简称水平为 α 的检验。

8.1.4　假设检验的基本步骤

根据以上讨论和分析,归纳出假设检验问题的三个主要步骤:

（1）提出原假设 H_0 及备选假设 H_1。如在例 $8-1$ 中，$H_0:\mu=\mu_0=500$，$H_1:\mu=\mu_0$，在这里要求 H_0 与 H_1 有且仅有一个为真。

（2）建立检验统计量。这是假设检验中最重要的环节。此时，需要考虑不同情况下的检验统计量，一般情况下有三种：$u=\dfrac{\bar{x}-\mu_0}{\sigma/\sqrt{n}}$（$u$ 检验）、$t=\dfrac{\bar{x}-\mu_0}{s/\sqrt{n}}$（$t$ 检验）、$\chi^2=\dfrac{(n-1)s^2}{\sigma_0^2}$（$\chi^2$ 检验）。如何选择，需要根据题意中参数情况来确定，比如在例 $8-1$ 中，由于题意中方差未知，只能选取 t 检验，取统计量 $t=\dfrac{\bar{x}-\mu_0}{s/\sqrt{n}}$。

（3）确定 H_0 的拒绝域。在选取显著性水平 α 后，就可以确定拒绝域 W，然后根据样本值计算统计量的值，若落入拒绝域 W 内，则认为 H_0 不真，拒绝 H_0，接受备选假设 H_1；否则，接受 H_0。

从例 $8-1$ 中，可以看出，同样的一组数据，在不同的显著性水平下（$\alpha=0.05$ 与 $\alpha=0.1$）得出相反的结论，因此，在检验过程中，应该考虑实际情况或者经验来确定显著性水平。

习 题

1. 填空题：

（1）在 H_0 成立的情况下，样本值落入了 W，因而 H_0 被拒绝，称这种错误为_____.

（2）设 α、β 分别是假设检验中第一、第二类错误的概率，且 H_0、H_1 分别为原假设和备选假设，则

1）$P\{$接受 $H_0\mid H_0$ 不真$\}=$_____；

2）$P\{$拒绝 $H_0\mid H_0$ 真$\}=$_____；

3）$P\{$接受 $H_0\mid H_0$ 真$\}=$_____；

4）$P\{$拒绝 $H_0\mid H_0$ 不真$\}=$_____.

2. 机器包装食盐，假设每袋食盐的净重服从正态分布，规定每袋标准质量为 1 kg. 某天开始工作后，为检查机器工作是否正常，从包装好的食盐中随机抽取 9 袋，测得其净重分别为（单位：kg）

0.994　　1.02　　1.014　　0.95　　1.03

0.968　　0.976　　1.048　　0.982

问这台包装机工作是否正常（$\alpha=0.05$）？

8.2 正态总体均值的假设检验

8.2.1 u 检验

1. 方差已知时，单个正态总体均值检验

设总体 $X\sim N(\mu,\sigma^2)$，$x_1,x_2\cdots x_n$ 是其中的一个样本，σ^2 是已知常数，μ 为待检验的参数。检验按以下步骤进行：

（1）提出待检验假设　$H_0:\mu=\mu_0$，$H_1:\mu=\mu_0$（μ_0 为已知参数）。

（2）选择检验统计量　由于 σ^2 是已知常数，所以选择检验统计量 $u=\dfrac{\bar{x}-\mu_0}{\sigma/\sqrt{n}}$。

（3）利用显著性水平 α 确定拒绝域 通过样本计算观测值，然后统计判断，如果 $|u| \leqslant u_{\frac{\alpha}{2}}$，则接受 H_0；否则，拒绝 H_0。

【例 8 - 2】某台机器加工一种零件，零件直径服从正态分布 $X \sim N(0.5, 0.015^2)$。某日开工后，未检出机器是否正常工作，抽取 9 个零件进行检验，测得其直径分别为（单位：cm）

$$0.497 \quad 0.506 \quad 0.518 \quad 0.524 \quad 0.498$$
$$0.511 \quad 0.520 \quad 0.515 \quad 0.521$$

设总体方差不变，问机器工作是否正常（$\alpha = 0.05$）？

解 依据题意提出假设

$$H_0: \mu = 0.5, \quad H_1: \mu \neq 0.5$$

由样本观测值计算得

$$\bar{x} = \frac{1}{9}(0.497 + \cdots + 0.521) = 0.512$$

由于 $\sigma = 0.015$，所以有统计量为

$$u = \left| \frac{\bar{x} - \mu_0}{\sigma / \sqrt{n}} \right| = \left| \frac{0.512 - 0.5}{0.015 / \sqrt{9}} \right| = 2.4$$

由 $\alpha = 0.05$，查附录表 B.5，$u_{\frac{\alpha}{2}} = u_{0.025} = 1.96$，$u = 2.4 > 1.96$，拒绝 H_0，接受 H_1。

2. 方差已知时，两个正态总体均值检验

设总体 $X \sim N(\mu_1, \sigma_1^2)$，总体 $Y \sim N(\mu_2, \sigma_2^2)$，$\mu_1$、$\mu_2$ 为待验参数，σ_1^2、σ_2^2 为已知参数。

两个总体均值的双侧检验主要考察均值的显著性。于是，在两个总体下从否定 μ_1 与 μ_2 存在显著差异的原则出发，待验假设为 $H_0: \mu_1 = \mu_2$，$H_1: \mu_1 \neq \mu_2$。$x_1, x_2, \cdots, x_m$ 和 $y_1, y_2, \cdots, y_n$ 是取自 X 和 Y 的样本且相互独立，此时检验统计量为

$$u = \frac{\bar{x} - \bar{y}}{\sqrt{\dfrac{\sigma_1^2}{m} + \dfrac{\sigma_2^2}{n}}} \sim N(0, 1) \tag{8.2}$$

于是对给定水平 α，查附录表 B.1，可得临界值 $u_{\frac{\alpha}{2}}$，使

$$P\{|u| > u_{\frac{\alpha}{2}}\} = \alpha \tag{8.3}$$

由此其拒绝域为 $W = (-\infty, -u_{\frac{\alpha}{2}}) \bigcup (u_{\frac{\alpha}{2}}, +\infty)$。如果统计量 $u \in W$，则拒绝 H_0；如果统计量 $u \notin W$，则接受 H_0。

8.2.2 t 检验

1. 方差未知时，单个正态总体均值检验

设 $(x_1, x_2, \cdots, x_n)$ 是取自总体 X 的样本，总体 $X \sim N(\mu, \sigma^2)$，其中 σ^2 是未知，μ 为待检验的参数。

由于题设中方差 σ^2 是未知，此时可以用 σ^2 以它的无偏估计量 s^2 替代后，运用统计量 $t = \dfrac{\bar{x} - \mu}{s / \sqrt{n}}$ 完成对 H_0 的检验。当显著性水平为 α 时，查附录表 B.5 可得临界值，使 $P\{|t| > t_{\frac{\alpha}{2}}\} = \alpha$，即得拒绝域为

$$W = (-\infty, -t_{\frac{\alpha}{2}}) \bigcup (t_{\frac{\alpha}{2}}, +\infty)$$

【例 8 - 3】某食品厂生产一种罐头，今从某一天的批量产品中，随机地抽取 5 个，测得防腐

剂含量为(单位：mg)

$$1.95 \quad 1.73 \quad 2.03 \quad 1.81 \quad 1.79$$

在这类罐头中防腐剂含量服从正态分布 $X \sim N(\mu, \sigma^2)$，试问在显著性水平 $\alpha = 0.1$ 下，如果 σ^2 未知，则 $\mu = 2$ 是否成立？

解 检验假设

$$H_0: \mu = 2, \quad H_1: \mu \neq 2$$

由样本观测值计算可得

$$\bar{x} = 1.862, \quad s^2 = 0.015\ 3 = 0.123\ 8^2$$

又因样本 σ^2 未知，采用 t 检验

$$|t| = \left| \frac{\bar{x} - \mu}{s/\sqrt{n}} \right| = \left| \frac{1.862 - 2}{0.123\ 8/\sqrt{5}} \right| = 2.49$$

由 $\alpha = 0.1, n = 5$ 查附录表 B.5，得临界值 $t_{\frac{\alpha}{2}}(n-1) = t_{0.05}(4) = 2.131\ 8$，$|t| = 2.49 > 2.131\ 8$，故拒绝 H_0，即认为这批罐头中的防腐剂含量不合格。

2. 方差未知时，两个正态总体均值检验

设总体 $X \sim N(\mu_1, \sigma_1^2)$，$Y \sim N(\mu_2, \sigma_2^2)$，其中 $x_1, x_2, \cdots, x_m$ 和 $y_1, y_2, \cdots, y_n$ 是取自 X 和 Y 的样本且相互独立。

(1) $\sigma_1^2 = \sigma_2^2 = \sigma^2$（$\sigma^2$ 未知）。欲检验假设

$$H_0: \mu_1 = \mu_2, \quad H_1: \mu_1 \neq \mu_2$$

当 H_0 成立的假设下，检验统计量为

$$t = \frac{\bar{x} - \bar{y}}{s_w\sqrt{\frac{1}{m} + \frac{1}{n}}} = \frac{\bar{x} - \bar{y}}{\sqrt{(m-1)s_1^2 + (n-1)s_2^2}} \cdot \sqrt{\frac{mn(m+n-2)}{m+n}} \sim t(m+n-2)$$

此时，对给定的水平 α，查附录表 B.5 可得临界值 $t_{\frac{\alpha}{2}}(m+n-2)$，使

$$P\{|t| > t_{\frac{\alpha}{2}}(m+n-2)\} = \alpha$$

即得拒绝域为 $W = (-\infty, t_{\frac{\alpha}{2}}(m+n-2)) \bigcup (t_{\frac{\alpha}{2}}(m+n-2), +\infty)$。

【例 8-4】从两处煤矿中个抽样数次，分析其含灰率(%)分别如下：

甲矿　24.3　20.8　23.7　21.3　17.4

乙矿　18.2　16.9　20.2　16.7

假设各煤矿的含灰率均服从正态分布，且方差相等，问：甲、乙两煤矿的含灰率有无显著差异($\alpha = 0.05$)？

解 依据题意提出检验假设

$$H_0: \mu_1 = \mu_2, \quad H_1: \mu_1 \neq \mu_2$$

依据观测样本值计算可得：

$$\bar{x} = \frac{1}{5}\sum_{i=1}^{5} x_i = 21.5, \quad \bar{y} = \frac{1}{4}\sum_{i=1}^{4} y_i = 18$$

$$s_1^2 = \frac{1}{4}\sum_{i=1}^{5}(x_i - \bar{x})^2 = 7.5, \quad s_2^2 = \frac{1}{3}\sum_{i=1}^{4}(y_i - \bar{y})^2 = 2.59$$

$$t = \frac{\bar{x} - \bar{y}}{\sqrt{(m-1)s_1^2 + (n-1)s_2^2}} \cdot \sqrt{\frac{mn(m+n-2)}{m+n}}$$

$$= \frac{21.5 - 18}{\sqrt{4 \times 7.5 + 3 \times 2.59}} \sqrt{\frac{4 \times 5 \times 7}{9}} = 2.246$$

当 $\alpha = 0.05$ 时,查附录表 B.5 得 $t_{\frac{\alpha}{2}}(m+n-2) = t_{0.025}(7) = 2.364$,因为 $|t| < t_{0.025}(7)$,所以接受 H_0,即认为甲、乙两矿的含灰率无显著差异。

(2) 设 $\sigma_1^2 \neq \sigma_2^2$,当 $n_1 = n_2 = n$ 时,采用所谓配对实验的 t 检验法,定义

$$Z_i = x_i - y_i \quad (i = 1, 2, \cdots, n)$$

记为

$$E(Z_i) = E(x_i - y_i) = \mu_1 - \mu_2 = d$$
$$D(Z_i) = D(x_i) + D(y_i) = \sigma_1^2 + \sigma_2^2 = \sigma^2$$

则 $Z_1, Z_2, \cdots Z_n$ 为总体 Z 服从正态 $N(d, \sigma^2)$ 的子样。此时,μ_1 与 μ_2 是否相等的检验,就等价于假设检验:

$$H_0 : d = 0, \quad H_1 : d = 0$$

因 σ_1^2 与 σ_2^2 都未知,则 σ^2 也未知,这时用 t 检验法。记

$$\overline{Z} = \frac{1}{n} \sum_{i=1}^{n} Z_i, \quad s^2 = \frac{1}{n} \sum_{i=1}^{n} (Z_i - \overline{Z})^2$$

当 H_0 成立时,建立统计量 $\sqrt{n-1}\, \dfrac{\overline{Z}}{s} \sim t(n-1)$,当显著性水平为 α 时,其拒绝域为 $(-\infty, -t_{\frac{\alpha}{2}}(n-1)) \bigcup (t_{\frac{\alpha}{2}}(n-1), +\infty)$。

【例 8-5】对两批同类电子元件的电阻进行测试,各抽 6 件,测得结果(单位:Ω):

A 批 0.140   0.138   0.143   0.141   0.144   0.137
B 批 0.135   0.140   0.142   0.136   0.138   0.141

已知元件服从正态分布,当显著性水平为 $\alpha = 0.05$ 时,问:两批元件的平均电阻是否有显著差异?

解 由题意:$X \sim N(\mu_1, \sigma_1^2)$,$Y \sim N(\mu_2, \sigma_2^2)$,由于方差未知,对该情形作配对处理,记 $Z = X - Y$,得到如下数据:

Z   0.005   -0.002   0.001   0.005   0.006   -0.004

由此构造检验假设:

$$H_0 : d = 0, \quad H_1 : d \neq 0$$

由上面得到的数据求得:

$$\overline{Z} = \frac{1}{6} \sum_{i=1}^{n} Z_i = 0.001\,8$$

$$s^2 = \frac{1}{n} \sum_{i=1}^{n} (Z_i - \overline{Z})^2 = 8.684 \times 10^{-5}$$

$$t = \sqrt{n-1}\, \frac{\overline{Z}}{s} = \sqrt{5}\, \frac{0.001\,8}{0.009\,3} = 0.432\,8$$

由 $\alpha = 0.05$,查附录表 B.5 可得临界值 $t_{\frac{\alpha}{2}}(n-1) = t_{0.025}(5) = 2.570\,6$,由于 $0.432\,8 < 2.570\,6$,则接受 H_0,即认为两批元件的平均电阻无显著差异。

习　题

1. 选择题：

(1) 在假设检验中，设 X 服从正态分布 $N(\mu,\sigma^2)$，σ^2 已知，假设检验问题为 $H_0:\mu\leqslant\mu_0$，$H_1:\mu>\mu_0$，则在显著性水平下，H_0 的拒绝域为（　　）.

 A. $|\mu|>\mu_{\frac{\alpha}{2}}$ B. $\mu>\mu_\alpha$ C. $|\mu|\leqslant\mu_{\frac{\alpha}{2}}$ D. $\mu<-\mu_\alpha$

(2) 设总体 $X\sim N(\mu,\sigma^2)$，σ^2 未知，$x_1,x_2,\cdots x_n$ 是来自 X 的样本，$\bar{x}$ 为样本均值，s 为样本标准差.设检验问题为 $H_0:\mu=\mu_0$，$H_1:\mu\neq\mu_0$，则检验的统计量为（　　）.

 A. $\dfrac{\bar{x}-\mu_0}{\sigma}\sqrt{n}\sim N(0,1)$ B. $\dfrac{\bar{x}-\mu_0}{\sigma}\sqrt{n}\sim t(n-1)$

 C. $\dfrac{\bar{x}-\mu_0}{s}\sqrt{n}\sim t(n-1)$ D. $\dfrac{\bar{x}-\mu_0}{s}\sqrt{n}\sim t(n)$

2. 某厂生产一种灯泡，其寿命 X 服从正态分布 $N(\mu,200^2)$.从过去较长一段时间的生产情况来看，灯泡的平均寿命为 1 500 h.现采用新工艺后，在所生产的灯泡中抽取 25 只，测得平均寿命为 1 675 h.问：采用新工艺后，灯泡寿命是否显著提高（$\alpha=0.05$）？

3. 某自动机生产一种柳钉，尺寸误差 $X\sim N(\mu,1)$，该机正常工作与否的标志是检验 $\mu=1$ 是否成立，一日抽检容量 $n=10$ 的样本，测得样本均值 $\bar{x}=1.01$，试问：在检验水平 $\alpha=0.05$ 下，该日自动机工作是否正常？

4. 假定考生成绩服从正态分布，在某地一次数学统考中，随机抽取了 36 名考生的成绩，算得平均成绩为 $\bar{x}=66.5$ 分，标准差 $s=15$ 分，若在显著性水平 $\alpha=0.05$ 下，是否可以认为这次考试全体考生的平均成绩为 70 分？

5. 已知某厂生产的某种化学纤维的纤度 X 服从正态分布 $N(\mu,\sigma^2)$，生产正常时，$\mu>1.40$.某天开工后测得 50 根纤维的纤度，算得 $\bar{x}=1.41$，$s^2=0.04^2$.试问：生产是否正常（$\alpha=0.05$）？

6. 某农业试验站为了研究某种新化肥对农作物产量的效力，在若干小区进行试验，测得产量（单位：kg）如下：

| 施肥 | 34 | 35 | 32 | 33 | 34 | 30 | |
| 未施肥 | 29 | 27 | 32 | 31 | 28 | 32 | 31 |

设农场的产量服从正态分布，检验该种化肥对提高产量的效力是否显著（$\alpha=0.05$）.

8.3　正态总体方差的假设检验

8.3.1　χ^2 检验

设总体 $X\sim N(\mu,\sigma^2)$，σ^2 是待验参数，$x_1,x_2,\cdots x_n$ 是取自总体 X 的样本，欲检验假设
$$H_0:\sigma^2=\sigma_0^2,\quad H_1:\sigma^2\neq\sigma_0^2$$
其中 σ_0^2 为已知常数。

回顾单个总体的均值检验的基本思路是把 $H_0:\mu=\mu_0$ 作差式（$\mu-\mu_0$），当待验参数 μ 用它的无偏估计 $\bar{x}$ 替代后，转化为考察差式（$\bar{x}-\mu_0$），然后引入包含差式（$\bar{x}-\mu_0$）在内的 u 统计量或 t 统计量，从而完成其检验。但方差检验有所不同，它是把 $H_0:\sigma^2=\sigma_0^2$ 当作比式 $\dfrac{\sigma^2}{\sigma_0^2}$ 处理，

这样，在待检验参数 $\hat{\sigma}^2$ 用它的无偏估计 $\hat{\sigma}^2$ 替代后，转化为考察比式 $\dfrac{\hat{\sigma}^2}{\sigma_0^2}$，并将引入包含比式 $\dfrac{\hat{\sigma}^2}{\sigma_0^2}$

在内的统计量实现对 H_0 的检验。

具体检验的讨论可按总体均值 μ 未知与已知进行，重点是解决 μ 未知的情形。

在均值 μ 未知条件下，σ^2 的无偏估计为

$$\hat{\sigma}^2 = s^2 = \frac{1}{n-1}\sum_{i=1}^{n}(x_i - \bar{x})^2$$

于是，在 H_0 成立的假设下，形成了包含比式 $\dfrac{\hat{\sigma}^2}{\sigma_0^2}$ 在内的检验用统计量

$$\chi^2 = \frac{(n-1)s^2}{\sigma_0^2} \sim \chi^2(n-1)$$

对于给定的显著性水平 α，查附录表 B.3 可得 $\chi^2_{\frac{\alpha}{2}}(n-1)$ 与 $\chi^2_{1-\frac{\alpha}{2}}(n-1)$，使

$$P\{\chi^2 \leqslant \chi^2_{1-\frac{\alpha}{2}}(n-1)\} = P\{\chi^2 > \chi^2_{\frac{\alpha}{2}}(n-1)\} = \frac{\alpha}{2}$$

从而可得拒绝域 $W = (0, \chi^2_{1-\frac{\alpha}{2}}(n-1)) \bigcup (\chi^2_{\frac{\alpha}{2}}(n-1), +\infty)$，若由样本观测值计算出 χ^2 的值（$\chi^2 \in W$），则拒绝 H_0，否则接受 H_0。

【例 8-6】已知某炼铁厂在生产正常的情况下，铁水含碳量服从正态分布，其方差为 0.03。在某段时间抽测了 10 炉铁水，算得铁水含碳量的样本方差为 0.037 5，试问：这段时间生产铁水含碳的方差与正常情况下的方差有无显著差异？（$\alpha = 0.05$）

解　依据题意，假设检验为

$$H_0: \sigma^2 = 0.03, \quad H_1: \sigma^2 \neq 0.03$$

由于 μ 未知，当 H_0 为真时，取统计量 $\chi^2 = \dfrac{(n-1)s^2}{\sigma_0^2}$，且 $n=10$，$s^2 = 0.037\,5$，$\sigma_0^2 = 0.03$，此时统计量为

$$\chi^2 = \frac{(n-1)s^2}{\sigma_0^2} = \frac{(10-1)0.037\,5}{0.03} = 11.25$$

依题意 $\alpha = 0.05$，查附录表 B.3 有 $\chi^2_{\frac{\alpha}{2}}(n-1) = \chi^2_{0.025}(9) = 19.023$，$\chi^2_{1-\frac{\alpha}{2}}(n-1) = \chi^2_{0.975}(9) = 2.7$，由于 $2.7 < \chi^2 = 11.25 < 19.023$，此时 H_0 成立，因此接受 H_0，即在这段时间生产的铁水含碳量的方差与正常情况下的方差无显著差异。

8.3.2　F 检验

前面介绍的用 t 检验法检验两个独立正态总体的均值是否相等时，曾假定它们的方差是相等的。一般来说，两个正态总体方差是未知的，那么如何来检验两个独立正态总体的方差是否相等呢？为此介绍 F 检验法。

设有两个正态总体 $X \sim N(\mu_1, \sigma_1^2)$，$Y \sim N(\mu_2, \sigma_1^2)$，$x_1, x_2, \cdots, x_m$ 和 $y_1, y_2, \cdots, y_n$ 分别是取自 X 和 Y 的样本且相互独立，欲检验统计假设

$$H_0: \sigma_1^2 = \sigma_2^2, \quad H_1: \sigma_1^2 \neq \sigma_2^2$$

由于 s_1^2 是 σ_1^2 的无偏估计，s_2^2 是 σ_2^2 的无偏估计，当 H_0 为真时，自然想到 s_1^2 与 s_2^2 应该差不多，其比值 $\dfrac{s_1^2}{s_2^2}$ 不会太大或太小，现在关键在于统计量 $F = \dfrac{s_1^2}{s_2^2}$ 服从什么分布，由 6.3 节定理 6.4 的推论 2 可知，当 H_0 为真时，$F = \dfrac{s_1^2}{s_2^2} \sim F(m-1, n-1)$。

这样,取 F 为检验统计量,对给定的水平 α,查附录表 B.4,确定临界值 $F_{\frac{\alpha}{2}}(m-1,n-1)$,$F_{1-\frac{\alpha}{2}}(m-1,n-1)$,使

$$P\{F \leqslant F_{1-\frac{\alpha}{2}}(m-1,n-1)\} = P\{F > F_{\frac{\alpha}{2}}(m-1,n-1)\} = \frac{\alpha}{2}$$

即得拒绝域

$$W = (0,F_{1-\frac{\alpha}{2}}(m-1,n-1)) \bigcup (F_{\frac{\alpha}{2}}(m-1,n-1),+\infty)$$

若由样本观测值算得 F 值,当 $F \in W$ 时,拒绝 H_0,即认为两个总体的方差有显著异常;否则,认为与 H_0 相容,即两个总体的方差无显著差异。

习 题

1. 根据设计要求,某设备零件的内径标准差不超过 0.30,现从该产品中随机抽取 25 件,测得样本标准差 $s=0.36$,问:检验结果是否说明产品的标准差明显增大了($\alpha=0.05$)?

2. 从正态总体中抽样 5 次,测得它们的数据为

$$9.4 \qquad 11.3 \qquad 8.7 \qquad 10.6 \qquad 9.7$$

试在显著性水平 $\alpha=0.01$ 下,检验待验假设 $H_0:\sigma^2=1$.

3. 已知考试成绩服从正态分布,即 $X \sim N(\mu,\sigma^2)$,在某班级数学测验中随机抽取 8 人的成绩如下:

$$19 \qquad 86 \qquad 78 \qquad 63 \qquad 72 \qquad 55 \qquad 76 \qquad 61$$

问:能否认为该次测验 $\sigma^2=15.5$(显著性水平 $\alpha=0.05$)?

本章小结

1. 假设检验与参数估计一样都是利用样本信息对某种假设作出检验的逻辑推理。在推理过程中,当出现小概率事件时,拒绝待验假设 H_0,否则因无法拒绝而考虑接受 H_1。

2. 假设检验的一般步骤是我们从事假设检验的基础,其基本步骤如下:

(1) 提出原假设 H_0 及备选假设 H_1。

(2) 建立检验统计量。建立检验统计量是假设检验中最重要的环节。此时,我们需要考虑不同情况下的检验统计量,一般情况下有三种:$u = \dfrac{\bar{x}-\mu_0}{\sigma/\sqrt{n}}$($u$ 检验)、$t = \dfrac{\bar{x}-\mu_0}{s/\sqrt{n}}$($t$ 检验)、$\chi^2 = \dfrac{(n-1)s^2}{\sigma_0^2}$($\chi^2$ 检验)。

(3) 确定 H_0 的拒绝域。在选取显著性水平 α 后,就可以确定出拒绝域 W,然后根据样本值计算统计量的值,若落入拒绝域 W 内,则认为 H_0 不真,拒绝 H_0,接受备选假设 H_1;否则,接受 H_0。

3. 本章应该重点掌握单个正态总体的 u 检验、t 检验、χ^2 检验。

复习题

1. 选择题:

(1) 在假设检验中,关于两个正态总体方差的检验,检验采用的方法为(　　).

A. u 检验 　　　　　　B. t 检验 　　　　　C. χ^2 检验 　　　　　D. F 检验

（2）设总体 $X \sim N(\mu, \sigma^2)$，σ^2 未知，$x_1, x_2, \cdots, x_n$ 是来自 X 的样本，$\bar{x}$ 为样本均值，s 为样本标准差．设检验问题为 $H_0: \mu = \mu_0$，$H_1: \mu \neq \mu_0$，则检验的统计量为（　　　）．

A. $\dfrac{\bar{x} - \mu_0}{\sigma} \sqrt{n} \sim N(0,1)$ 　　　　　　B. $\dfrac{\bar{x} - \mu_0}{\sigma} \sqrt{n} \sim t(n-1)$

C. $\dfrac{\bar{x} - \mu_0}{s} \sqrt{n} \sim t(n-1)$ 　　　　　　D. $\dfrac{\bar{x} - \mu_0}{s} \sqrt{n} \sim t(n)$

（3）设总体 X 服从正态分布 $N(\mu, \sigma^2)$，其中，μ 已知，σ^2 未知，$X_1, X_2, \cdots, X_n$ 为其样本，$n \geqslant 2$，则下列说法正确的是（　　　）．

A. $\dfrac{\sigma^2}{n} \sum\limits_{i=1}^{n} (X_i - \mu)^2$ 是统计量 　　　　　B. $\dfrac{\sigma^2}{n} \sum\limits_{i=1}^{n} X_i^2$ 是统计量

C. $\dfrac{\sigma^2}{n-1} \sum\limits_{i=1}^{n} (X_i - \mu)^2$ 是统计量 　　　　　D. $\dfrac{\mu}{n} \sum\limits_{i=1}^{n} X_i^2$ 是统计量

2. 填空题：

（1）在 H_0 成立的情况下，样本值落入了 W，因而 H_0 被拒绝，称这种错误为 _____．

（2）单个正态总体方差的假设检验：
$$H_0: \sigma^2 \leqslant \sigma_0^2, \quad H_1: \sigma^2 > \sigma_0^2 \ (\mu \text{ 未知})$$
则检验统计量为 _____，拒绝域为 _____．

3. 用某种仪器间接测量硬度，重复测量 5 次所得数据是：175，173，178，174，176．而用其他精确的方法测量硬度为 179，试问：此仪器间接测量有无系统偏差（$\alpha = 0.05$）？

4. 某种用传统工艺加工的水果罐头中，平均每瓶维生素 C 的含量为 19 mg．现改变了加工工艺，抽查了 16 瓶罐头，测得维生素 C 的含量平均值 $\bar{x} = 20.8$ mg，样本标准差 $s = 1.617$．假定水果罐头中维生素 C 的含量服从正态分布，问：在使用新工艺后，维生素 C 的含量是否有显著变化（显著性水平 $\alpha = 0.01$）？（$t_{0.005}(15) = 2.9467$，$t_{0.005}(16) = 2.9208$）

5. 一批螺丝钉中，随机抽取 9 个，测得数据经计算如下：$\bar{x} = 16.10$ cm，$s = 2.10$ cm．设螺丝钉的长度服从正态分布，试求该批螺丝钉长度方差 σ^2 的置信度为 0.95 的置信区间．

6. 甲、乙两台车床加工同一种零件，已知零件的直径服从正态分布，今从产品中随机抽取零件（单位：mm），测量的数据如下：

甲	28.5	29.2	29.5	30.0	29.6	29.3	29.6	29.5
乙	29.6	29.3	28.9	30.1	29.5	29.6		

试在显著性水平 $\alpha = 0.05$ 下，考察两车床生产的零件是否存在显著性差异？

7. 某地区为考察两个学校小学六年级学生在数学教育中的学习情况，从某次数学考试中随机抽取 24 人，其成绩如下：

甲学校	89	87	69	85	93	72	78	76	45	62	76	69
乙学校	67	69	73	95	91	85	42	59	78	83	71	67

试在显著性水平 $\alpha = 0.01$ 下，考察两个学校的学生学习是否有显著性差异？

附录 A　2015—2017 年高等教育自学考试试题及参考答案

2015 年 4 月高等教育自学考试
概率论与数理统计(二)试题

课程代码:02197

请考生按规定用笔将所有试题的答案涂、写在答题纸上。

选择题部分

注意事项:

1. 答题前,考生务必将自己的考试课程名称、姓名、准考证号用黑色字迹的签字笔或者钢笔填写在答题纸规定的位置上。

2. 每小题选出答案后,用 2B 铅笔把答题纸上对应题目的答案标号涂黑,如需改动,用橡皮擦干净后,再选涂其他答案标号,不能答在试题卷上。

第一部分　选择题(共 20 分)

一、单项选择题(本大题共 10 小题,每小题 2 分,共 20 分)

在每小题列出的四个备选项中只有一个是符合题目要求的,请将其选出并将"答题卡"的相应代码涂黑,错涂、多涂或未涂均无分.

1. 设 A 与 B 是两个随机事件,且 $B \subset A$, $P(A)=0.4$, $P(B)=0.2$,则 $P(B|A)=($ 　　).

   A. 0.2　　　　　　B. 0.4　　　　　　C. 0.5　　　　　　D. 1

2. 设随机变量 $X \sim B(3,0.2)$,则 $P\{X>2\}=($ 　　).

   A. 0.008　　　　　B. 0.488　　　　　C. 0.512　　　　　D.0.992

3. 二维随机变量 X 的概率密度为 $f(x)=\dfrac{1}{2\sqrt{2\pi}}e^{-\frac{(x+2)^2}{8}}$,则 $X \sim ($ 　　).

   A. $N(-2,2)$　　　B. $N(-2,4)$　　　C. $N(2,2)$　　　D. $N(2,4)$

4. 设随机变量 X 分布函数为 $F(x)$,则下列结论中不一定成立的是(　　).

   A. $F(-\infty)=0$　　　　　　　　　　B. $F(+\infty)=1$

   C. $0 \leqslant F(x) \leqslant 1$　　　　　　　　D. $F(x)$ 是连续函数

5. 设二维随机变量 (X,Y) 的分布律为

X \ Y	0	1	2
1	0.1	0.2	0.25
2	0	0.15	0.3

则 $P\{X \leqslant Y\} = ($ 　　$)$.

　　A. 0.25　　　　　　B. 0.45　　　　　　C. 0.55　　　　　　D. 0.75

6. 设随机变量 X 服从参数为 $\frac{1}{2}$ 的指数分布, 则 $E(2X-1) = ($ 　　$)$.

　　A. 0　　　　　　　B. 1　　　　　　　　C. 3　　　　　　　　D. 4

7. 设随机变量 X 与 Y 相互独立, 且 $D(X)=D(Y)=4$, 则 $D(3X-Y) = ($ 　　$)$.

　　A. 8　　　　　　　B. 16　　　　　　　C. 32　　　　　　　D. 40

8. 设总体 $X \sim N(0,1)$, $x_1, x_2, \cdots, x_n$ 为来自 X 的样本, 则 $\sum\limits_{i=1}^{n} x_i^2 \sim ($ 　　$)$.

　　A. $N\left(0, \dfrac{1}{n}\right)$　　　　B. $N(0,1)$　　　　　C. $\chi^2(n)$　　　　　D. $t(n)$

9. 设 x_1, x_2, x_3, x_4 为来自总体 X 的样本, 且 $E(X)=\mu$, 记 $\hat{\mu}_1 = \dfrac{1}{2}(x_1+x_2+x_3)$, $\hat{\mu}_2 = \dfrac{1}{3}(x_1+x_3+x_4)$, $\hat{\mu}_3 = \dfrac{1}{4}(x_1+x_2+x_4)$, $\hat{\mu}_4 = \dfrac{1}{5}(x_2+x_3+x_4)$, 则 μ 的无偏估计量为 ($ 　　$)$.

　　A. $\hat{\mu}_1$　　　　　　B. $\hat{\mu}_2$　　　　　　C. $\hat{\mu}_3$　　　　　　D. $\hat{\mu}_4$

10. 设总体 $X \sim N(\mu, \sigma_0^2)$, σ_0^2 已知, $x_1, x_2, \cdots, x_n$ 为来自 X 的样本, $\overline{X}$ 为样本均值, 假设 $H_0: \mu = \mu_0$, $H_1: \mu \neq \mu_0$. μ_0 已知, 检验统计量 $u = \dfrac{\overline{x} - \mu_0}{\sigma_0/\sqrt{n}}$, 给定检验水平 α, 则拒绝 H_0 的理由是 ($ 　　$)$.

　　A. $|u| < u_{\frac{\alpha}{2}}$　　　B. $|u| > u_{\frac{\alpha}{2}}$　　　　C. $|u| < u_\alpha$　　　　D. $|u| > u_\alpha$

第二部分　非选择题 (共 80 分)

二、填空题 (本大题共 15 小题, 每小题 2 分, 共 30 分)

11. 设随机事件 A, B 互相独立, 且 $P(A)=0.3$, $P(B)=0.5$, 则 $P(AB) = $ _____.

12. 设 A 与 B 是两个随机事件, $P(A)=0.6$, $P(B)=0.3$, $P(B \mid A)=0.2$, 则 $P(A \cup B) = $ _____.

13. 设某射手命中率为 0.7, 他向目标独立射击 3 次, 则至少命中一次的概率为 _____.

14. 设随机变量 X 的分布律为

X	0	1	2
P	0.1	c	0.3

则常数 $c = $ _____.

15. 设随机变量 $X \sim B(2, 0.1)$, 则 $P\{X=1\} = $ _____.

16. 设随机变量 X 服从区间 $[a, b]$ 上的均匀分布, 则当 $a < x < b$ 时, X 的分布函数 $F(x) = $ _____.

17. 设随机变量 X 与 Y 相互独立，且 $P\{X \leqslant 2\} = \dfrac{1}{3}$，$P\{Y \leqslant 1\} = \dfrac{2}{5}$，则 $P\{X \leqslant 2, Y \leqslant 1\} =$ _____.

18. 设随机变量 X 与 Y 相互独立，X 服从区间 $[-2, 2]$ 上的均匀分布，Y 服从参数为 1 的指数分布，则当 $-2 < x < 2, y > 0$ 时，(X, Y) 的概率密度为 $f(x, y) =$ _____.

19. 设随机变量 X 与 Y 的相关系数为 0.4，且 $D(X) = D(Y) = 9$，则 $\mathrm{Cov}(X, Y) =$ _____.

20. 设随机变量 X 服从参数为 λ 的指数分布，$E(X) = 5$，则 $\lambda =$ _____.

21. 设随机变量 X 与 Y 相互独立，且 $X \sim N(2, 4)$，$Y \sim U(-1, 3)$，则 $E(XY) =$ _____.

22. 设二维随机变量 (X, Y) 的分布律为

X \ Y	1	2
0	0.10	0.3
1	0.2	0.4

则 $P\{X + Y \leqslant 2\} =$ _____.

23. 设随机变量 X 的方差 $D(X)$ 存在，则对任意小正数 ε，有 $P\{|X - E(X)| < \varepsilon\} \geqslant$ _____.

24. 设 $x_1, x_2, \cdots, x_n$ 为来自正态总体 $N(1, 4)$ 的样本，则 $\dfrac{\bar{x} - 1}{2/\sqrt{n}} \sim$ _____.

25. 设总体 $X \sim N(\mu, \sigma^2)$，检验假设 $H_0: \mu = \mu_0$，$H_1: \mu \neq \mu_0$. μ_0 已知，给定检验水平 α，则拒绝 H_0 的理由的可信度为 _____.

三、计算题(本大题共 2 小题，每小题 8 分，共 16 分)

26. 盒中有 4 个白球、2 个红球，从中连续不放回地取两次，每次取 1 个球. 求第二次取到红球的概率.

27. 设连续型随机变量 X 的分布函数 $F(x) = \begin{cases} 1 - \mathrm{e}^{-2x}, & x > 0, \\ 0, & x \leqslant 0, \end{cases}$ 其概率密度为 $f(x)$. 求：
(1) $f(5)$； (2) $P\{X > 5\}$.

四、综合题(本大题共 2 小题，每小题 12 分，共 24 分)

28. 设随机变量 X 服从区间 $[0, 1]$ 上的均匀分布，随机变量 Y 的概率密度为

$$f_Y(y) = \begin{cases} \mathrm{e}^{-y}, & y > 0, \\ 0, & y \leqslant 0, \end{cases}$$

且 X 与 Y 相互独立. 求：

(1) X 的概率密度 $f_X(x)$；

(2) (X, Y) 的概率密度 $f(x, y)$；

(3) $P\{X + Y \leqslant 1\}$.

29. 设二维随机变量 (X, Y) 的分布律为

X \ Y	−1	0	1
0	0.1	0.2	0.3
1	0.2	0.1	0.1

求：(1) $E(X)$, $E(Y)$； (2) $D(X)$, $D(Y)$； (3) $E(XY)$, $Cov(X,Y)$.

五、应用题(10 分)

30. 设随机变量 X 的概率密度为 $f(x) = \begin{cases} \theta x^{\theta-1}, & 0 < x < 1, \\ 0, & 其他, \end{cases}$ $\theta > 0$, $x_1, x_2, \cdots, x_n$ 为来自

总体 X 的样本,求未知参数 θ 的极大似然估计 $\hat{\theta}$.

2015年10月高等教育自学考试
概率论与数理统计（二）试题

课程代码:02197

请考生按规定用笔将所有试题的答案涂、写在答题纸上。

选择题部分

注意事项:

1. 答题前,考生务必将自己的考试课程名称、姓名、准考证号用黑色字迹的签字笔或者钢笔填写在答题纸规定的位置上。

2. 每小题选出答案后,用2B铅笔把答题纸上对应题目的答案标号涂黑,如需改动,用橡皮擦干净后,再选涂其他答案标号,不能答在试题卷上。

第一部分 选择题(共20分)

一、单项选择题(本大题共10小题,每小题2分,共20分)

在每小题列出的四个备选项中只有一个是符合题目要求的,请将其选出并将"答题纸"的相应代码涂黑,错涂、多涂或未涂均无分.

1. 设事件 A 与 B 互不相容,且 $P(A)=0.4$, $P(B)=0.2$,则 $P(A\cup B)=($).

A. 0   B. 0.2   C. 0.4   D. 0.6

2. 设随机变量 $X\sim B(3,0.3)$,则 $P\{X=2\}=($).

A. 0.189   B. 0.21   C. 0.441   D. 0.7

3. 设随机变量 X 的概率密度为 $f(x)=\begin{cases} ax^2, & 0\leq x\leq 1, \\ 0, & \text{其他}, \end{cases}$ 则常数 $a=($).

A. 0   B. $\dfrac{1}{3}$ C. $\dfrac{1}{2}$ D. 3

4. 设随机变量 X 的分布律为

X	-1	0	1
P	0.2	0.6	0.2

则 $P\{X^2=1\}=($).

A. 0.2   B. 0.4   C. 0.6   D. 0.8

5. 设二维随机变量 (X,Y) 的分布律为

X \ Y	0	1	2
0	0.1	0.2	0.3
1	0.1	0.2	0.1

则 $P\{X=1\}=($).

A. 0.1   B. 0.2   C. 0.3   D. 0.4

6. 设随机变量 $X \sim N(3,2^2)$, 则 $E(2X+3)=($).

A. 3   B. 6   C. 9   D. 15

7. 设随机变量 X,Y 相互独立, 且 $X \sim N(\mu,\sigma^2)$, Y 在区间 $[a,b]$ 上服从均匀分布, 则 $D(X-2Y)=($).

A. $\sigma^2+\dfrac{1}{3}(b-a)^2$ B. $\sigma^2-\dfrac{1}{3}(b-a)^2$

C. $\sigma^2+\dfrac{1}{6}(b-a)^2$ D. $\sigma^2-\dfrac{1}{6}(b-a)^2$

8. 设总体 X 的概率密度为 $f(x)=\begin{cases}\theta e^{-\theta x}, & x>0,\\ 0, & x\leqslant 0,\end{cases}$ $\theta>0$, $x_1,x_2,x_3,\cdots,x_n$ 为 X 的一个样本, $\bar{x}$ 为样本均值, 则 $E(\bar{x})=($).

A. $\dfrac{1}{\theta}$ B. θ C. $\dfrac{1}{\theta^2}$ D. θ^2

9. 设 $x_1,x_2,x_3,\cdots,x_n(n>2)$ 为总体 X 的一个样本, 且 $E(X)=\mu(\mu$ 未知$)$, $\bar{x}$ 为样本均值, 则 μ 的无偏估计为( ).

A. $n\bar{x}$ B. $\bar{x}$ C. $(n-1)\bar{x}$ D. $\dfrac{1}{(n-1)}\bar{x}$

10. 设 α 是假设检验中犯第一类错误的概率, H_0 为原假设, 以下概率为 α 的是( ).

A. $P\{$接受 $H_0 \mid H_0$ 不真$\}$ B. $P\{$拒绝 $H_0 \mid H_0$ 真$\}$

C. $P\{$拒绝 $H_0 \mid H_0$ 不真$\}$ D. $P\{$接受 $H_0 \mid H_0$ 真$\}$

第二部分　非选择题(共80分)

二、填空题(本大题共15小题,每小题2分,共30分)

11. 袋中有编号为 0,1,2,3,4 的 5 个球, 今从袋中任取一球, 取后放回; 再从袋中任取一球, 则取到两个 0 号球的概率为_____.

12. 设 A,B 为随机事件, 则事件"A,B 至少有一个发生"可由 A,B 表示为_____.

13. 设 A,B 事件相互独立, 且 $P(A)=0.3$, $P(B)=0.4$, 则 $P(\overline{A \cup B})=$_____.

14. 设 X 表示某射手在一次射击中命中目标的次数, 该射手的命中率为 0.9, 则 $P\{X=0\}=$_____.

15. 设随机变量 X 服从参数为 1 的指数分布, 则 $P\{X>2\}=$_____.

16. 设二维随机变量(X,Y)的分布律为

X \ Y	0	1
0	9/25	6/25
1	6/25	c

则 $c=$_____.

17. 设二维随机变量(X,Y)服从正态分布 $N(0,0;1,1;0)$, 则(X,Y)的概率密度 $f(x,y)=$_____.

18. 设二维随机变量(X,Y)服从区域 $D:-1\leqslant x\leqslant 2,0\leqslant y\leqslant 2$ 上的均匀分布, 则(X,Y)的

概率密度 $f(x,y)$ 在 D 上的表达式为_____.

19. 设 X 在区间 $[1,4]$ 上服从均匀分布,则 $E(X)=$_____.

20. 设 $X \sim B\left(5,\dfrac{1}{5}\right)$,则 $D(X)=$_____.

21. 设随机变量 X 与 Y 的协方差 $\text{Cov}(X,Y)=-\dfrac{1}{2}$,则 $\text{Cov}\left(3X,\dfrac{Y}{2}\right)=$_____.

22. 在伯努利试验中,若事件 A 发生的概率为 $p(0<p<1)$,今独立重复观察 n 次,记
$$X_i=\begin{cases}1, & \text{第 } i \text{ 次试验发生,}\\ 0, & \text{第 } i \text{ 次试验不发生,}\end{cases}(i=1,2,\cdots,n),\phi(x) \text{ 为标准正态分布函数,则}$$

$$\lim_{n\to\infty}P\left\{\dfrac{\sum\limits_{i=1}^{n}X_i-np}{\sqrt{np(1-p)}}\leqslant 2\right\}=\text{_____}.$$

23. 设 $X \sim N(0,1)$,$Y \sim \chi^2(10)$,且 X 与 Y 相互独立,则 $\dfrac{X}{\sqrt{Y/10}} \sim$_____.

24. 设统计量 $T(x_1,x_2,\cdots,x_n)$ 为未知参数 θ 的一个无偏估计量,则 $E[T(x_1,\cdots,x_n)]=$_____.

25. 设某总体 X 的样本为 $x_1,x_2,\cdots,x_n$,$D(X)=\sigma^2$,则 $D\left(\dfrac{1}{n}\sum\limits_{i=1}^{n}x_i\right)=$_____.

三、计算题(本大题共 2 小题,每小题 8 分,共 16 分)

26. 已知甲袋中有 3 个白球、2 个红球,乙袋中有 1 个白球、2 个红球,现在从甲袋中任取一球放入乙袋,再从乙袋中任取一球,求该球是白球的概率.

27. 设随机变量的分布函数为 $F(x)=\dfrac{1}{2}+\dfrac{1}{\pi}\arctan x$,$-\infty<x<+\infty$.求(1)$X$ 的概率密度 $f(x)$;(2)$P\{|X|<1\}$.

四、综合题(本大题共 2 小题,每小题 12 分,共 24 分)

28. 箱中袋有 10 件产品,其中 8 件正品、2 件次品,从中任取 2 件,X 表示取到的次品数,求:(1)X 的分布律;(2)X 的分布函数 $F(x)$;(3)$P\{0<X\leqslant 2\}$.

29. 设二维随机变量 $(X,Y) \sim N(-2,2;2^2,3^2;\rho)$.
(1) 当 $\rho=0$ 时,求 $E(X+2Y)$,$D(X+2Y)$;
(2) 当 $\rho=\dfrac{1}{2}$ 时,求 $\text{Cov}(2X,Y)$.

五、应用题(10 分)

30. 在某次考试中,随机抽取 16 名考生的成绩,算得平均成绩为 $\bar{x}=68.95$ 分,若设这次考试成绩 $X \sim N(\mu,16)$,在显著性水平 $\alpha=0.05$ 下,可否认为全体考生的平均成绩为 70 分?(附:$u_{0.025}=1.96$)

2016 年 4 月高等教育自学考试
概率论与数理统计(二)试题

课程代码:02197
请考生按规定用笔将所有试题的答案涂、写在答题纸上。

选择题部分

注意事项:

1. 答题前,考生务必将自己的考试课程名称、姓名、准考证号用黑色字迹的签字笔或者钢笔填写在答题纸规定的位置上。

2. 每小题选出答案后,用 2B 铅笔把答题纸上对应题目的答案标号涂黑,如需改动,用橡皮擦干净后,再选涂其他答案标号,不能答在试题卷上。

第一部分　选择题(共 20 分)

一、单项选择题(本大题共 10 小题,每小题 2 分,共 20 分)

在每小题列出的四个备选项中只有一个是符合题目要求的,请将其选出并将"答题纸"的相应代码涂黑,错涂、多涂或未涂均无分.

1. 设 A,B 为随机事件,$A \subset B$,则 $\overline{A \cup B} =$ (　　).

A. $\overline{A}$　　　　　B. $\overline{B}$　　　　　C. $A\overline{B}$　　　　　D. $\overline{AB}$

2. 设随机事件 A,B 相互独立,且 $P(A)=0.2, P(B)=0.6$,则 $P(\overline{AB}) =$ (　　).

A. 0.12　　　　　B. 0.32　　　　　C. 0.68　　　　　D. 0.8

3. 设随机变量 X 服从参数为 3 的指数分布,则当 $x>0$ 时,X 的概率密度 $f(x) =$ (　　).

A. $1-3e^{-3x}$　　B. $1-e^{-3x}$　　C. $3e^{-3x}$　　D. e^{-3x}

4. 设随机变量 $X \sim N(\mu, \sigma^2)$,$\phi(x)$ 为标准正态分布函数,则 $P\{\mu-3\sigma < X < \mu-3\sigma\} =$ (　　).

A. $\phi(3)$　　　B. $1-\phi(3)$　　　C. $2\phi(3)-1$　　　D. $1-2\phi(3)$

5. 设随机变量 X 的分布律为

X	-1	0	1	2
P	0.1	0.2	0.3	0.4

$F(X)$ 为 X 的分布函数,则 $F(0.5) =$ (　　).

A. 0　　　　　B. 0.2　　　　　C. 0.25　　　　　D. 0.3

6. 设二维随机变量 (X,Y) 的分布函数为 $F(x,y)$,则 (X,Y) 关于的边缘分布函数 $F_X(x) =$ (　　).

A. $F(x,+\infty)$　　B. $F(+\infty,y)$　　C. $F(x,-\infty)$　　D. $F(-\infty,y)$

7. 设二维随机变量 (X,Y) 的分布律为

X＼Y	0	1	2
1	0.1	0.2	0.3
2	0.2	0.1	0.1

则 $P\{X+Y=3\}=(\quad)$.

    A. 0.1   B. 0.2   C. 0.3   D. 0.4

    8. 设 X,Y 为随机变量，$E(X)=E(Y)=1,\mathrm{Cov}(X,Y)=2$，则 $E(2XY)=(\quad)$.

    A. -6 B. -2 C. 2   D. 6

    9. 设随机变量 $X\sim N(0,1)$,$Y\sim\chi^2(2)$，且 X 与 Y 相互独立，则 $\dfrac{X}{\sqrt{Y/5}}\sim(\quad)$.

    A. $t(5)$ B. $t(4)$ C. $F(1,5)$ D. $F(5,1)$

    10. 设总体 $X\sim B(1,p)$,$x_1,x_2,\cdots,x_n$ 为来自 X 的样本,$n>1$,$\bar{x}$ 为样本均值,则未知参数 p 的无偏估计 $\hat{p}=(\quad)$.

    A. $\dfrac{\bar{x}}{n}$ B. $\dfrac{\bar{x}}{n-1}$ C. $\bar{x}$ D. $n\bar{x}$

第二部分　非选择题（共 80 分）

二、填空题（本大题共 15 小题，每小题 2 分，共 30 分）

    11. 已知随机事件 A,B 互不相容,$P(B)>0$,则 $P(\bar{A}|B)=$_____.

    12. 设随机事件 A_1,A_2,A_3 是样本空间的一个划分,且 $P(A_2)=0.5$,$P(A_3)=0.3$,则 $P(A_1)=$_____.

    13. 设 A,B 为随机事件,$P(A)=0.8$,$P(\overline{AB})=0.6$,则 $P(B|A)=$_____.

    14. 掷两颗质地均匀的骰子,则出现点数之和等于 4 的概率为_____.

    15. 设随机变量 $X\sim B(3,0.4)$,令 $Y=X^2$,则 $P\{Y=9\}=$_____.

    16. 设随机变量 X 的分布函数为 $F(x)=\begin{cases}0, & x<0,\\ x^2, & 0\leqslant x<1,\\ 1, & x\geqslant1,\end{cases}$ 记 X 的概率密度为 $f(x)$,则当 $0<x<1$ 时,$f(x)=$_____.

    17. 设随机变量 X 的概率密度为 $f(x)=\begin{cases}a, & 0\leqslant x\leqslant4,\\ 0, & 其他,\end{cases}$ 其中常数 a 未知,则 $P\{-1<X<1\}=$_____.

    18. 设二维随机变量 (X,Y) 的概率密度为 $f(x,y)=\begin{cases}c, & 0<x<1,0<y<2,\\ 0, & 其他,\end{cases}$ 则常数 $c=$_____.

    19. 设随机变量 X 服从参数为 3 的泊松分布,则 $D(-2X)=$_____.

20. 设随机变量的分布律为

X	1	2	3
P	0.1	0.2	0.7

则 $E(X^2)=$ _____.

21. 设随机变量 X,Y 相互独立,且分别服从参数为 2,3 的指数分布,则 $D(X-Y)=$ _____.

22. 设 $X_1,X_2,\cdots,X_n,\cdots$ 独立同分布,且 $E(X_i)=\mu$,$D(X_i)=\sigma^2$,$i=1,2,3,\cdots$,则对任意 $\varepsilon>0$,都有 $\lim\limits_{n\to\infty}P\left\{\left|\dfrac{1}{n}\sum\limits_{i=1}^{n}X_i-\mu\right|<\varepsilon\right\}=$ _____.

23. 设总体 $X\sim N(\mu,4^2)$,$x_1,x_2,\cdots,x_n$ 为来自 X 的样本,则 $E\left(\dfrac{1}{n}\sum\limits_{i=1}^{n}(x_i-\mu)^2\right)=$ _____.

24. 设 θ 为总体的未知参数,$\hat{\theta}_1,\hat{\theta}_2$ 是由样本 $x_1,x_2,\cdots,x_n$ 确定的两个统计量,使得 $P\{\hat{\theta}_1<\theta<\hat{\theta}_2\}=0.95$,则 θ 的置信度为 0.95 的置信区间是 _____.

25. 设总体 X 的概率密度为 $f(x,\theta)=\begin{cases}\dfrac{1}{\theta}, & 0\leqslant x\leqslant\theta,\\ 0, & \text{其他},\end{cases}$ 其中 θ 为未知参数,$x_1,x_2,\cdots,x_n$ 为来自 X 的样本,则 θ 的矩估计 $\hat{\theta}=$ _____.

三、计算题(本大题共 2 小题,每小题 8 分,共 16 分)

26. 设商店有某商品 10 件,其中一等品 8 件、二等品 2 件,售出 2 件后从剩下的 8 件中任取一件,求取得一等品的概率?

27. 设随机变量 X 服从参数为 1 的指数分布,$Y=3X+1$,求 Y 的概率密度 $f_Y(y)$.

四、综合题(本大题共 2 小题,每小题 12 分,共 24 分)

28. 设二维随机变量 (X,Y) 的概率密度为
$$f(x,y)=\begin{cases}2x\mathrm{e}^{-(y-5)}, & 0\leqslant x\leqslant 1,y>5,\\ 0, & \text{其他}.\end{cases}$$

(1) 求 (X,Y) 关于 X,Y 的边缘概率密度 $f_X(x),f_Y(y)$;

(2) 问 X 与 Y 是否独立?为什么?

(3) 求 $E(X)$.

29. 设二维随机变量 (X,Y) 的分布律为

X \ Y	-1	0	1
0	a	0.1	0.2
1	0.1	b	0.2

且 $P\{Y=0\}=0.4$，求：(1)常数 a,b；(2)$E(X),D(X)$；(3)$E(XY)$.

五、应用题(10分)

30. 某水泥厂用自动包装机包装水泥,每袋水泥的质量服从正态分布.当包装机正常工作时,每袋水泥的平均质量为 50 kg.某日开工后随机抽取 9 袋,测得样本均值 $\bar{x}=49.9$ kg,样本标准差 $s=0.3$ kg.问当日水泥包装机工作是否正常？（显著性水平 $\alpha=0.05$，$t_{0.025}(8)=2.306$）

2016 年 10 月高等教育自学考试
概率论与数理统计(二)试题

课程代码:02197

请考生按规定用笔将所有试题的答案涂、写在答题纸上。

选择题部分

注意事项:

1. 答题前,考生务必将自己的考试课程名称、姓名、准考证号用黑色字迹的签字笔或者钢笔填写在答题纸规定的位置上。

2. 每小题选出答案后,用 2B 铅笔把答题纸上对应题目的答案标号涂黑,如需改动,用橡皮擦干净后,再选涂其他答案标号,不能答在试题卷上。

第一部分　选择题(共 20 分)

一、单项选择题(本大题共 10 小题,每小题 2 分,共 20 分)

在每小题列出的四个备选项中只有一个是符合题目要求的,请将其选出并将"答题卡"的相应代码涂黑,错涂、多涂或未涂均无分.

1. 设 A 与 B 是两个随机事件,则 $P(A-B)=($　　$)$.

A. $P(A)$　　　　　B. $P(B)$　　　　　C. $P(A)-P(B)$　　　D. $P(A)-P(AB)$

2. 设随机变量 X 的分布律为

X	-1	0	1	2
P	0.1	0.2	0.3	0.4

则 $P\{-1\leqslant X\leqslant 1\}=($　　$)$.

A. 0.1　　　　　B. 0.2　　　　　C. 0.3　　　　　D. 0.6

3. 设随机变量 X 的分布律为

X \ Y	0	1
0	0.2	0.2
1	a	b

且 X 与 Y 相互独立,则下列结论正确的是(　　).

A. $a=0.2,b=0.2$　　　　　　　　B. $a=0.3,b=0.3$

C. $a=0.4,b=0.2$　　　　　　　　D. $a=0.2,b=0.4$

4. 设二维随机变量 (X,Y) 的概率密度为 $f(x,y)=\begin{cases}\dfrac{1}{16}, & 0<x<4,0<y<4,\\ 0, & 其他,\end{cases}$ 则

$P\{0<X<2,0<Y<2\}=($　　$)$.

A. $\dfrac{1}{16}$　　　　B. $\dfrac{1}{4}$　　　　C. $\dfrac{9}{16}$　　　　D. 1

5. 设随机变量 $X \sim N(0,9)$，$Y \sim N(1,4)$，且 X 与 Y 相互独立，记 $Z = X - Y$，则 $Z \sim ($ $)$.

    A. $N(-1,5)$ B. $N(1,5)$ C. $N(-1,13)$ D. $N(1,13)$

6. 设随机变量 X 服从参数为 $\dfrac{1}{2}$ 的指数分布，则 $D(X) = ($ $)$.

    A. $\dfrac{1}{4}$ B. $\dfrac{1}{2}$ C. 2   D. 4

7. 设随机变量 X 服从二项分布 $B(10,0.6)$，Y 服从均匀分布 $U(0,2)$，则 $E(X - 2Y) = ($ $)$.

    A. 4   B. 5   C. 8   D. 10

8. 设 (X,Y) 为二维随机变量，且 $D(X) > 0$，$D(Y) > 0$ 为 X 与 Y 的相关系数，则 $\mathrm{Cov}(X,Y) = ($ $)$.

    A. $\rho_{xy} \cdot \sqrt{D(X)} \cdot \sqrt{D(Y)}$ B. $\rho_{xy} \cdot D(X) \cdot D(Y)$

    C. $E(X) \cdot E(Y)$ D. $D(X) \cdot D(Y)$

9. 设总体 $X \sim N(0,1)$，$x_1, x_2, \cdots, x_5$ 为来自 X 的样本，则 $\sum\limits_{i=1}^{5} x_i^2 \sim ($ $)$.

    A. $N(0,5)$ B. $\chi^2(5)$ C. $t(5)$ D. $F(1,5)$

10. 设总体 $X \sim N(\mu, \sigma^2)$，其中 σ^2 未知，$x_1, x_2, \cdots, x_n$ 为来自 X 的样本，$\overline{X}$ 为样本均值，s 样本标准差，则 σ^2 的无偏估计量为 $($ $)$.

    A. $\overline{x}$ B. $\overline{x}^2$ C. s D. s^2

第二部分　非选择题(共 80 分)

二、填空题(本大题共 15 小题,每小题 2 分,共 30 分)

11. 设随机事件 A，B 互不相容，$P(A) = 0.6$，$P(B) = 0.4$，则 $P(AB) = $ _____.

12. 设随机事件 A，B 互相独立，且 $P(A) = 0.5$，$P(B) = 0.6$，则 $P(B|A) = $ _____.

13. 已知 10 件产品中有 1 件次品，从中任取 2 件，则未取到次品的概率为 _____.

14. 设随机变量 X 的分布律为

X	1	2	3	4
P	a	0.1	$2a$	0.3

则常数 $a = $ _____.

15. 设随机变量 X 的概率密度为 $f(x,y) = \begin{cases} 2x, & 0 \leqslant x \leqslant 1 \\ 0, & \text{其他}, \end{cases}$ 则当 $0 \leqslant x \leqslant 1$ 时，X 的分布函数 $F(x) = $ _____.

16. 设随机变量 $X \sim N(0,1)$，则 $P\{-\infty < X < 0\} = $ _____.

17. 设二维随机变量 (X,Y) 的分布律为

X \ Y	1	2	3
0	0.10	0.10	0.15
1	0.30	0.15	0.20

则 $P\{X+Y=2\}=$ _____.

18. 设二维随机变量 (X,Y) 的概率密度为 $f(x,y)=\begin{cases} \dfrac{1}{12}, & 0<x<6,0<y<2, \\ 0, & \text{其他,} \end{cases}$ 分布函数为 $F(x,y)$，则 $F(3,2)=$ _____.

19. 设随机变量 X 的期望 $E(X)=4$，随机变量 Y 的期望 $E(Y)=2$，又 $E(XY)=12$，则 $\mathrm{Cov}(X,Y)=$ _____.

20. 设随机变量 X 服从参数为 2 的泊松分布，则 $E(X^2)=$ _____.

21. 设随机变量 X 与 Y 相互独立，且 $X\sim N(0,1)$，$Y\sim N(0,4)$，则 $D(2X+Y)=$ _____.

22. 设随机变量 $X\sim B(100,0.8)$，应用中心极限定理可算得 $P\{76<X<84\}=$ _____. (附 $\Phi(1)=0.8413$).

23. 设总体 $X\sim N(0,9)$，$x_1,x_2,\cdots,x_n$ 为来自 X 的样本，$\overline{X}$ 为样本均值，则 $D(\overline{X})=$ _____.

24. 设总体 X 服从均匀分布 $U(\theta,3\theta)$，$x_1,x_2,\cdots,x_{100}$ 为来自 X 的样本，$\overline{X}$ 为样本均值，则 θ 的矩估计 $\hat{\theta}=$ _____.

25. 设总体 X 的概率密度含有未知参数 θ，且 $E(X)=4\theta$，$x_1,x_2,\cdots,x_n$ 为来自 X 的样本，$\overline{X}$ 为样本均值，若 $c\,\overline{x}$ 为 θ 的无偏估计，则常数 $c=$ _____.

三、计算题(本大题共 2 小题,每小题 8 分,共 16 分)

26. 设甲、乙、丙三个工厂生产同一种产品，由于各工厂规模与设备、技术的差异，三个工厂产品数量的比例为 1:2:1，且产品的次品率分别为 $1\%,2\%,3\%$.

求:(1)该产品中任取 1 件，其为次品的概率 p_1；

(2)在取出 1 件产品是次品的条件下，其为丙生产的概率 p_2.

27. 设二维随机变量 (X,Y) 的概率密度为

$$f(x,y)=\begin{cases} \mathrm{e}^{-2y}, & 0\leqslant x\leqslant 2,y>0, \\ 0, & \text{其他.} \end{cases}$$

求(1)(X,Y) 的边缘概率密度；(2)$P\{X\leqslant 1,Y\leqslant 1\}$.

四、综合题(本大题共 2 小题,每小题 12 分,共 24 分)

28. 已知某型号电子元件的寿命 X(单位:h)具有概率密度

$$f(x,y)=\begin{cases} \dfrac{2\,000}{x^2}, & x\geqslant 2\,000, \\ 0, & \text{其他.} \end{cases}$$

一台仪器装有 3 个此型号的电子元件，其中任意一个损坏仪器便不能正常工作，假设 3 个电子元件损坏与否相互独立.

求：(1)X 的分布函数；

(2)一个此型号的电子元件工作超过 2 500 h 的概率；

(3)一台仪器能正常工作 2 500 h 以上的概率.

29. 设二维随机变量 X 的概率密度为

$$f(x,y) = \begin{cases} 2c, & -1 \leqslant x \leqslant 1, \\ 0, & \text{其他.} \end{cases}$$

求：(1)常数 c；(2)$P\{-0.5 \leqslant X \leqslant 0.5\}$；(3)$E(X^3)$.

五、应用题(10 分)

30. 设某车间生产的零件长度 $X \sim N(\mu, \sigma^2)$（单位：mm），现从生产的一批零件中随机抽取 25 件，测得零件长度的平均值 $\bar{x} = 1\,970$，标准差 $s = 100$，如果 σ^2 未知，在显著性水平 $\alpha = 0.05$ 下，能否认为该车间生产的零件的平均长度是 2 020 mm？（附 $t_{0.025}(24) = 2.064$）

2017 年 4 月高等教育自学考试
概率论与数理统计(二)试题

课程代码:02197

请考生按规定用笔将所有试题的答案涂、写在答题纸上。

选择题部分

注意事项:

1. 答题前,考生务必将自己的考试课程名称、姓名、准考证号用黑色字迹的签字笔或者钢笔填写在答题纸规定的位置上。

2. 每小题选出答案后,用 2B 铅笔把答题纸上对应题目的答案标号涂黑,如需改动,用橡皮擦干净后,再选涂其他答案标号,不能答在试题卷上。

第一部分 选择题(共 20 分)

一、单项选择题(本大题共 10 小题,每小题 2 分,共 20 分)

在每小题列出的四个备选项中只有一个是符合题目要求的,请将其选出并将"答题纸"的相应代码涂黑,错涂、多涂或未涂均无分.

1. 设 A,B 为随机事件,则事件"A,B 中至少有一个发生"是(   ).

A. AB B. $A\overline{B}$ C. $\overline{AB}$ D. $A\bigcup B$

2. 设随机变量 X 的分布函数为 $F(x)=\begin{cases}0, & x<0, \\ x^2, & 0\leqslant x<1, \\ 1, & x\geqslant 1,\end{cases}$ 则 $P\{0.2<X<0.3\}=$(   ).

A. 0.01   B. 0.05   C. 0.1   D. 0.4

3. 设二维随机变量 (X,Y) 的概率密度为

$$f(x,y)=\begin{cases}c, & 0\leqslant x\leqslant 0.5, 0\leqslant y\leqslant 0.5, \\ 0, & \text{其他},\end{cases}$$

则常数 $c=$(   ).

A. 1   B. 2   C. 3   D. 4

4. 设随机变量 X 与 Y 相互独立,且二维随机变量 (X,Y) 的概率密度为 $f(x,y)=\begin{cases}4xy, & 0\leqslant x\leqslant 1, 0\leqslant y\leqslant 1, \\ 0, & \text{其他},\end{cases}$ 则当 $0\leqslant x\leqslant 1$ 时,$f_X(x)=$(   ).

A. $\dfrac{1}{2}x$ B. x C. $2x$ D. $4x$

5. 设二维随机变量 (X,Y) 的概率密度为 $f(x,y)=\begin{cases}\dfrac{1}{6}, & 0\leqslant x\leqslant 2, 0\leqslant y\leqslant c, \\ 0, & \text{其他},\end{cases}$ 则常数 $c=$(   ).

A. 2   B. 3   C. 4   D. 5

6. 设随机变量 X 的概率密度为 $f(x)=\begin{cases}2x, & 0\leqslant x\leqslant 1, \\ 0, & \text{其他}.\end{cases}$ 则 $E(X)=$(   ).

A. 0   B. $\dfrac{1}{3}$ C. $\dfrac{2}{3}$ D. 1

7. 设随机变量 $X \sim N(0,9)$，则 $D(2X-10)=(\quad)$.

A. 36   B. 40   C. 45   D. 54

8. 设 (X,Y) 为二维随机变量，且 $\mathrm{Cov}(X,Y)=-0.5$，$E(XY)=-0.3$，$E(X)=1$，则 $E(Y)=(\quad)$.

A. -1 B. 0   C. 0.2   D. 0.4

9. 设 $x_1,x_2,\cdots,x_n$ 为来自总体 X 的样本 $(n>1)$，且 $D(X)=\sigma^2$，则 σ^2 的无偏估计量为 $(\quad)$.

A. $\dfrac{1}{n-1}\displaystyle\sum_{i=1}^{n}(x_i-\bar{x})^2$ B. $\dfrac{1}{n}\displaystyle\sum_{i=1}^{n}(x_i-\bar{x})^2$

C. $\dfrac{1}{n+1}\displaystyle\sum_{i=1}^{n}(x_i-\bar{x})^2$ D. $\dfrac{1}{n+2}\displaystyle\sum_{i=1}^{n}(x_i-\bar{x})^2$

10. 设总体 X 的概率密度为 $f(x)=\begin{cases}\dfrac{1}{\theta}, & 0<x<2\theta, \\ 0, & \text{其他},\end{cases}(\theta>0)$，$x_1,x_2,\cdots,x_n$ 为来自 X 的样本，$\bar{x}$ 为样本均值，则参数 θ 的无偏估计为 $(\quad)$.

A. $\dfrac{1}{2}\bar{x}$ B. $\dfrac{2}{3}\bar{x}$ C. $\bar{x}$ D. $\dfrac{1}{\bar{x}}$

第二部分 非选择题（共 80 分）

二、填空题（本大题共 15 小题，每小题 2 分，共 30 分）

11. 同时掷两枚质地均匀的硬币，则都出现正面的概率为_____.

12. 设 A,B 为随机事件，$P(A)=0.5$，$P(B)=0.6$，$P(B|A)=0.8$，则 $P(A\cup B)=$_____.

13. 已知 10 件产品中有 2 件次品，从该产品中任意取 3 件，则恰好取到 2 件次品的概率为_____.

14. 设随机变量 X 的分布律为

X	-2	1	2
P	$0.2C$	$0.4C$	C

则常数 C _____.

15. 设随机变量 X 的分布函数为 $F(x)=\begin{cases}0, & x<1, \\ 0.2, & 1\leqslant x<3, \\ 0.7, & 3\leqslant x<5, \\ 1, & x\geqslant 5,\end{cases}$ 则 $P\{2<X<4\}=$_____.

16. 设随机变量 X 服从参数为 λ 的泊松分布，且满足 $P\{X=2\}=P\{X=3\}$，则 $P\{X=4\}=$_____.

17. 设相互独立的随机变量 X,Y 分别服从参数 $\lambda_1=2$ 和 $\lambda_2=3$ 的指数分布，则当 $x>0$，$y>0$ 时，(X,Y) 的概率密度 $f(x,y)=$_____.

18. 设二维随机变量 (X,Y) 的分布律为

X \ Y	−1	0	2
−1	0.2	0.15	0.1
2	0.15	0.1	0.3

则 $P\{X=Y\}=$ _____.

19. 设随机变量 $X\sim B(20,0.1)$,随机变量 Y 服从参数为 2 的泊松分布,且 X 与 Y 相互独立,则 $E(XY)=$ _____.

20. 设随机变量 $X\sim N(2,4)$,且 $Y=3-2X$,则 $D(Y)=$ _____.

21. 已知 $D(X)=25$,$D(Y)=36$,X 与 Y 的相关系数 $\rho_{XY}=0.4$,则 $D(X+Y)=$ _____.

22. 设总体 $X\sim N(1,5)$,$x_1,x_2,\cdots,x_n$ 为来自 X 的样本,$\bar{x}=\dfrac{1}{20}\sum\limits_{i=1}^{20}x_i$,则 $D(\bar{x})=$ _____.

23. 设总体 X 服从参数为 λ 的指数分布($\lambda>0$),$x_1,x_2,\cdots,x_n$ 为来自 X 的样本,其样本均值 $\bar{x}=3$,则 λ 的矩估计 $\hat{\lambda}=$ _____.

24. 设样本 $x_1,x_2,\cdots,x_n$ 来自总体 $N(\mu,\sigma^2)$,且 σ^2 未知,$\bar{x}$ 为样本均值,s 为样本标准差,假设检验问题为 $H_0:\mu=\mu_0$,$H_1:\mu\neq\mu_0$,则检验统计量的表达式为 _____.

25. 已知某厂生产的零件直径服从 $N(\mu,4)$,现随机取 16 个元件测其直径,并算得样本均值 $\bar{x}=21$,做假设检验 $H_0:\mu=20$,$H_1:\mu\neq20$,则检验统计量的值为 _____.

三、计算题(本大题共 2 小题,每小题 8 分,共 16 分)

26. 某厂甲、乙两台机床生产同一型号产品,产品分别占总产量的 40% 和 60%,并且各自产品中的次品率分别为 1% 和 2%.

求:(1)从该产品中任取一件是次品的概率;

(2)在取出一件是次品的条件下,它是由乙机床生产的概率.

27. 设随机变量 X 服从区间 $[1,2]$ 上的均匀分布,随机变量 Y 服从参数为 3 的指数分布,且 X,Y 相互独立.

求:(1)(X,Y) 的边缘概率密度 $f_X(x)$,$f_Y(y)$;

(2)(X,Y) 的概率密度 $f(x,y)$.

四、综合题(本大题共 2 小题,每小题 12 分,共 24 分)

28. 设随机变量的概率密度为 $f(x)=\begin{cases}cx, & 2<x<4,\\ 0, & \text{其他},\end{cases}$ 令 $Y=2X+3$.

求:(1)常数 c;(2)X 的分布函数 $F(X)$;(3)Y 的概率密度 $f_Y(y)$.

29. 已知随机变量的分布律为

X \ Y	0	1	2
1	0.1	0.2	0.1
2	0.2	0.1	0.3

求：(1) (X,Y) 的边缘分布律；

(2) $P\{X=2\}, P\{X-Y=1\}, P\{XY=0\}$；

(3) $E(X+Y)$.

五、应用题(10 分)

30.设某批零件的长度 $X \sim N(\mu, 0.09)$（单位：cm），现从这批零件中抽取 9 个，测其长度作为样本，并算得样本均值 $\bar{x}=43$，求 μ 的置信度为 0.95 的置信区间.（附：$u_{0.025}=1.96$）

2015年4月概率论与数理统计(二)试题参考答案

一、单项选择题(本大题共10小题,每小题2分,共20分)

1. C　　2. A　　3. B　　4. D　　5. D　　6. C　　7. C　　8. C　　9. B　　10. B

二、填空题(本大题共15小题,每小题2分,共30分)

11. 0.15　　　　12. 0.78　　　　13. 0.973　　　　14. 0.6　　　　15. 0.18

16. $\dfrac{x-a}{b-a}$　　17. $\dfrac{2}{15}$　　18. $\dfrac{1}{4}e^{-x}$　　19. 2.4　　20. 5

21. 2　　　　22. 0.6　　　　23. $1-\dfrac{D(X)}{\varepsilon^2}$　　24. $N\left(1,\dfrac{4}{n}\right)$　　25. α

三、计算题(本大题共2小题,每小题8分,共16分)

26. 解　设事件 A 为第二次取到红球的概率为
$$P(A)=\frac{2}{6}\times\frac{1}{5}+\frac{4}{6}\times\frac{2}{5}=\frac{5}{15}=\frac{1}{3}.$$

27. 解　(1) $f(x)=2e^{-2x}$,则 $f(5)=2e^{-10}$.

(2) $P\{X>5\}=1-F(5)=e^{-10}$.

四、综合题(本大题共2小题,每小题12分,共24分)

28. 解　(1) $f_X(x)=1,\ 0\leqslant x\leqslant 1$.

(2) $f(x,y)=f(x)f(y)=e^{-y},\ 0\leqslant x\leqslant 1,y>0$.

(3) $P\{X+Y\leqslant 1\}=\displaystyle\int_0^1\int_0^{1-x}e^{-y}\mathrm{d}y\,\mathrm{d}x=e^{-1}$.

29. 解　(1) $E(X)=0\times 0.6+1\times 0.4=0.4$, $E(Y)=-1\times 0.3+0\times 0.3+1\times 0.4=0.1$.

(2) $E(X^2)=0^2\times 0.6+1^2\times 0.4=0.4$, $D(X)=0.4-0.4^2=0.24$;

　$E(Y^2)=1\times 0.3+0\times 0.3+1\times 0.4=0.7$, $D(Y)=0.7-0.1^2=0.69$.

(3) $E(XY)=-1\times 1\times 0.2+1\times 1\times 0.1=-0.1$,

　$\mathrm{Cov}(X,Y)=E(XY)-E(X)E(Y)=-0.1-0.4\times 0.1=-0.15$.

五、应用题(10分)

30. 解　由题意有似然函数 $l(\theta)=\displaystyle\prod_{i=1}^{n}f(x_i)=\prod_{i=1}^{n}\theta^n x_i^{\theta-1}$,

$$\ln l(\theta)=n\ln\theta+(\theta-1)\sum_{i=1}^{n}\ln x_i,$$

$$\frac{\partial \ln l(\theta)}{\partial \theta}=\frac{n}{\theta}+\sum_{i=1}^{n}\ln x_i=0\Rightarrow\hat{\theta}=-\frac{n}{\sum\limits_{i=1}^{n}\ln x_i}.$$

2015年10月概率论与数理统计(二)试题参考答案

一、单项选择题(本大题10小题,每小题2分,共20分)

1. D   2. A   3. D   4. B   5. D   6. C   7. A   8. A   9. B   10. B

二、填空题(本大题15小题,每小题2分,共30分)

11. $\dfrac{1}{25}$ 12. $A \cup B$ 13. 0.42   14. 0.1   15. e^{-2}

16. $\dfrac{4}{25}$ 17. $\dfrac{1}{2\pi}e^{-\frac{1}{2}(x^2+y^2)}$ 18. $\dfrac{1}{6}$ 19. $\dfrac{5}{2}$ 20. $\dfrac{4}{5}$

21. $-\dfrac{3}{4}$ 22. $\phi(2)$ 23. $t(10)$ 24. θ 25. $\dfrac{\sigma^2}{n}$

三、计算题(本大题共2小题,每小题8分,共16分)

26. 解 设 A 表示"从甲袋中取到一个白球", B 表示"从乙袋中取到一个白球".
由全概率公式得

$$P(B) = P(A)P(B|A) + P(\overline{A})P(B|\overline{A})$$
$$= \frac{3}{5} \times \frac{2}{4} + \frac{2}{5} \times \frac{1}{4} = \frac{2}{5}.$$

27. 解(1) $f(x) = F'(x) = \dfrac{1}{\pi} \cdot \dfrac{1}{1+x^2}, \quad -\infty < x < +\infty$;

(2) $P\{|X| < 1\} = P\{-1 < X < 1\} = F(1) - F(-1)$

$$= \left(\frac{1}{2} + \frac{1}{\pi} \cdot \frac{\pi}{4}\right) - \left[\frac{1}{2} + \frac{1}{\pi} \cdot \left(-\frac{\pi}{4}\right)\right] = \frac{1}{2}.$$

四、综合题(本大题共2小题,每小题12分,共24分)

28. 解 (1)

X	0	1	2
P	28/45	16/45	1/45

(2) $F(x) = \begin{cases} 0, & x < 0, \\ \dfrac{28}{45}, & 0 \leqslant x < 1, \\ \dfrac{44}{45}, & 1 \leqslant x < 2, \\ 1, & x \geqslant 2. \end{cases}$

(3) $P\{0 < X \leqslant 2\} = F(2) - F(0) = \dfrac{17}{45}$.

29. 解 (1) $E(X + 2Y) = E(X) + 2E(Y) = 2$;

(2) $D(X + 2Y) = D(X) + 4D(Y) = 40$;

(3) $\text{Cov}(2X, Y) = 2\text{Cov}(X, Y)$

$$= 2\rho_{XY}\sqrt{D(X)}\sqrt{D(Y)}$$

$$= 2 \times \frac{1}{2} \times 2 \times 3 = 6.$$

五、应用题(10 分)

30. 解　依题意 $H_0 : \mu = 70, H_1 : \mu \neq 70, \mu_0 = 70, \sigma_0 = 4$,进行 u 检验.

$$u = \frac{\bar{x} - \mu_0}{\sigma_0 / \sqrt{n}} = \frac{68.95 - 70}{4 / \sqrt{16}} = -1.05, u_{0.025} = 1.96.$$

由 $|u| < u_{0.025}$,故接受原假设 H_0,即可认为全体考生的平均成绩为 70 分.

2016 年 4 月概率论与数理统计(二)试题参考答案

一、单项选择题(本大题共 10 小题,每小题 2 分,共 20 分)

1. B 2. B 3. C 4. C 5. D 6. A 7. D 8. D 9. A 10. C

二、填空题(本大题共 15 小题,每小题 2 分,共 30 分)

11. 1   12. 0.2   13. 0.25   14. $\dfrac{1}{12}$ 15. 0.064

16. $2x$ 17. $\dfrac{1}{4}$ 18. $\dfrac{1}{2}$ 19. 12   20. 7.2

21. $\dfrac{13}{36}$ 22. 1   23. 16   24. $[\hat{\theta}_1, \hat{\theta}_2]$ 25. $2\bar{x}$

三、计算题(本大题共 2 小题,每小题 8 分,共 16 分)

26. 解 设事件 A_i 表示"售出的 2 件商品中有 i 件一等品",$i = 0,1,2$,B 表示"取出的一件为一等品",则

$$P(B) = P(A_0)P(B|A_0) + P(A_1)P(B|A_1) + P(A_2)P(B|A_2)$$

$$= \frac{C_2^2}{C_{10}^2} \times \frac{8}{8} + \frac{C_2^1 C_8^1}{C_{10}^2} \times \frac{7}{8} + \frac{C_8^2}{C_{10}^2} \times \frac{6}{8} = 0.8.$$

27. 解 X 的概率密度为 $f_X(x) = \begin{cases} e^{-x}, & x > 0, \\ 0, & x \leqslant 0. \end{cases}$

由 $y = g(x) = 3x + 1$,则 $x = h(y) = \dfrac{1}{3}(y-1)$.

故 $f_Y(y) = f_X[h(y)]|h'(y)| = f_X\left(\dfrac{y-1}{3}\right) \times \dfrac{1}{3} = \begin{cases} \dfrac{1}{3} e^{-\frac{y-1}{3}}, & y > 1, \\ 0, & \text{其他}. \end{cases}$

四、综合题(本大题共 2 小题,每小题 12 分,共 24 分)

28. 解 (1)由 $f_X(x) = \displaystyle\int_{-\infty}^{+\infty} f(x,y)\,dy = \begin{cases} 2x, & 0 \leqslant x \leqslant 1, \\ 0, & \text{其他}. \end{cases}$

$$f_Y(y) = \int_{-\infty}^{+\infty} f(x,y)\,dx = \begin{cases} e^{-(y-5)}, & y \geqslant 5, \\ 0, & \text{其他}. \end{cases}$$

(2)因为 $f(x,y) = f_X(x)f_Y(y)$,所以 X 与 Y 相互独立.

(3) $E(X) = \displaystyle\int_{-\infty}^{+\infty} x f_X(x)\,dx = \int_0^1 2x^2\,dx = \dfrac{2}{3}$.

29. 解 (1)由 $P\{Y=0\} = P\{X=0, Y=0\} + P\{X=1, Y=0\} = 0.1 + b = 0.4$,得 $b = 0.3$;再由分布律的性质可得 $a = 0.1$.

(2)(X, Y) 关于 X 的边缘分布律为

X	0	1
P	0.4	0.6

$$E(X) = 0.6, \quad E(X^2) = 0.6, \quad D(X) = 0.24.$$

（3）$E(XY) = 1 \times (-1) \times 0.1 + 1 \times 1 \times 0.2 = 0.1$.

五、应用题(10 分)

30. 解 由题意，欲检验假设 $H_0: \mu = 50, H_1: \mu \neq 50$.

当 H_0 成立时，统计量 $t = \dfrac{\bar{x} - \mu_0}{s/\sqrt{n}} \sim t(n-1)$.

给定显著性水平 $\alpha = 0.05$ 时，拒绝域为 $|t| > t_{0.025}(8)$.

已知 $n=9, \mu=50, \bar{x}=49.9, s=0.3, t_{0.025}(8)=2.306$，计算可得

$$|t| = \left| \frac{\bar{x} - \mu_0}{s/\sqrt{n}} \right| = 1 < 2.306,$$

故接受 H_0，即认为水泥包装机工作正常.

2016年10月概率论与数理统计(二)试题参考答案

一、单项选择题(本大题共 10 小题,每小题 2 分,共 20 分)

1. D   2. C   3. B   4. B   5. C   6. D   7. A   8. A   9. B   10. D

二、填空题(本大题共 15 小题,每小题 2 分,共 30 分)

11. 0   12. 0.6   13. 0.8   14. 0.2   15. x^2

16. 0.5   17. 0.4   18. $\dfrac{1}{2}$ 19. 4   20. 6

21. 8   22. 0.682 6   23. $\dfrac{9}{20}$ 24. $\dfrac{1}{200}\sum\limits_{i=1}^{100}x_i$ 25. $\dfrac{1}{4}$

三、计算题(本大题共 2 个小题,每小题 8 分,共 16 分)

26. 解   设事件 B 表示"取出 1 件次品",$i=0,1,2$,事件 A_1,A_2,A_3 分别表示"取出的是由甲、乙、丙生产的产品",则由题设知

$$P(A_1)=\frac{1}{4},\ P(A_2)=\frac{1}{2},\ P(A_3)=\frac{1}{4},$$

$$P(B\,|\,A_1)=1\%,\ P(B\,|\,A_2)=2\%,\ P(B\,|\,A_3)=3\%.$$

(1) 由全概率公式得

$$p_1=P(B)=P(A_1)P(B\,|\,A_1)+P(A_2)P(B\,|\,A_2)+P(A_3)P(B\,|\,A_3)$$

$$=\frac{1}{4}\times1\%+\frac{1}{2}\times2\%+\frac{1}{4}\times3\%=0.02.$$

(2) 由贝叶斯公式得

$$p_2=P(A_3\,|\,B)=\frac{P(A_3)P(B\,|\,A_3)}{P(B)}=0.375.$$

27. 解   (1)(X,Y)关于 X 的边缘概率密度为

$$f_X(x)=\int_{-\infty}^{+\infty}f(x,y)\mathrm{d}y=\begin{cases}\dfrac{1}{2},&0\leqslant x\leqslant 2,\\[2mm]0,&\text{其他}.\end{cases}$$

(X,Y)关于 Y 的边缘概率密度为

$$f_Y(y)=\int_{-\infty}^{+\infty}f(x,y)\mathrm{d}x=\begin{cases}2\mathrm{e}^{-2y},&y>0,\\0,&y\leqslant 0.\end{cases}$$

(2) 因为 $f(x,y)=f_X(x)f_Y(y)$,所以 X 与 Y 相互独立,

$$P\{X\leqslant 1,Y\leqslant 1\}=P\{X\leqslant 1\}\cdot P\{Y\leqslant 1\}=\frac{1}{2}\int_0^1 2\mathrm{e}^{-2y}\mathrm{d}y=\frac{1}{2}(1-\mathrm{e}^{-2}).$$

四、综合题(本大题共 2 小题,每小题 12 分,共 24 分)

28. 解   (1)X 的分布函数为

$$F(x)=P\{X\leqslant x\}=\int_{-\infty}^{x}f(t)\mathrm{d}t$$

$$=\begin{cases}0,&x<2\,000,\\[2mm]t-\dfrac{2\,000}{x},&x\geqslant 2\,000;\end{cases}$$

(2) 一个此型号的电子元件工作时间超过 2 500 h 的概率为
$$P\{X>2\,500\}=1-F(2\,500)=0.8;$$

(3) 一台仪器能正常工作 2 500 h 以上的概率为
$$\{P\{X>2\,500\}\}^3=0.512.$$

29. 解 (1) 由 $\int_{-\infty}^{+\infty}f(x)\mathrm{d}x=1$ 知 $\int_{-1}^{1}2c\,\mathrm{d}x=4c=1$,所以 $c=\dfrac{1}{4}$;

(2) $P\{-0.5\leqslant X\leqslant 0.5\}=\int_{-0.5}^{0.5}\dfrac{1}{2}\mathrm{d}x=0.5$;

(3) $E(X^3)=\int_{-1}^{1}\dfrac{1}{2}x^3\,\mathrm{d}x=0.$

五、应用题(10 分)

30. 解 由题意,欲检验假设 $H_0:\mu=2\,020,H_1:\mu\neq 2\,020.$

已知 $n=25,\bar{x}=1\,970,s=100,t_{0.025}(24)=2.064$,当 H_0 成立时,统计量为
$$t=\frac{\bar{x}-\mu_0}{s/\sqrt{n}}=\frac{1\,970-2\,020}{100/\sqrt{25}}=-2.5.$$

由于 $|t|>t_{0.025}(24)$,故拒绝 H_0,即不能认为该车间生产的零件的平均长度是 2 020 mm.

2017年4月概率论与数理统计(二)试题参考答案

一、单项选择题(本大题共 10 小题,每小题 2 分,共 20 分)

1. D   2. B   3. D   4. C   5. B   6. C   7. A   8. C   9. A   10. B

二、填空题(本大题共 15 小题,每小题 2 分,共 30 分)

11. $\dfrac{1}{4}$ 12. 0.7   13. $\dfrac{1}{45}$ 14. $\dfrac{5}{8}$ 15. 0.5

16. $\dfrac{27}{8}e^{-3}$ 17. $6e^{-(2x+3y)}$ 18. 0.5   19. 4   20. 16

21. 85   22. $\dfrac{1}{4}$ 23. $\dfrac{1}{3}$ 24. $\sqrt{n}(\bar{x}-\mu_0)$ 25. 2

三、计算题(本大题共 2 小题,每小题 8 分,共 16 分)

26. 解   (1)设 A 事件表示"取出的是甲机床生产的产品";

$\qquad\qquad$ B 表示"取出的是乙机床生产的产品";

$\qquad\qquad$ C 表示"取出的是次品",

则 $P(A)=0.4$,$P(B)=0.6$,$P(C|A)=0.01$,$P(C|B)=0.02$.

由全概率公式得

$$P(C)=P(A)P(C|A)+P(B)P(C|B)$$
$$=0.4\times0.01+0.6\times0.02=0.016.$$

(2)由贝叶斯公式得

$$P(B|C)=\frac{P(B)P(C|B)}{P(C)}=0.75,$$

则取出的次品是乙机床生产的概率为 0.75.

27. 解   (1)$f_X(x)=\begin{cases}1, & 1\leqslant x\leqslant2, \\ 0, & \text{其他}.\end{cases}$

$\qquad\qquad$ $f_Y(y)=\begin{cases}3e^{-3y}, & y>0, \\ 0, & \text{其他}.\end{cases}$

(2)$f(x,y)=\begin{cases}3e^{-3y}, & 1\leqslant x\leqslant2,y>0, \\ 0, & \text{其他}.\end{cases}$

四、综合题(本大题共 2 小题,每小题 12 分,共 24 分)

28. 解   (1)由 $\displaystyle\int_{-\infty}^{+\infty}f(x)\mathrm{d}x=\int_2^4 cx\,\mathrm{d}x=1$,得 $c=\dfrac{1}{6}$.

(2)$F(x)=\begin{cases}0, & x\leqslant2, \\ \dfrac{1}{12}x^2-\dfrac{1}{3}, & 2<x<4, \\ 1, & x\geqslant4.\end{cases}$

(3)$y=2x+3$,则 $x=\dfrac{1}{2}y-\dfrac{3}{2}$,$x'_y=\dfrac{1}{2}$,

$$f_Y(y) = f_X\left(\frac{y-3}{2}\right) \cdot x'_y = \begin{cases} \dfrac{y-3}{12}, & 7 < y < 11, \\ 0, & 其他. \end{cases}$$

29. 解　(1) (X, Y) 关于 X 的边缘分布律为

X	1	2
P	0.4	0.6

关于 Y 的边缘分布律为

Y	0	1	2
P	0.3	0.3	0.4

(2) $P\{X=2\}=0.6$，$P\{X-Y=1\}=0.2$，$P\{XY=0\}=0.3$.

(3) $E(X+Y)=E(X)+E(Y)=1.6+1.1=2.7$.

五、应用题(10 分)

30. 解　$\bar{x}=43, \sigma^2=0.09, n=9, u_{0.025}=1.96, \mu$ 的置信度为 0.95 的置信区间是

$$\left[\bar{x}-u_{0.025}\frac{\sigma}{\sqrt{n}}, \bar{x}+u_{0.025}\frac{\sigma}{\sqrt{n}}\right]$$

$$=\left[43-1.96\times\frac{0.3}{\sqrt{9}}, 43+1.96\times\frac{0.3}{\sqrt{9}}\right]$$

$$=[42.804, 43.196].$$

附录 B 常用概率分布表

表 B.1 标准正态分布表

$$P(X \leqslant x) = \int_{-\infty}^{x} \frac{1}{\sqrt{2\pi}} e^{-\frac{t^2}{2}} \, dt = \Phi(x)$$

x	0	0.01	0.02	0.03	0.04	0.05	0.06	0.07	0.08	0.09
0.0	0.500 0	0.504 0	0.508 0	0.512 0	0.516 0	0.519 9	0.523 9	0.527 9	0.531 9	0.535 9
0.1	0.539 8	0.543 8	0.547 8	0.551 7	0.555 7	0.559 6	0.563 6	0.567 5	0.571 4	0.575 3
0.2	0.579 3	0.583 2	0.587 1	0.591 0	0.594 8	0.598 7	0.602 6	0.606 4	0.610 3	0.614 1
0.3	0.617 9	0.621 7	0.625 5	0.629 3	0.633 1	0.636 8	0.640 6	0.644 3	0.648 0	0.651 7
0.4	0.655 4	0.659 1	0.662 8	0.666 4	0.670 0	0.673 6	0.677 2	0.680 8	0.684 4	0.687 9
0.5	0.691 5	0.695 0	0.698 5	0.701 9	0.705 4	0.708 8	0.712 3	0.715 7	0.719 0	0.722 4
0.6	0.725 7	0.729 1	0.732 4	0.735 7	0.738 9	0.742 2	0.745 4	0.748 6	0.751 7	0.754 9
0.7	0.758 0	0.761 1	0.764 2	0.767 3	0.770 3	0.773 4	0.776 4	0.779 4	0.782 3	0.785 2
0.8	0.788 1	0.791 0	0.793 9	0.796 7	0.799 5	0.802 3	0.805 1	0.807 8	0.810 6	0.813 3
0.9	0.815 9	0.818 6	0.821 2	0.823 8	0.826 4	0.828 9	0.831 5	0.834 0	0.836 5	0.838 9
1.0	0.841 3	0.843 8	0.846 1	0.848 5	0.850 8	0.853 1	0.855 4	0.857 7	0.859 9	0.862 1
1.1	0.864 3	0.866 5	0.868 6	0.870 8	0.872 9	0.874 9	0.877 0	0.879 0	0.881 0	0.883 0
1.2	0.884 9	0.886 9	0.888 8	0.890 7	0.892 5	0.894 4	0.896 2	0.898 0	0.899 7	0.901 5
1.3	0.903 2	0.904 9	0.906 6	0.908 2	0.909 9	0.911 5	0.913 1	0.914 7	0.916 2	0.917 7
1.4	0.919 2	0.920 7	0.922 2	0.923 6	0.925 1	0.926 5	0.927 8	0.929 2	0.930 6	0.931 9
1.5	0.933 2	0.934 5	0.935 7	0.937 0	0.938 2	0.939 4	0.940 6	0.941 8	0.943 0	0.944 1
1.6	0.945 2	0.946 3	0.947 4	0.948 4	0.949 5	0.950 5	0.951 5	0.952 5	0.953 5	0.954 5
1.7	0.955 4	0.956 4	0.957 3	0.958 2	0.959 1	0.959 9	0.960 8	0.961 6	0.962 5	0.963 3
1.8	0.964 1	0.964 8	0.965 6	0.966 4	0.967 1	0.967 8	0.968 6	0.969 3	0.970 0	0.970 6
1.9	0.971 3	0.971 9	0.972 6	0.973 2	0.973 8	0.974 4	0.975 0	0.975 6	0.976 2	0.976 7
2.0	0.977 2	0.977 8	0.978 3	0.978 8	0.979 3	0.979 8	0.980 3	0.980 8	0.981 2	0.981 7
2.1	0.982 1	0.982 6	0.983 0	0.983 4	0.983 8	0.984 2	0.984 6	0.985 0	0.985 4	0.985 7
2.2	0.986 1	0.986 4	0.986 8	0.987 1	0.987 4	0.987 8	0.988 1	0.988 4	0.988 7	0.989 0
2.3	0.989 3	0.989 6	0.989 8	0.990 1	0.990 4	0.990 6	0.990 9	0.991 1	0.991 3	0.991 6
2.4	0.991 8	0.992 0	0.992 2	0.992 5	0.992 7	0.992 9	0.993 1	0.993 2	0.993 4	0.993 6
2.5	0.993 8	0.994 0	0.994 1	0.994 3	0.994 5	0.994 6	0.994 8	0.994 9	0.995 1	0.995 2
2.6	0.995 3	0.995 5	0.995 6	0.995 7	0.995 9	0.996 0	0.996 1	0.996 2	0.996 3	0.996 4
2.7	0.996 5	0.996 6	0.996 7	0.996 8	0.996 9	0.997 0	0.997 1	0.997 2	0.997 3	0.997 4
2.8	0.997 4	0.997 5	0.997 6	0.997 7	0.997 7	0.997 8	0.997 9	0.997 9	0.998	0.998 1
2.9	0.998 1	0.998 2	0.998 2	0.998 3	0.998 4	0.998 4	0.998 5	0.998 5	0.998 6	0.998 6
3.0	0.998 7	0.999 0	0.999 3	0.999 5	0.999 7	0.999 8	0.999 8	0.999 8	0.999 9	1.000 0

注:表中末行系数值 $\Phi(3.0), \Phi(3.1), \cdots, \Phi(3.9)$.

表 B.2　泊松分布表

$$1-F(x-1) = \sum_{k=1}^{+\infty} \frac{\lambda^k}{k!} e^{-\lambda}$$

x	$\lambda=0.2$	$\lambda=0.3$	$\lambda=0.4$	$\lambda=0.5$	$\lambda=0.6$
0	1.000 000 0	1.000 000 0	1.000 000 0	1.000 000 0	1.000 000 0
1	0.181 269 2	0.259 181 8	0.329 680 0	0.323 469	0.451 188
2	0.017 523 1	0.036 936 3	0.061 551 9	0.090 204	0 121 901
3	0.001 148 5	0.003 599 5	0.007 926 3	0.014 388	0.023 115
4	0.000 056 8	0.000 265 8	0.000 776 3	0.001 752	0.003 358
5	0.000 002 3	0.000 015 8	0.000 061 2	0.000 172	0.000 394
6	0.000 000 1	0.000 000 8	0.000 004 0	0.000 014	0.000 039
7			0.000 000 2	0.000 000 1	0.000 003

x	$\lambda=0.7$	$\lambda=0.8$	$\lambda=0.9$	$\lambda=1.0$	$\lambda=1.2$
0	1.000 000	1.000 000	1.000 000	1.000 000	1.000 000
1	0.503 415	0.550 671	0.593 430	0.632 121	0.698 806
2	0.155 805	0.191 208	0.227 518	0.264 241	0.337 373
3	0.034 142	0.047 423	0.062 857	0.080 301	0.120 513
4	0.005 753	0.009 080	0.013 459	0.018 988	0.033 769
5	0.000 786	0.001 411	0.002 344	0.003 660	0.007 746
6	0.000 090	0.000 184	0.000 343	0.000 594	0.001 500
7	0.000 009	0.000 021	0.000 043	0.000 083	0.000 251
8	0.000 001	0.000 002	0.000 005	0.000 010	0.000 037
9				0.000 001	0.000 005
10					0.000 001

x	$\lambda=1.4$	$\lambda=1.4$	$\lambda=1.8$	$\lambda=2.0$	$\lambda=2.2$
0	1.000 000	1.000 000	1.000 000	1.000 000	1.000 000
1	0.753 043	0.798 103	0.834 701	0.864 665	0.889 197
2	0.408 167	0.475 069	0.537 163	0.593 994	0.645 430
3	0.166 502	0.216 642	0.269 379	0.323 324	0.377 286
4	0.053 725	0.078 813	0.108 708	0.142 877	0.180 648
5	0.014 253	0.023 682	0.036 407	0.052 653	0.072 496
6	0.003 201	0.006 040	0.010 378	0.016 564	0.024 910
7	0.000 622	0.001 336	0.002 569	0.004 534	0.007 461
8	0.000 107	0.000 260	0.000 562	0.001 097	0.001 978
9	0.000 016	0.000 045	0.000 110	0.000 237	0.000 470
10	0.000 002	0.000 007	0.000 019	0.000 046	0.000 101
11		0.000 001	0.000 003	0.000 008	0.000 020

x	$\lambda=2.5$	$\lambda=3.0$	$\lambda=3.5$	$\lambda=4.0$	$\lambda=4.5$	$\lambda=5.0$
0	1.000 000	1.000 000	1.000 000	1.000 000	1.000 000	1.000 000
1	0.917 915	0.950 213	0.969 803	0.981 684	0.988 891	0.993 262
2	0.712 703	0.800 852	0.864 112	0.908 422	0.938 901	0.959 572
3	0.456 187	0.576 810	0.679 153	0.761 897	0.826 422	0.875 348
4	0.242 424	0.352 768	0.463 367	0.566 530	0.657 704	0.734 974
5	0.108 822	0.184 737	0.274 555	0.371 163	0.467 896	0.559 507
6	0.042 021	0.083 918	0.142 386	0.214 870	0.297 070	0.384 039
7	0.014 187	0.033 509	0.065 288	0.110 674	0.168 949	0.237 817
8	0.004 247	0.011 905	0.026 739	0.051 134	0.086 586	0.133 372
9	0.001 140	0.003 803	0.009 874	0.021 363	0.040 257	0.068 094
10	0.000 277	0.001 102	0.003 315	0.008 132	0.017 093	0.031 828
11	0.000 062	0.000 292	0.001 019	0.002 840	0.006 669	0.013 695
12	0.000 013	0.000 071	0.000 289	0.000 915	0.002 404	0.005 453
13	0.000 002	0.000 016	0.000 076	0.000 274	0.000 805	0.002 019
14		0.000 003	0.000 019	0.000 076	0.000 252	0.000 698
15		0.000 001	0.000 004	0.000 020	0.000 074	0.000 226
16			0.000 001	0.000 005	0.000 020	0.000 069
17				0.000 001	0.000 005	0.000 020
18					0.000 001	0.000 005
19						0.000 001

表 B.3　χ^2 分布表

$$P\{\chi^2(n) > \chi^2_\alpha(n)\} = \alpha$$

n	$\alpha = 0.995$	$\alpha = 0.990$	$\alpha = 0.975$	$\alpha = 0.950$	$\alpha = 0.900$	$\alpha = 0.750$
1	—	—	0.001	0.004	0.016	0.102
2	0.010	0.020	0.051	0.103	0.211	0.575
3	0.072	0.115	0.216	0.352	0.584	1.213
4	0.207	0.297	0.484	0.711	1.064	1.923
5	0.412	0.554	0.831	1.145	1.610	2.675
6	0.676	0.872	1.237	1.635	2.204	3.455
7	0.989	1.239	1.690	2.167	2.833	4.255
8	1.344	1.646	2.180	2.733	3.490	5.071
9	1.735	2.088	2.700	3.325	4.168	5.899
10	2.156	2.558	3.247	3.940	4.865	6.737
11	2.603	3.053	3.816	4.575	5.578	7.584
12	3.074	3.571	4.404	5.226	6.304	8.438
13	3.565	4.107	5.009	5.892	7.042	9.299
14	4.075	4.660	5.629	6.571	7.790	10.165
15	4.601	5.229	6.262	7.261	8.547	11.037
16	5.142	5.812	6.908	7.962	9.312	11.912
17	5.697	6.408	7.564	8.672	10.085	12.792
18	6.265	7.015	8.231	9.390	10.865	13.675
19	6.844	7.633	8.907	10.117	11.651	14.562
20	7.434	8.260	9.591	10.851	12.443	15.452
21	8.034	8.897	10.283	11.591	13.240	16.344
22	8.643	9.542	10.982	12.338	14.042	17.240
23	9.260	10.196	11.689	13.091	14.848	18.137
24	9.886	10.856	12.401	13.848	15.659	19.037
25	10.520	11.524	13.120	14.611	16.473	19.939
26	11.160	12.198	13.844	15.379	17.292	20.843
27	11.808	12.879	14.573	16.151	18.114	21.749
28	12.461	13.565	15.308	16.928	18.939	22.657
29	13.121	14.257	16.047	17.708	19.768	23.567
30	13.787	14.954	16.791	18.493	20.599	24.478
31	14.458	15.655	17.539	19.281	21.434	26.390

n	$\alpha=0.995$	$\alpha=0.990$	$\alpha=0.975$	$\alpha=0.950$	$\alpha=0.900$	$\alpha=0.750$
32	15.134	16.362	18.291	20.072	22.271	26.304
33	15.815	17.074	19.047	20.867	23.110	27.219
34	16.501	17.789	19.806	21.664	23.952	28.136
35	17.192	18.509	20.569	22.465	24.797	29.054
36	17.887	19.233	21.336	23.269	25.643	29.973
37	18.586	19.960	22.106	24.075	26.492	30.893
38	19.289	20.691	22.878	24.884	27.343	31.815
39	19.996	21.426	22.654	25.695	28.196	32.737
40	20.707	22.164	24.433	26.509	29.051	33.660
41	21.421	22.906	25.215	27.326	29.907	34.585
42	22.138	23.650	25.999	28.144	30.765	35.510
43	22.859	24.398	26.785	28.965	31.625	36.436
44	23.584	25.148	27.575	29.787	32.487	37.363
45	24.311	25.901	28.366	30.612	33.350	38.291

n	$\alpha=0.250$	$\alpha=0.100$	$\alpha=0.050$	$\alpha=0.025$	$\alpha=0.010$	$\alpha=0.005$
1	1.323	2.706	3.841	5.024	6.635	7.879
2	2.773	4.605	5.991	7.378	9.210	10.597
3	4.108	6.251	7.815	9.348	11.345	12.838
4	5.385	7.779	9.488	11.143	13.277	14.860
5	6.626	9.236	11.071	12.833	15.086	16.750
6	7.841	10.645	12.592	14.449	16.812	18.548
7	9.037	12.017	14.067	16.013	18.475	20.278
8	10.219	13.362	15.507	17.535	20.090	21.955
9	11.389	14.684	16.919	19.023	21.666	23.589
10	12.549	15.987	18.307	20.483	23.209	25.188
11	13.701	17.275	19.675	21.920	24.725	26.757
12	14.845	18.549	21.026	23.337	26.217	28.299
13	15.984	19.812	22.362	24.736	27.688	29.819
14	17.117	21.064	23.685	26.119	29.141	31.319
15	18.245	22.307	24.996	27.448	30.578	32.801
16	19.369	23.542	26.296	28.845	32.000	34.267
17	20.49	24.769	27.587	30.191	33.409	35.718
18	21.605	25.989	28.869	31.526	34.805	37.156
19	22.718	27.204	30.144	32.852	36.191	38.582

n	$\alpha=0.250$	$\alpha=0.100$	$\alpha=0.050$	$\alpha=0.025$	$\alpha=0.010$	$\alpha=0.005$
20	23.828	28.412	31.410	34.170	37.566	39.997
21	24.935	29.615	32.671	35.479	38.932	41.401
22	26.039	30.813	33.924	36.781	40.289	42.796
23	27.141	32.007	35.172	38.076	41.638	44.181
24	28.241	33.196	36.415	39.364	42.980	45.559
25	29.339	34.382	37.652	40.646	44.314	46.928
26	30.435	35.563	38.885	41.923	45.642	48.290
27	31.528	36.741	40.113	43.194	46.963	49.645
28	32.620	37.916	41.337	44.461	48.278	50.993
29	33.711	39.987	42.557	45.722	49.588	52.336
30	34.800	40.256	43.773	46.979	50.892	53.672
31	35.887	41.422	44.985	48.232	52.191	55.003
32	36.973	42.585	46.194	49.480	53.486	56.328
33	38.058	43.745	47.400	50.725	54.776	57.648
34	39.141	44.903	48.602	51.966	56.061	58.964
35	40.223	46.059	49.802	53.203	57.342	60.275
36	41.304	47.212	50.998	54.437	58.619	61.581
37	42.383	48.363	52.192	55.668	59.892	62.883
38	43.462	49.513	53.384	56.896	61.162	64.181
39	45.539	50.660	54.572	58.120	62.428	65.476
40	45.616	51.805	55.758	59.342	63.691	66.766
41	46.692	52.949	56.942	60.561	64.950	68.053
42	47.766	54.090	58.124	61.777	66.206	69.336
43	48.840	55.230	59.304	62.990	67.459	70.616
44	49.913	56.369	60.481	64.201	68.710	71.893
45	50.985	57.505	61.656	65.410	69.957	73.166

表 B.4　F 分布表

$$P\{F(n_1,n_2) > F_\alpha(n_1,n_2)\} = \alpha$$

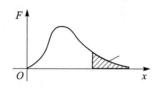

n_2 \ n_1	1	2	3	4	5	6	7	8	9	10	12	15	20	24	30	40	60	120	∞
									$\alpha=0.10$										
1	39.86	49.65	53.59	55.83	57.24	58.20	58.91	59.44	59.86	60.19	60.71	61.22	61.74	62.00	62.26	62.53	62.79	63.06	63.33
2	8.53	9.00	9.16	9.24	9.29	9.33	9.35	9.37	9.38	9.39	9.41	9.42	9.44	9.45	9.46	9.47	9.47	9.48	9.49
3	5.54	5.46	5.39	5.34	5.31	5.28	5.27	5.25	5.24	5.23	5.22	5.20	5.18	5.18	5.17	5.16	5.15	5.14	5.13
4	4.54	4.32	4.19	4.11	4.05	4.01	3.98	3.95	3.94	3.92	3.90	3.87	3.84	3.83	3.82	3.80	3.79	3.78	3.76
5	4.06	3.78	3.62	3.52	3.45	3.40	3.37	3.34	3.32	3.30	3.27	3.24	3.21	3.19	3.17	3.16	6.14	3.12	3.10
6	3.78	3.46	3.29	3.18	3.11	3.05	3.01	2.98	2.96	2.94	2.90	2.87	2.84	2.82	2.80	2.78	2.76	2.74	2.72
7	3.59	3.26	3.07	2.96	2.88	2.83	2.78	2.75	2.72	2.70	2.67	2.63	2.59	2.58	2.56	2.54	2.51	2.49	2.47
8	3.46	3.11	2.92	2.81	2.73	2.67	2.62	2.59	2.56	2.54	2.50	2.46	2.42	2.40	2.38	2.36	2.34	3.32	2.29
9	3.36	3.01	2.81	2.69	2.61	2.55	2.51	2.47	2.44	2.42	2.38	2.34	2.30	2.28	2.25	2.23	2.21	2.18	2.16
10	3.29	2.92	2.73	2.61	2.52	2.46	2.41	2.38	2.35	2.32	2.28	2.24	2.20	2.18	2.16	2.13	2.11	2.08	2.06
11	3.23	2.86	2.66	2.54	2.45	2.39	2.34	2.30	2.27	2.25	2.21	2.17	2.12	2.10	2.8	2.05	2.03	2.00	1.97
12	3.18	2.81	2.61	2.48	2.39	2.33	2.28	2.24	2.21	2.19	2.15	2.10	2.06	2.04	2.01	1.99	1.96	1.93	1.90
13	3.14	2.76	2.56	2.43	2.35	2.28	2.23	2.20	2.16	2.14	2.10	2.05	2.01	1.98	1.96	1.93	1.90	1.88	1.85
14	3.10	2.73	2.52	2.39	2.31	2.24	2.19	2.15	2.12	2.10	2.05	2.01	1.96	1.94	1.91	1.89	1.86	1.83	1.80
15	3.07	2.70	2.49	2.36	2.27	2.21	2.16	2.12	2.09	2.06	2.02	1.97	1.92	1.90	1.87	1.85	1.82	1.79	1.76
16	3.05	2.67	2.46	2.33	2.24	2.18	2.13	2.09	2.06	2.03	1.99	1.94	1.89	1.87	1.84	1.81	1.78	1.75	1.72
17	3.03	2.64	2.44	2.31	2.22	2.15	2.10	2.06	2.03	2.00	1.96	1.91	1.86	1.84	1.81	1.78	1.75	1.72	1.69
18	3.01	2.62	2.42	2.29	2.20	2.13	2.08	2.04	2.00	1.98	1.93	1.89	1.84	1.81	1.78	1.75	1.72	1.69	1.66
19	2.99	2.61	2.40	2.27	2.18	2.11	2.06	2.02	1.98	1.96	1.91	1.86	1.81	1.79	1.76	1.73	1.70	1.67	1.63
20	2.97	2.59	2.38	2.25	2.16	2.09	2.04	2.00	1.96	1.94	1.89	1.84	1.79	1.77	1.74	1.71	1.68	1.64	1.61
21	2.96	2.57	2.36	2.23	2.14	2.08	2.02	1.98	1.95	1.92	1.87	1.83	1.78	1.75	1.72	1.69	1.66	1.62	1.59
22	2.95	2.56	2.35	2.22	2.13	2.06	2.01	1.97	1.93	1.90	1.86	1.81	1.76	1.73	1.70	1.67	1.64	1.60	1.57
23	2.94	2.55	2.34	2.21	2.11	2.05	1.99	1.95	1.92	1.89	1.84	1.80	1.74	1.72	1.69	1.66	1.62	1.59	1.55
24	2.93	2.54	2.33	2.19	2.10	2.04	1.98	1.94	1.91	1.88	1.83	1.78	1.73	1.70	1.67	1.64	1.61	1.57	1.53
25	2.92	2.53	2.32	2.18	2.09	2.02	1.97	1.93	1.89	1.87	1.82	1.77	1.72	1.69	1.66	1.63	1.59	1.56	1.52
26	2.91	2.52	2.31	2.17	2.08	2.01	1.96	1.92	1.88	1.86	1.81	1.76	1.71	1.68	1.65	1.61	1.58	1.54	1.50
27	2.9.	2.51	2.30	2.17	2.07	2.00	1.95	1.91	1.87	1.85	1.80	1.75	1.70	1.67	1.64	1.60	1.57	1.53	1.49
28	2.89	2.50	2.29	2.16	2.06	2.00	1.94	1.90	1.87	1.84	1.79	1.74	1.69	1.66	1.63	1.59	1.56	1.52	1.48
29	2.89	2.50	2.28	2.15	2.06	1.99	1.93	1.89	1.86	1.83	1.78	1.73	1.68	1.65	1.62	1.58	1.55	1.51	1.47
30	2.88	2.49	2.28	2.14	2.05	1.98	1.93	1.88	1.85	1.82	1.77	1.72	1.67	1.64	1.61	1.57	1.54	1.50	1.46
40	2.84	2.44	2.23	2.09	2.00	1.93	1.87	1.83	1.79	1.76	1.71	1.66	1.61	1.57	1.54	1.51	1.47	1.42	1.38
60	2.79	2.39	2.18	2.04	1.95	1.87	1.82	1.77	1.74	1.71	1.66	1.60	1.54	1.51	1.48	1.44	1.40	1.35	1.29
120	2.75	2.35	2.13	1.99	1.90	1.82	1.77	1.72	1.68	1.65	1.60	1.55	1.48	1.45	1.41	1.37	1.32	1.26	1.19
∞	2.71	2.30	2.08	1.94	1.85	1.77	1.72	1.67	1.63	1.60	1.55	1.49	1.42	1.38	1.34	1.30	1.24	1.17	1.00

续表 B.4

n_1 n_2	1	2	3	4	5	6	7	8	9	10	12	15	20	24	30	40	60	120	∞
								$\alpha=0.05$											
1	161.45	199.50	215.71	224.58	230.16	233.99	236.77	238.88	240.54	241.88	243.91	245.95	248.01	249.05	250.10	251.14	252.20	253.25	254.3
2	18.51	19.00	19.16	19.25	19.30	19.33	19.35	19.37	19.38	19.40	19.41	19.43	19.45	19.45	19.46	19.47	19.48	19.49	19.50
3	10.13	9.55	9.28	9.12	9.01	8.94	8.89	8.85	8.81	8.79	8.74	8.70	8.66	8.64	8.62	8.59	8.57	8.55	8.53
4	7.71	6.94	6.59	6.39	6.26	6.16	6.09	6.04	6.00	5.96	5.91	5.86	5.80	5.77	5.75	5.72	5.69	5.66	5.63
5	6.61	5.79	5.41	5.19	5.05	4.95	4.88	4.82	4.77	4.74	4.68	4.62	4.56	4.53	4.50	4.46	4.43	4.40	4.36
6	5.99	5.14	4.76	4.53	4.39	4.28	4.21	4.15	4.10	4.06	4.00	3.94	3.87	3.84	3.81	3.77	3.74	3.70	3.67
7	5.59	4.74	4.35	4.12	3.97	3.87	3.79	3.73	3.68	3.64	3.57	3.51	3.44	3.41	3.38	3.34	3.30	3.27	3.23
8	5.32	4.46	4.07	3.84	3.69	3.58	3.50	3.44	3.39	3.35	3.28	3.22	3.15	3.12	3.08	3.04	3.01	2.97	2.93
9	5.12	4.26	3.86	3.63	3.48	3.37	3.29	3.23	3.18	3.14	3.07	3.01	2.94	2.90	2.86	2.83	2.79	2.75	2.71
10	4.96	4.10	3.71	3.48	3.33	3.22	3.14	3.07	3.02	2.98	2.91	2.85	2.77	2.74	2.70	2.66	2.62	2.58	2.54
11	4.84	3.98	3.59	3.36	3.20	3.09	3.01	2.95	2.90	2.85	2.79	2.72	2.65	2.61	2.57	2.53	2.49	2.45	2.40
12	4.75	3.89	3.49	3.26	3.11	3.00	2.91	2.85	2.80	2.75	2.69	2.62	2.54	2.51	2.47	2.43	2.38	2.34	2.30
13	4.67	3.81	3.41	3.18	3.03	2.92	2.83	2.77	2.71	2.67	2.60	2.53	2.46	2.42	2.38	2.34	2.30	2.25	2.21
14	4.60	3.74	3.34	3.11	2.96	2.85	2.76	2.70	2.65	2.60	2.53	2.46	2.39	2.35	2.31	2.27	2.22	2.18	2.13
15	4.54	3.68	3.29	3.06	2.90	2.79	2.71	2.64	2.59	2.54	2.48	2.40	2.33	2.29	2.25	2.20	2.16	2.11	2.07
16	4.49	3.63	3.24	3.01	2.85	2.74	2.66	2.59	2.54	2.49	2.42	2.35	2.28	2.24	2.19	2.15	2.11	2.06	2.01
17	4.45	3.59	3.20	2.96	2.81	2.70	2.61	2.55	2.49	2.45	2.38	2.31	2.23	2.19	2.15	2.10	2.06	2.01	1.96
18	4.41	3.55	3.16	2.93	2.77	2.66	2.58	2.51	2.46	2.41	2.34	2.27	2.19	2.15	2.11	2.06	2.02	1.97	1.92
19	4.38	3.52	3.13	2.90	2.74	2.63	2.54	2.48	2.42	2.38	2.31	2.23	2.16	2.11	2.07	2.03	1.98	1.93	1.88
20	4.35	3.49	3.10	2.87	2.71	2.60	2.51	2.45	2.39	2.35	2.28	2.20	2.12	2.08	2.04	1.99	1.95	1.90	1.84
21	4.32	3.47	3.07	2.84	2.68	2.57	2.49	2.42	2.37	2.32	2.25	2.18	2.10	2.05	2.01	1.96	1.92	1.87	1.81
22	4.30	3.44	3.05	2.82	2.66	2.55	2.46	2.40	2.34	2.30	2.23	2.15	2.07	2.03	1.98	1.94	1.89	1.84	1.78
23	4.28	3.42	3.03	2.80	2.64	2.53	2.44	2.37	2.32	2.27	2.20	2.13	2.05	2.01	1.96	1.91	1.86	1.81	1.76
24	4.26	3.40	3.01	2.78	2.62	2.51	2.42	2.36	2.30	2.25	2.18	2.11	2.03	1.98	1.94	1.89	1.84	1.79	1.73
25	4.24	3.39	2.99	2.76	2.60	2.49	2.40	2.34	2.28	2.24	2.16	2.09	2.01	1.96	1.92	1.87	1.82	1.77	1.71
26	4.23	3.37	2.98	2.74	2.59	2.47	2.39	2.32	2.27	2.22	2.15	2.07	1.99	1.95	1.90	1.85	1.80	1.75	1.69
27	4.21	3.35	2.96	2.73	2.57	2.46	2.37	2.31	2.25	2.20	2.13	2.06	1.97	1.93	1.88	1.84	1.79	1.73	1.67
28	4.20	3.34	2.95	2.71	2.56	2.45	2.36	2.29	2.24	2.19	2.12	2.04	1.96	1.91	1.87	1.82	1.77	1.71	1.65
29	4.18	3.33	2.93	2.70	2.55	2.43	2.35	2.28	2.22	2.18	2.10	2.03	1.94	1.90	1.85	1.81	1.75	1.70	1.64
30	4.17	3.32	2.92	2.69	2.53	2.42	2.33	2.27	2.21	2.16	2.09	2.01	1.93	1.89	1.84	1.79	1.74	1.68	1.62
40	4.08	3.23	2.84	2.61	2.45	2.34	2.25	2.18	2.12	2.08	2.00	1.92	1.84	1.79	1.74	1.69	1.64	1.58	1.51
60	4.00	3.15	2.76	2.53	2.37	2.25	2.17	2.10	2.04	1.99	1.92	1.84	1.75	1.70	1.65	1.59	1.53	1.47	1.39
120	3.92	3.07	2.68	2.45	2.29	2.17	2.09	2.02	1.96	1.91	1.83	1.75	1.66	1.61	1.55	1.50	1.43	1.35	1.25
∞	3.84	3.00	2.60	2.37	2.21	2.10	2.01	1.94	1.88	1.83	1.75	1.67	1.57	1.52	1.46	1.39	1.32	1.22	1.00

$\alpha = 0.025$

n_1 / n_2	1	2	3	4	5	6	7	8	9	10	12	15	20	24	30	40	60	120	∞
1	647.79	799.50	864.16	899.58	921.85	937.11	948.22	956.66	963.28	968.63	976.71	984.87	993.10	997.25	1 001	1 006	1 010	1 014	1 018
2	38.51	39.00	39.17	39.25	39.30	39.33	39.36	39.37	39.39	39.40	39.41	39.43	39.45	39.46	39.46	39.47	39.48	39.49	39.50
3	17.44	16.04	15.44	15.10	14.88	14.73	14.62	14.54	14.47	14.42	14.34	14.25	14.17	14.12	14.08	14.04	13.99	13.95	13.90
4	12.22	10.65	9.98	9.60	9.36	9.20	9.07	8.98	8.90	8.84	8.75	8.66	8.56	8.51	8.46	8.41	8.36	8.31	8.26
5	10.01	8.43	7.76	7.39	7.15	6.98	6.85	6.76	6.68	6.62	6.52	6.43	6.33	6.28	6.23	6.18	6.12	6.07	6.02
6	8.81	7.26	6.60	6.23	5.99	5.82	5.70	5.60	5.52	5.46	5.37	5.27	5.17	5.12	5.07	5.01	4.96	4.90	4.85
7	8.07	6.54	5.89	5.52	5.29	5.12	4.99	4.90	4.82	4.76	4.67	4.57	4.47	4.41	4.36	4.31	4.25	4.20	4.14
8	7.57	6.06	5.42	5.05	4.82	4.65	4.53	4.43	4.36	4.30	4.20	4.10	4.00	3.95	3.89	3.84	3.78	3.73	3.67
9	7.21	5.71	5.08	4.72	4.48	4.32	4.20	4.10	4.03	3.96	3.87	3.77	3.67	3.61	3.56	3.51	3.45	3.39	3.33
10	6.94	5.46	4.83	4.47	4.24	4.07	3.95	3.85	3.78	3.72	3.62	3.52	3.42	3.37	3.31	3.26	3.20	3.14	3.08
11	6.72	5.26	4.63	4.28	4.04	3.88	3.76	3.66	3.59	3.53	3.43	3.33	3.23	3.17	3.12	3.06	3.00	2.94	2.88
12	6.55	5.10	4.47	4.12	3.89	3.73	3.61	3.51	3.44	3.37	3.28	3.18	3.07	3.02	2.96	2.91	2.85	2.79	2.72
13	6.41	4.97	4.35	4.00	3.77	3.60	3.48	3.39	3.31	3.25	3.15	3.05	2.95	2.89	2.84	2.78	2.72	2.66	2.60
14	6.30	4.86	4.24	3.89	3.66	3.50	3.38	3.29	3.21	3.15	3.05	2.95	2.84	2.79	2.73	2.67	2.61	2.55	2.49
15	6.20	4.77	4.15	3.80	3.58	3.41	3.29	3.20	3.12	3.06	2.96	2.86	2.76	2.70	2.64	2.59	2.52	2.46	2.40
16	6.12	4.69	4.08	3.73	3.50	3.34	3.22	3.12	3.05	2.99	2.89	2.79	2.68	2.63	2.57	2.51	2.45	2.38	2.32
17	6.04	4.62	4.01	3.66	3.44	3.28	3.16	3.06	2.98	2.92	2.82	2.72	2.62	2.56	2.50	2.44	2.38	2.32	2.25
18	5.98	4.56	3.95	3.61	3.38	3.22	3.10	3.01	2.93	2.87	2.77	2.67	2.56	2.50	2.44	2.38	2.32	2.26	2.19
19	5.92	4.51	3.90	3.56	3.33	3.17	3.05	2.96	2.88	2.82	2.72	2.62	2.51	2.45	2.39	2.33	2.27	2.20	2.13
20	5.87	4.46	3.86	3.51	3.29	3.13	3.01	2.91	2.84	2.77	2.68	2.57	2.46	2.41	2.35	2.29	2.22	2.16	2.09
21	5.83	4.42	3.82	3.48	3.25	3.09	2.97	2.87	2.80	2.73	2.64	2.53	2.42	2.37	2.31	2.25	2.18	2.11	2.04
22	5.79	4.38	3.78	3.44	3.22	3.05	2.93	2.84	2.76	2.70	2.60	2.50	2.39	2.33	2.27	2.21	2.14	2.08	2.00
23	5.75	4.35	3.75	3.41	3.18	3.02	2.90	2.81	2.73	2.67	2.57	2.47	2.36	2.30	2.24	2.18	2.11	2.04	1.97
24	5.72	4.32	3.72	3.38	3.15	2.99	2.87	2.78	2.70	2.64	2.54	2.44	2.33	2.27	2.21	2.15	2.08	2.01	1.94
25	5.69	4.29	3.69	3.35	3.13	2.97	2.85	2.75	2.68	2.61	2.51	2.41	2.30	2.24	2.18	2.12	2.05	1.98	1.91
26	5.66	4.27	3.67	3.33	3.10	2.94	2.82	2.73	2.65	2.59	2.49	2.39	2.28	2.22	2.16	2.09	2.03	1.95	1.88
27	5.63	4.24	3.65	3.31	3.08	2.92	2.80	2.71	2.63	2.57	2.47	2.36	2.25	2.19	2.13	2.07	2.00	1.93	1.85
28	5.61	4.22	3.63	3.29	3.06	2.90	2.78	2.69	2.61	2.55	2.45	2.34	2.23	2.17	2.11	2.05	1.98	1.91	1.83
29	5.59	4.20	3.61	3.27	3.04	2.88	2.76	2.67	2.59	2.53	2.43	2.32	2.21	2.15	2.09	2.03	1.96	1.89	1.81
30	5.57	4.18	3.59	3.25	3.03	2.87	2.75	2.65	2.57	2.51	2.41	2.31	2.20	2.14	2.07	2.01	1.94	1.87	1.79
40	5.42	4.05	3.46	3.13	2.90	2.74	2.62	2.53	2.45	2.39	2.29	2.18	2.07	2.01	1.94	1.88	1.80	1.72	1.64
60	5.29	3.93	3.34	3.01	2.79	2.63	2.51	2.41	2.33	2.27	2.17	2.06	1.94	1.88	1.82	1.74	1.64	1.58	1.48
120	5.15	3.80	3.23	2.89	2.67	2.52	2.39	2.30	2.22	2.16	2.05	1.94	1.82	1.76	1.69	1.61	1.53	1.43	1.31
∞	5.02	3.69	3.12	2.79	2.57	2.41	2.29	2.19	2.11	2.05	1.94	1.83	1.71	1.64	1.57	1.48	1.39	1.27	1.00

续表 B.4

n_1 n_2	1	2	3	4	5	6	7	8	9	10	12	15	20	24	30	40	60	120	∞
									$\alpha=0.001$										
1	4 052	4 999	5 403	5 625	5 764	5 859	5 928	5 981	6 022	6 056	6 106	6 157	6 209	6 235	6 261	6 287	6 313	6 339	6 366
2	98.50	99.00	99.17	99.25	99.30	99.33	99.36	99.37	99.39	99.40	99.42	99.43	99.45	99.46	99.47	99.47	99.48	99.49	99.50
3	34.12	30.82	29.46	28.71	28.24	27.91	27.67	27.49	27.35	27.23	27.05	26.87	26.69	26.60	26.50	26.41	26.32	26.22	26.12
4	21.20	18.00	16.69	15.98	15.52	15.21	14.98	14.80	14.66	14.55	14.37	14.20	14.02	13.93	13.84	13.75	13.65	13.56	13.46
5	16.26	13.27	12.06	11.39	10.97	10.67	10.46	10.29	10.16	10.05	9.89	9.72	9.55	9.47	9.38	9.29	9.20	9.11	9.02
6	13.75	10.92	9.78	9.15	8.75	8.47	8.26	8.10	7.98	7.87	7.72	7.56	7.40	7.31	7.23	7.14	7.06	6.97	6.88
7	12.25	9.55	8.45	7.85	7.46	7.19	6.99	6.84	6.72	6.62	6.47	6.31	6.16	6.07	5.99	5.91	5.82	5.74	5.65
8	11.26	8.65	7.59	7.01	6.63	6.37	6.18	6.03	5.91	5.81	5.67	5.52	5.36	5.28	5.20	5.12	5.03	4.95	4.86
9	10.56	8.02	6.99	6.42	6.06	5.80	5.61	5.47	5.35	5.26	5.11	4.96	4.81	4.73	4.65	4.57	4.48	4.40	4.31
10	10.04	7.56	6.55	5.99	5.64	5.39	5.20	5.06	4.94	4.85	4.71	4.56	4.41	4.33	4.25	4.17	4.08	4.00	3.91
11	9.65	7.21	6.22	5.67	5.32	5.07	4.89	4.74	4.63	4.54	4.40	4.25	4.10	4.02	3.94	3.86	3.78	3.69	3.60
12	9.33	6.93	5.95	5.41	5.06	4.82	4.64	4.50	4.39	4.30	4.16	4.01	3.86	3.78	3.70	3.62	3.54	3.45	3.36
13	9.07	6.70	5.74	5.21	4.86	4.62	4.44	4.30	4.19	4.10	3.96	3.82	3.66	3.59	3.51	3.43	3.34	3.25	3.17
14	8.86	6.51	5.56	5.04	4.69	4.46	4.28	4.14	4.03	3.94	3.80	3.66	3.51	3.43	3.35	3.27	3.18	3.09	3.00
15	8.68	6.36	5.42	4.89	4.56	4.32	4.14	4.00	3.89	3.80	3.67	3.52	3.37	3.29	3.21	3.13	3.05	2.96	2.87
16	8.53	6.23	5.29	4.77	4.44	4.20	4.03	3.89	3.78	3.69	3.55	3.41	3.26	3.18	3.10	3.02	2.93	2.84	2.75
17	8.40	6.11	5.18	4.67	4.34	4.10	3.93	3.79	3.68	3.59	3.46	3.31	3.16	3.08	3.00	2.92	2.83	2.75	2.65
18	8.29	6.01	5.09	4.58	4.25	4.01	3.84	3.71	3.60	3.51	3.37	3.23	3.08	3.00	2.92	2.84	2.75	2.66	2.57
19	8.18	5.93	5.01	4.50	4.17	3.94	3.77	3.63	3.52	3.43	3.30	3.15	3.00	2.92	2.84	2.76	2.67	2.58	2.49
20	8.10	5.85	4.94	4.43	4.10	3.87	3.70	3.56	3.46	3.37	3.23	3.09	2.94	2.86	2.78	2.69	2.61	2.52	2.42
21	8.02	5.78	4.87	4.37	4.04	3.81	3.64	3.51	3.40	3.31	3.17	3.03	2.88	2.80	2.72	2.64	2.55	2.46	2.36
22	7.95	5.72	4.82	4.31	3.99	3.76	3.59	3.45	3.35	3.26	3.12	2.98	2.83	2.75	2.67	2.58	2.50	2.40	2.31
23	7.88	5.66	4.76	4.26	3.94	3.71	3.54	3.41	3.30	3.21	3.07	2.93	2.78	2.70	2.62	2.54	2.45	2.35	2.26
24	7.82	5.61	4.72	4.22	3.90	3.67	3.50	3.36	3.26	3.17	3.03	2.89	2.74	2.66	2.58	2.49	2.40	2.31	2.21
25	7.77	5.57	4.68	4.18	3.85	3.63	3.46	3.32	3.22	3.13	2.99	2.85	2.70	2.62	2.54	2.45	2.36	2.27	2.17
26	7.72	5.53	4.64	4.14	3.82	3.59	3.42	3.29	3.18	3.09	2.96	2.81	2.66	2.58	2.50	2.42	2.33	2.23	2.13
27	7.68	5.49	4.60	4.11	3.78	3.56	3.39	3.26	3.15	3.06	2.93	2.78	2.63	2.55	2.47	2.38	2.29	2.20	2.10
28	7.64	5.45	4.57	4.07	3.75	3.53	3.36	3.23	3.12	3.03	2.90	2.75	2.60	2.52	2.44	2.35	2.26	2.17	2.06
29	7.60	5.42	4.54	4.04	3.73	3.50	3.33	3.20	3.09	3.00	2.87	2.73	2.57	2.49	2.41	2.33	2.23	2.14	2.03
30	7.56	5.39	4.51	4.02	3.70	3.47	3.30	3.17	3.07	2.98	2.84	2.70	2.55	2.47	2.39	2.30	2.21	2.11	2.01
40	7.31	5.18	4.31	3.83	3.51	3.29	3.12	2.99	2.89	2.80	2.66	2.52	2.37	2.29	2.20	2.11	2.02	1.92	1.80
60	7.08	4.98	4.13	3.65	3.34	3.12	2.95	2.82	2.72	2.63	2.50	2.35	2.20	2.12	2.03	1.94	1.84	1.73	1.60
120	6.85	4.79	3.95	3.48	3.17	2.96	2.79	2.66	2.56	2.47	2.34	2.19	2.03	1.95	1.86	1.76	1.66	1.53	1.38
∞	6.63	4.61	3.78	3.32	3.02	2.80	2.64	2.51	2.41	2.32	2.18	2.04	1.88	1.79	1.70	1.59	1.47	1.32	1.00

n_2 \ n_1	1	2	3	4	5	6	7	8	9	10	12	15	20	24	30	40	60	120	∞
								$\alpha=0.005$											
1	16 211	19 999	21 615	22 500	23 056	23 437	23 715	23 925	24 091	24 224	24 426	24 630	24 836	24 940	25 044	25 148	25 253	25 359	25 465
2	198.50	199.00	199.17	199.25	199.30	199.33	199.36	199.37	199.39	199.40	199.42	199.43	199.45	199.46	199.47	199.47	199.48	199.49	199.5
3	55.55	49.80	47.47	46.19	45.39	44.84	44.43	44.13	43.88	43.69	43.39	43.08	42.78	42.62	42.47	42.31	42.15	41.99	41.83
4	31.33	26.28	24.26	23.15	22.46	21.97	21.62	21.35	21.14	20.97	20.70	20.44	20.17	20.03	19.89	19.75	19.61	19.47	19.32
5	22.78	18.31	16.53	15.56	14.94	14.51	14.20	13.96	13.77	13.62	13.38	13.15	12.90	12.78	12.66	12.53	12.40	12.27	12.14
6	18.63	14.54	12.92	12.03	11.46	11.07	10.79	10.57	10.39	10.25	10.03	9.81	9.59	9.47	9.36	9.24	9.12	9.00	8.88
7	16.24	12.40	10.88	10.05	9.52	9.16	8.89	8.68	8.51	8.38	8.18	7.97	7.75	7.64	7.53	7.42	7.31	7.19	7.08
8	14.69	11.04	9.60	8.81	8.30	7.95	7.69	7.50	7.34	7.21	7.01	6.81	6.61	6.50	6.40	6.29	6.18	6.06	5.95
9	13.61	10.11	8.72	7.96	7.47	7.13	6.88	6.69	6.54	6.42	6.23	6.03	5.83	5.73	5.62	5.52	5.41	5.30	5.19
10	12.83	9.43	8.08	7.34	6.87	6.54	6.30	6.12	5.97	5.85	5.66	5.47	5.27	5.17	5.07	4.97	4.86	4.75	4.64
11	12.23	8.91	7.60	6.88	6.42	6.10	5.86	5.68	5.54	5.42	5.24	5.05	4.86	4.76	4.65	4.55	4.45	4.34	4.23
12	11.75	8.51	7.23	6.52	6.07	5.76	5.52	5.35	5.20	5.09	4.91	4.72	4.53	4.43	4.33	4.23	4.12	4.01	3.90
13	11.37	8.19	6.93	6.23	5.79	5.48	5.25	5.08	4.94	4.82	4.64	4.46	4.27	4.17	4.07	3.97	3.87	3.76	3.65
14	11.06	7.92	6.68	6.00	5.56	5.26	5.03	4.86	4.72	4.60	4.43	4.25	4.06	3.96	3.86	3.76	3.66	3.55	3.44
15	10.80	7.70	6.48	5.80	5.37	5.07	4.85	4.67	4.54	4.42	4.25	4.07	3.88	3.79	3.69	3.58	3.48	3.37	3.26
16	10.58	7.51	6.30	5.64	5.21	4.91	4.69	4.52	4.38	4.27	4.10	3.92	3.73	3.64	3.54	3.44	3.33	3.22	3.11
17	10.38	7.35	6.16	5.50	5.07	4.78	4.56	4.39	4.25	4.14	3.97	3.79	3.61	3.51	3.41	3.31	3.21	3.10	2.98
18	10.22	7.21	6.03	5.37	4.96	4.66	4.44	4.28	4.14	4.03	3.86	3.68	3.50	3.40	3.30	3.20	3.10	2.99	2.87
19	10.07	7.09	5.92	5.27	4.85	4.56	4.34	4.18	4.04	3.93	3.76	3.59	3.40	3.31	3.21	3.11	3.00	2.89	2.78
20	9.94	6.99	5.82	5.17	4.76	4.47	4.26	4.09	3.96	3.85	3.68	3.50	3.32	3.22	3.12	3.02	2.92	2.81	2.69
21	9.83	6.89	5.73	5.09	4.68	4.39	4.18	4.01	3.88	3.77	3.60	3.43	3.24	3.15	3.05	2.95	2.84	2.73	2.61
22	9.73	6.81	5.65	5.02	4.61	4.32	4.11	3.94	3.81	3.70	3.54	3.36	3.18	3.08	2.98	2.88	2.77	2.66	2.55
23	9.63	6.73	5.58	4.95	4.54	4.26	4.05	3.88	3.75	3.64	3.47	3.30	3.12	3.02	2.92	2.82	2.71	2.60	2.48
24	9.55	6.66	5.52	4.89	4.49	4.20	3.99	3.83	3.69	3.59	3.42	3.25	3.06	2.97	2.87	2.77	2.66	2.55	2.43
25	9.48	6.60	5.46	4.84	4.43	4.15	3.94	3.78	3.64	3.54	3.37	3.20	3.01	2.92	2.82	2.72	2.61	2.50	2.38
26	9.41	6.54	5.41	4.79	4.38	4.10	3.89	3.73	3.60	3.49	3.33	3.15	2.97	2.87	2.77	2.67	2.56	2.45	2.33
27	9.34	6.49	5.36	4.74	4.34	4.06	3.85	3.69	3.56	3.45	3.28	3.11	2.93	2.83	2.73	2.63	2.52	2.41	2.29
28	9.28	6.44	5.32	4.70	4.30	4.02	3.81	3.65	3.52	3.41	3.25	3.07	2.89	2.79	2.69	2.59	2.48	2.37	2.25
29	9.23	6.40	5.28	4.66	4.26	3.98	3.77	3.61	3.48	3.38	3.21	3.04	2.86	2.76	2.66	2.56	2.45	2.33	2.21
30	9.18	6.35	5.24	4.62	4.23	3.95	3.74	3.58	3.45	3.34	3.18	3.01	2.82	2.73	2.63	2.52	2.42	2.30	2.18
40	8.83	6.07	4.98	4.37	3.99	3.71	3.51	3.35	3.22	3.12	2.95	2.78	2.60	2.50	2.40	2.30	2.18	2.06	1.93
60	8.49	5.79	4.73	4.14	3.76	3.49	3.29	3.13	3.01	2.90	2.74	2.57	2.39	2.28	2.19	2.08	1.95	1.83	1.69
120	8.18	5.54	4.50	3.92	3.55	3.28	3.09	2.93	2.81	2.71	2.54	2.37	2.19	2.19	1.98	1.87	1.75	1.61	1.43
∞	7.88	5.30	4.28	3.72	3.35	3.09	2.90	2.74	2.62	2.52	2.36	2.19	2.00	1.90	1.79	1.67	1.53	1.36	1.00

续表 B.4

n_1 / n_2	1	2	3	4	5	6	7	8	9	10	12	15	20	24	30	40	60	120	∞
									$\alpha=0.001$										
1	405 284	499 999	540 379	562 500	576 405	585 937	592 873	598 144	602 284	605 621	610 668	615 764	620 908	623 497	626 099	628 712	631 337	633 972	636 683
2	998.50	999.00	999.17	999.25	999.30	999.33	999.36	999.37	999.39	999.40	999.42	999.43	999.45	999.46	999.47	999.47	999.48	999.49	999.5
3	167.03	148.50	141.11	137.10	134.58	132.85	131.58	130.62	129.86	129.25	128.32	127.37	126.42	125.93	125.45	124.96	124.47	123.97	123.5
4	74.14	61.25	56.18	53.44	51.71	50.53	49.66	49.00	48.47	48.05	47.41	46.76	46.10	45.77	45.43	45.09	44.75	44.40	44.05
5	47.18	37.12	33.20	31.09	29.75	28.83	28.16	27.65	27.24	26.92	26.42	25.91	25.39	25.13	24.87	24.60	24.33	24.06	23.79
6	35.51	27.00	23.70	21.92	20.80	20.03	19.46	19.03	18.69	18.41	17.99	17.56	17.12	16.90	16.67	16.44	16.21	15.98	15.75
7	29.25	21.69	18.77	17.20	16.21	15.52	15.02	14.63	14.33	14.08	13.71	13.32	12.93	12.73	12.53	12.33	12.12	11.91	11.70
8	25.41	18.49	15.83	14.39	13.48	12.86	12.40	12.05	11.77	11.54	11.19	10.84	10.48	10.30	10.11	9.92	9.73	9.53	9.33
9	22.86	16.39	13.90	12.56	11.71	11.13	10.70	10.37	10.11	9.89	9.57	9.24	8.90	8.72	8.55	8.37	8.19	8.00	7.81
10	21.04	14.91	12.55	11.28	10.48	9.93	9.52	9.20	8.96	8.75	8.45	8.13	7.80	7.64	7.47	7.30	7.12	6.94	6.76
11	19.69	13.81	11.56	10.35	9.58	9.05	8.66	8.35	8.12	7.92	7.63	7.32	7.01	6.85	6.68	6.52	6.35	6.18	6.00
12	18.64	12.97	10.80	9.63	8.89	8.38	8.00	7.71	7.48	7.29	7.00	6.71	6.40	6.25	6.09	5.93	5.76	5.59	5.42
13	17.82	12.31	10.21	9.07	8.35	7.86	7.49	7.21	6.98	6.80	6.52	6.23	5.93	5.78	5.63	5.47	5.30	5.14	4.87
14	17.14	11.78	9.73	8.62	7.92	7.44	7.08	6.80	6.58	6.40	6.13	5.85	5.56	5.41	5.25	5.10	4.94	4.77	4.60
15	16.59	11.34	9.34	8.25	7.57	7.09	6.74	6.47	6.26	6.08	5.81	5.54	5.25	5.10	4.95	4.80	4.64	4.47	4.31
16	16.12	10.97	9.01	7.94	7.27	6.80	6.46	6.19	5.98	5.81	5.55	5.27	4.99	4.85	4.70	4.54	4.39	4.23	4.06
17	15.72	10.66	8.73	7.68	7.02	6.56	6.22	5.96	5.75	5.58	5.32	5.05	4.78	4.63	4.48	4.33	4.18	4.02	3.85
18	15.38	10.39	8.49	7.46	6.81	6.35	6.02	5.76	5.56	5.39	5.13	4.87	4.59	4.45	4.30	4.15	4.00	3.84	3.67
19	15.08	10.16	8.28	7.27	6.62	6.18	5.85	5.59	5.39	5.22	4.97	4.70	4.43	4.29	4.14	3.99	3.84	3.68	3.51
20	14.82	9.95	8.10	7.10	6.46	6.02	5.69	5.44	5.24	5.08	4.82	4.56	4.29	4.15	4.00	3.86	3.70	3.54	3.38
21	14.59	9.77	7.94	6.95	6.32	5.88	5.56	5.31	5.11	4.95	4.70	4.44	4.17	4.03	3.88	3.74	3.58	3.42	3.26
22	14.38	9.61	7.80	6.81	6.19	5.76	5.44	5.19	4.99	4.83	4.58	4.33	4.06	3.92	3.78	3.63	3.48	3.32	3.15
23	14.20	9.47	7.67	6.70	6.08	5.65	5.33	5.09	4.89	4.73	4.48	4.23	3.96	3.82	3.68	3.53	3.38	3.22	3.05
24	14.03	9.34	7.55	6.59	5.98	5.55	5.23	4.99	4.80	4.64	4.39	4.14	3.87	3.74	3.59	3.45	3.29	3.14	2.97
25	13.88	9.22	7.45	6.49	5.89	5.46	5.15	4.91	4.71	4.56	4.31	4.06	3.79	3.66	3.52	3.37	3.22	3.06	2.89
26	13.74	9.12	7.36	6.41	5.80	5.38	5.07	4.83	4.64	4.48	4.24	3.99	3.72	3.59	3.44	3.30	3.15	2.99	2.82
27	13.61	9.02	7.27	6.33	5.73	5.31	5.00	4.76	4.57	4.41	4.17	3.92	3.66	3.52	3.38	3.23	3.08	2.92	2.75
28	13.50	8.93	7.19	6.25	5.66	5.24	4.93	4.69	4.50	4.35	4.11	3.86	3.60	3.46	3.32	3.18	3.02	2.86	2.69
29	13.39	8.85	7.12	6.19	5.59	5.18	4.87	4.64	4.45	4.29	4.05	3.80	3.54	3.41	3.27	3.12	2.97	2.81	2.64
30	13.29	8.77	7.05	6.12	5.53	5.12	4.82	4.58	4.39	4.24	4.00	3.75	3.49	3.36	3.22	3.07	2.92	2.76	2.59
40	12.61	8.25	6.59	5.70	5.13	4.73	4.44	4.21	4.02	3.87	3.64	3.40	3.14	3.01	2.87	2.73	2.57	2.41	2.23
60	11.97	7.76	6.17	5.31	4.76	4.37	4.09	3.87	3.69	3.54	3.31	3.08	2.83	2.69	2.55	2.41	2.25	2.08	1.89
120	11.38	7.32	5.79	4.95	4.42	4.04	3.77	3.55	3.38	3.24	3.02	2.78	2.53	2.40	2.26	2.11	1.95	1.76	1.54
∞	10.83	6.91	5.42	4.62	4.10	3.74	3.47	3.27	3.10	2.96	2.74	2.51	2.27	2.13	1.99	1.84	1.66	1.45	1.00

表 B.5 t 分布表

$$P\{t(n) > t_\alpha(n)\} = \alpha$$

n	$\alpha=0.25$	$\alpha=0.10$	$\alpha=0.05$	$\alpha=0.025$	$\alpha=0.01$	$\alpha=0.005$
1	1.000 0	3.077 7	6.313 8	12.706 2	31.820 7	63.657 4
2	0.816 5	1.885 6	2.920 0	4.302 7	6.964 6	9.924 8
3	0.764 9	1.637 7	2.353 4	3.182 4	4.540 7	5.840 9
4	0.740 7	1.533 2	2.131 8	2.776 4	3.746 9	4.604 1
5	0.726 7	1.475 9	2.015 0	2.570 6	3.364 9	4.032 2
6	0.717 6	1.439 8	1.943 2	2.446 9	3.142 7	3.707 4
7	0.711 1	1.414 9	1.894 6	2.364 6	2.998 0	3.499 5
8	0.706 4	1.396 8	1.859 5	2.306 0	2.896 5	3.355 4
9	0.702 7	1.383 0	1.833 1	2.262 2	2.821 4	3.249 8
10	0.699 8	1.372 2	1.812 5	2.228 1	2.763 8	3.169 3
11	0.697 4	1.363 4	1.795 9	2.201 0	2.718 1	3.105 8
12	0.695 5	1.356 2	1.782 3	2.178 8	2.681 0	3.054 5
13	0.693 8	1.350 2	1.770 9	2.160 4	2.650 3	3.012 3
14	0.692 4	1.345 0	1.761 3	2.144 8	2.624 5	2.976 8
15	0.691 2	1.340 6	1.753 1	2.131 5	2.602 5	2.946 7
16	0.690 1	1.336 8	1.745 9	2.119 9	2.583 5	2.920 8
17	0.689 2	1.333 4	1.739 6	2.109 8	2.566 9	2.898 2
18	0.688 4	1.330 4	1.734 1	2.100 9	2.552 4	2.878 4
19	0.687 6	1.327 7	1.729 1	2.093 0	2.539 5	2.860 9
20	0.687 0	1.325 3	1.724 7	2.086 0	2.528 0	2.845 3
21	0.686 4	1.323 2	1.720 7	2.079 6	2.517 7	2.831 4
22	0.685 8	1.321 2	1.717 1	2.073 9	2.508 3	2.818 8
23	0.685 3	1.319 5	1.713 9	2.068 7	2.499 9	2.807 3
24	0.684 8	1.317 8	1.710 9	2.063 9	2.492 2	2.796 9
25	0.684 4	1.316 3	1.708 1	2.059 5	2.485 1	2.787 4
26	0.684 0	1.315 0	1.705 6	2.055 5	2.478 6	2.778 7
27	0.683 7	1.313 7	1.703 3	2.051 8	2.472 7	2.770 7
28	0.683 4	1.312 5	1.701 1	2.048 4	2.467 1	2.763 3
29	0.683 0	1.311 4	1.699 1	2.045 2	2.462 0	2.756 4
30	0.682 8	1.310 4	1.697 3	2.042 3	2.457 3	2.750 0

n	$\alpha = 0.25$	$\alpha = 0.10$	$\alpha = 0.05$	$\alpha = 0.025$	$\alpha = 0.01$	$\alpha = 0.005$
31	0.682 5	1.309 5	1.695 5	2.039 5	2.452 8	2.744 0
32	0.682 2	1.308 6	1.693 9	2.036 9	2.448 7	2.738 5
33	0.682 0	1.307 7	1.692 4	2.034 5	2.444 8	2.733 3
34	0.681 8	1.307 0	1.090 9	2.032 2	2.441 1	2.728 4
35	0.681 6	1.306 2	1.689 6	2.030 1	2.437 7	2.723 8
36	0.681 4	1.305 5	1.688 3	2.028 1	2.434 5	2.719 5
37	0.681 2	1.304 9	1.687 1	2.026 2	2.431 4	2.715 4
38	0.681 0	1.304 2	1.686 0	2.024 4	2.428 6	2.711 6
39	0.680 8	1.303 6	1.684 9	2.022 7	2.425 8	2.707 9
40	0.680 7	1.303 1	1.683 9	2.021 1	2.423 3	2.704 5
41	0.680 5	1.302 5	1.682 9	2.019 5	2.420 8	2.701 2
42	0.680 4	1.302 0	1.682 0	2.018 1	2.418 5	2.698 1
43	0.680 2	1.301 6	1.681 1	2.016 7	2.416 3	2.695 1
44	0.680 1	1.301 1	1.680 2	2.015 4	2.414 1	2.692 3
45	0.680 0	1.300 6	1.679 4	2.014 1	2.412 1	2.689 6

参考文献

［1］梁之舜,邓集贤,杨维权,等.概率论与数理统计[M].2 版.北京:高等教育出版社,1988.

［2］金炳陶.概率论与数理统计[M].2 版.北京:高等教育出版社,2004.

［3］柳金甫,王义东.概率论与数理统计[M].武汉:武汉大学出版社,2006.

［4］盛骤,谢式千,潘承毅.概率论与数理统计[M].4 版.北京:高等教育出版社,2008.